# Zeek实战

## ——快速构建流量安全能力

高勇◎著

清華大學出版社
北京

## 内容简介

本书深入介绍流量安全分析工具 Zeek，内容涵盖环境搭建、工具安装、基础应用和 Zeek 脚本编程等多个方面。同时，本书还结合网络安全工作中的实际需求向读者展示以 Zeek 为基础快速搭建一套相对完整的流量分析体系的过程。

全书共分 3 部分：第 1 部分（第 1 章）着重介绍网络流量分析在网络安全工作中的重要意义，以及一个完整流量分析体系的大致框架；第 2 部分（第 2～5 章）为基础篇，着重介绍 Zeek 的基本功能及使用方法，并在第 5 章中通过 6 个示例向读者展示 Zeek 在实际场景中的运用；第 3 部分（第 6～8 章）为进阶篇，重点介绍使用 Zeek 时需要了解的脚本编程内容及相关功能框架，并在第 8 章中通过示例向读者展示如何将一个流量分析目标最终落地成可运行的 Zeek 脚本。

本书适合作为信息安全从业人员、流量分析相关工作者的工具书，同时可供对 Zeek 或流量分析领域感兴趣的开发人员、广大科技工作者和研究人员参考。



**图书在版编目（CIP）数据**

Zeek 实战：快速构建流量安全能力/高勇著. —北京：清华大学出版社，2023.3
ISBN 978-7-302-62767-8

Ⅰ. ①Z…　Ⅱ. ①高…　Ⅲ. ①计算机网络－流量－网络安全－软件工具　Ⅳ. ①TP311.563

中国国家版本馆 CIP 数据核字（2023）第 031790 号

**责任编辑**：安　妮
**封面设计**：刘　键
**责任校对**：郝美丽
**责任印制**：刘海龙

**出版发行**：清华大学出版社
　　**网　　址**：http://www.tup.com.cn，http://www.wqbook.com
　　**地　　址**：北京清华大学学研大厦 A 座　　**邮　　编**：100084
　　**社 总 机**：010-83470000　　**邮　　购**：010-62786544
　　**投稿与读者服务**：010-62776969，c-service@tup.tsinghua.edu.cn
　　**质量反馈**：010-62772015，zhiliang@tup.tsinghua.edu.cn
　　**课件下载**：http://www.tup.com.cn，010-83470236
**印 装 者**：三河市人民印务有限公司
**经　　销**：全国新华书店
**开　　本**：185mm×260mm　　**印　　张**：16.25　　**字　　数**：377 千字
**版　　次**：2023 年 4 月第 1 版　　**印　　次**：2023 年 4 月第1 次印刷
**印　　数**：1～2000
**定　　价**：69.00 元

---

产品编号：096225-01

# 推荐序

近年来，随着信息技术的发展，企业数字化转型和升级的进程持续加快，企业数字资产的规模高速增长，这些数字资产面临的新威胁和新挑战层出不穷，对应的安全保护需求日益凸显。此外，新型冠状病毒感染疫情的出现使人们的生活方式发生变化，对网络空间的依赖度持续提升。同时，国家间博弈加剧，网络空间领域的对抗日趋激烈，针对网络的攻击行为不断增加，安全漏洞、数据泄露和网络欺诈等风险持续上升。信息安全、网络安全和数据安全已经成为企业乃至国家亟须关注并解决的问题。

在传统信息安全领域 $P^2DR$ 模型中，Detect（检测）是一个重要环节，而 Detect 中的关键技术之一就是网络流量分析。本书所论述的主题是被动网络流量分析的开源工具 Zeek，本书作者原先从事底层开发工作，后续转型到信息安全领域，在企业中负责安全产品的相关工作，积累了丰富的实践经验，希望通过本书帮助信息安全相关领域的从业人员借助 Zeek 这个开源且强大的网络流量分析工具搭建自主的安全流量分析平台，解决实际安全工作中网络风险监测的痛点，提升安全检测和防护的能力。

陈　建

2022 年 11 月于上海

# 前　　言

能够编写、出版一本专业类书籍是我参加工作后的夙愿，但时光荏苒如白驹过隙，一转眼人已到中年。刚入行时自己相关经验尚浅。入行10年以后，虽然技术积累已足，但又忙于工作及生活，无暇静下心来进行积淀。终于在2020年的下半年，我结束了在外漂泊的工作状态，回到了家人身边。同时，我感觉自己在当前工作岗位上已是驾轻就熟，不至于经常陷入加班"救火"或"填坑"的恶性循环之中。遂决定开始实现自己的愿望。

我在入行之初从事的是操作系统底层的开发工作，有动力深入了解编程语言的原理和机制。第一次接触 Zeek 是因为其内建了一套专用的编程语言，也就是本书中将会介绍到的 Zeek 脚本。我希望通过研究如何自建一套编程语言来更深入地了解已有编程语言的内在原理。转做信息安全工作后，在需要使用流量分析工具时我又想到了 Zeek。最终，Zeek 不仅成为了我的常用工具之一，还成为了我研究代码结构的一个常用范例。本书最终将主题定为"快速构建流量安全能力"而不是"如何自建编程语言"，一方面是我期望本书能够给尽量多的读者带来更具实质意义的帮助；另一方面则是因为我深感编程语言这一领域实在过于艰深，如果想有所建树的话自己还需精进。

在以何种形式呈现本书内容这一问题上我犹豫了很久。第一种选择是"由内向外"，直接通过解构 Zeek 的核心功能来展示其相关特性，然后在已经了解这些特性的基础上再介绍如何搭建流量分析体系。这种方式由深到浅，要求读者在阅读本书之前必须对 Zeek 已经有了一定了解且有更深入去了解的兴趣。使用这种方式固然可以让本书的内容看起来更"高大上"，但对于绝大部分读者来说没那么友好。第二种选择是"由外向内"，先讲解 Zeek 的基本使用，进而对其关键特性进行介绍，然后在此基础上开始介绍如何搭建流量分析体系，最后才深入 Zeek 的核心功能。这种方式由浅入深，即便是没接触过Zeek的读者也可以通过本书前几章内容快速了解并判断Zeek是不是有利于解决其所面临的问题。当然，这样的方式会让本书看起来比较普通，而且由于需要花篇幅去介绍Zeek的基本使用，有些我认为Zeek在架构、功能设计上的精彩之处也只能被删减。因为我编写本书的目的是想要更多人了解并应用Zeek，所以最终采用了第二种方式。鉴于此，本书在内容上分为3个部分：第1部分主要阐述流量分析的作用与意义，使读者对流量分析形成一个基本概念；第2部分主要介绍Zeek的基本使用方法，并通过示例展示如何在实际场景中应用Zeek，使Zeek能够在读者的手中快速发挥作用，并使读者有动力去深入了解、学习Zeek；第3部分对充分使用Zeek所需要掌握的内容进行介绍，包括Zeek脚本、Zeek框架等。

本书最终能够出版得益于很多人的支持。首先要感谢我的父母、妻子和孩子们，是他们让我免于烦琐的家庭事务，能够专心完成本书。其次要感谢清华大学出版社的编辑，在本书出版过程中给出了很多专业意见，这些意见也让我受益良多。其他需要感谢的朋友实在无法一一列出，只能在此统一致谢。

由于作者水平有限，书中不当之处在所难免，欢迎广大同行和读者批评指正。同时，希望本书能起到抛砖引玉的作用。之前的事实证明，开源软件并非触手可及。所以对于好的开源软件，我们只能通过"吃透"才能将其真正变成自己的东西。囿于国内目前稍显有些浮躁的行业氛围，有"吃透"想法的同行短期内可能获得不了任何实际支持，但请不要放弃，我相信随着行业的进一步成熟，您所了解的东西一定能够发挥作用并能从中受益。

本书配套源代码可以扫描下方二维码获取。

源代码

高 勇

2022年10月

# 目　录

第 1 章　网络流量与网络安全 …… 1

1.1　网络与安全 …… 1
1.2　流量与网络 …… 3
1.3　流量分析 …… 4
1.4　经验与总结 …… 7

基　础　篇

第 2 章　Zeek 介绍 …… 11

2.1　Zeek 是什么 …… 11
2.2　Zeek 的特点 …… 13
2.2.1　部署使用 …… 14
2.2.2　内置功能 …… 15
2.2.3　开发语言 …… 15
2.3　Zeek 的功能架构 …… 16
2.4　Zeek 的应用场景 …… 18
2.5　Zeek 的版本与相关资源 …… 21
2.6　经验与总结 …… 21

第 3 章　搭建环境 …… 23

3.1　本书运行环境 …… 23
3.1.1　安装 VirtualBox …… 24
3.1.2　创建虚拟机 …… 26
3.1.3　安装 Ubuntu Desktop 操作系统 …… 26
3.1.4　优化运行环境 …… 30
3.1.5　配置网络 …… 34
3.2　从外部源安装 Zeek …… 39
3.3　从源代码安装 Zeek …… 42

3.4 运行 Zeek …… 42
3.5 经验与总结 …… 44

第 4 章 认识与使用 Zeek …… 45

4.1 目录结构 …… 45
4.2 zeek 命令与 zeekctl 命令 …… 52
4.2.1 zeek 命令 …… 52
4.2.2 zeekctl 命令 …… 56
4.3 分析日志(logging) …… 58
4.3.1 日志的功能 …… 60
4.3.2 日志的存储 …… 63
4.4 conn.log 日志文件 …… 64
4.4.1 uid 字段 …… 65
4.4.2 orig、resp 与 local 等字段 …… 72
4.4.3 conn_state 与 history 字段 …… 73
4.5 加载脚本 …… 76
4.6 zeek-cut 工具 …… 77
4.7 zeekygen 工具 …… 80
4.8 btest 框架 …… 82
4.9 经验与总结 …… 87

第 5 章 基础应用示例 …… 88

5.1 发现网络资产 …… 88
5.2 网络扫描 …… 93
5.3 SSH 暴力破解 …… 96
5.4 SQL 注入 …… 99
5.5 文件解析 …… 102
5.6 可视化分析 …… 108
5.7 经验与总结 …… 118

进 阶 篇

第 6 章 Zeek 脚本 …… 121

6.1 "Hello World!"程序 …… 121
6.2 基本语法 …… 122
6.3 运算符(operator) …… 124
6.3.1 算术运算符 …… 124
6.3.2 逻辑运算符 …… 124

6.3.3 关系运算符 …… 125
6.3.4 位运算符 …… 125
6.3.5 赋值运算符 …… 126
6.3.6 其他运算符 …… 126
6.4 数据类型(types) …… 127
6.4.1 int、count、double 数据类型 …… 127
6.4.2 bool 数据类型 …… 130
6.4.3 enum 数据类型 …… 130
6.4.4 string 数据类型 …… 133
6.4.5 time、interval 数据类型 …… 135
6.4.6 pattern 数据类型 …… 137
6.4.7 port、addr、subnet 数据类型 …… 138
6.4.8 set、vector、table 数据类型 …… 139
6.4.9 record 数据类型 …… 147
6.4.10 file 数据类型 …… 148
6.4.11 opaque 数据类型 …… 149
6.4.12 function、event、hook 数据类型 …… 150
6.4.13 any 数据类型 …… 155
6.5 声明(declarations) …… 155
6.5.1 module、export 声明 …… 155
6.5.2 global、local 声明 …… 158
6.5.3 const 声明 …… 160
6.5.4 option 声明 …… 160
6.5.5 type 声明 …… 161
6.5.6 redef 声明 …… 161
6.5.7 function、event、hook 声明 …… 162
6.6 语句(statements) …… 163
6.6.1 add、delete 语句 …… 163
6.6.2 print 语句 …… 163
6.6.3 event、schedule 语句 …… 164
6.6.4 for、while、next 语句 …… 165
6.6.5 if、else、switch、fallthrough 语句 …… 168
6.6.6 when 语句 …… 170
6.6.7 break 语句 …… 172
6.6.8 return 语句 …… 172
6.7 属性(attributes) …… 173
6.7.1 &redef 属性 …… 173
6.7.2 &priority 属性 …… 173

6.7.3 &log 属性 …… 173
6.7.4 &optional 属性 …… 173
6.7.5 &default 属性 …… 173
6.7.6 &add_func、&delete_func 属性 …… 174
6.7.7 &create_expire、&read_expire、&write_expire、&expire_func 属性 …… 175
6.7.8 &on_change 属性 …… 177
6.7.9 &raw_output 属性 …… 178
6.7.10 &error_handler 属性 …… 179
6.7.11 &type_column 属性 …… 179
6.7.12 &backend、&broker_store、&broker_allow_complex_type 属性 …… 179
6.7.13 &deprecated 属性 …… 179
6.8 指令(directives) …… 179
6.8.1 @DIR、@FILENAME 指令 …… 179
6.8.2 @deprecated 指令 …… 180
6.8.3 @load、@load-plugin、@load-sigs、@unload 指令 …… 180
6.8.4 @prefixes 指令 …… 181
6.8.5 @if、@ifdef、@ifndef、@else、@endif 指令 …… 181
6.8.6 @DEBUG 指令 …… 183
6.9 模块、命名空间与作用域 …… 183
6.9.1 全局模块 …… 184
6.9.2 符号的作用域 …… 185
6.9.3 符号检索的顺序 …… 187
6.10 常用数据结构 …… 188
6.10.1 GLOBAL::conn_id 结构 …… 188
6.10.2 GLOBAL::endpoint 结构 …… 189
6.10.3 GLOBAL::connection 结构 …… 189
6.11 经验与总结 …… 190

**第 7 章 Zeek 框架 …… 192**

7.1 日志框架(Log::) …… 192
7.1.1 日志流 …… 193
7.1.2 过滤器 …… 194
7.1.3 输出端 …… 195
7.1.4 代码示例 …… 195
7.2 输入框架(Input::) …… 197
7.2.1 读取至 table 类型 …… 197
7.2.2 读取至 Files::框架 …… 200
7.2.3 读取至 event 事件 …… 200

7.2.4 数据来源 …… 201
7.3 配置框架(Config::)…… 202
7.4 统计框架(SumStats::) …… 206
7.4.1 基础概念及使用方法 …… 206
7.4.2 关键数据结构及接口 …… 208
7.5 通知框架(Notice::)…… 211
7.5.1 基础使用方法 …… 212
7.5.2 添加 action …… 214
7.5.3 Weird::模块 …… 216
7.6 文件框架(Files::) …… 217
7.6.1 文件视角 …… 217
7.6.2 分析器 …… 222
7.6.3 本地文件分析 …… 225
7.7 情报框架(Intel::) …… 227
7.7.1 形成情报数据 …… 227
7.7.2 查询情报的逻辑 …… 229
7.7.3 命中之后的行为 …… 229
7.7.4 代码示例 …… 229
7.8 特征框架(Signatures::)…… 231
7.8.1 基本功能 …… 232
7.8.2 特征语法 …… 234
7.9 经验与总结 …… 239

**第 8 章 进阶应用示例 …… 242**

8.1 常用资源 …… 242
8.2 分析目标 …… 243
8.3 规划脚本 …… 243
8.4 实现功能 …… 244
8.5 经验与总结 …… 247

# 第1章　网络流量与网络安全

计算机网络(computer network)技术从20世纪70年代左右开始出现并发展,估计在当初少有人能想得到它在之后几十年内的迅猛发展以及对行业、社会造成的影响。网络之所以会出现,是为了解决在当时计算机少且昂贵的情况下如何更好地利用其计算能力的问题。随着计算机相关制造技术的发展,当年的问题已经不复存在,但计算机网络并没有就此消失,而是走上了一条未曾设想的发展道路。

## 1.1　网络与安全

早期的计算机网络仅作为一种计算机自身功能的延伸,如传感器可以部署在远端,将数据传送到计算机进行处理,用户可以通过异地的终端(terminal)去访问、使用计算机,无须与计算机处在同一个物理区域当中。但随着计算机网络的发展,其中伴随着每单位计算能力价格的不断下降,这种关系正在逐渐模糊。甚至从某种特定角度看,计算机已成为了一种网络的延伸。例如在办公场景中,计算机在绝大多数时间担任的角色是一个访问办公网络的入口,而不是处理工作必需的设备。普通用户担心的不再是能否随时随地使用计算机,而是能否稳定地访问到特定网络。云办公更是在这方面做到了极致,在该模式下员工仅需要将一个能支持浏览器的瘦客户端(thin client)设备连接到公司网络,所有的日常工作就都可以在网络上完成。唯一限制这种办公方式的是显示器尺寸和鼠标、键盘等输入设备。从人类生理条件上讲,更大尺寸的显示器以及方便、好用的鼠标、键盘可以显著地提高工作的舒适性和效率。如果不是有这种限制,完全使用手机办公也不是不可能的。

网络的迅猛发展以及计算机与网络相互之间关系的变化给安全带来了巨大的冲击和挑战。安全中历史最悠久的概念是“信息安全”(information security),其着眼于有效保障组织关键资产的C(confidential,机密性)、I(integrity,完整性)及A(availability,可用性)3种属性。随着计算机网络技术的发展,单个计算机接入了网络,极大地拓展了其与外界的接触面,这种变化又催生出了“网络安全(network security)”的概念。“网络安全”着眼于设计与控制网络,以尽量减少不必要的网络接触面,并且对必需的接触面实施控制,从而打造出一个网络堡垒,保护组织内部的关键资产。当然,“网络安全”并没有取代“信息安全”的概念,其核心目标实际上也是保护组织关键资产的C、I、A,只不过随着计算机网络的发展和普及,组织的关键资产基本上都需要通过网络进行交换,而且网络本身由于其不可替代的作用,使其也变成了组织关键资产的一部分。从这一点出发,“网络安全”

的诞生可以被理解为“信息安全”从传统的以资产为中心向以网络为中心的方向发生的适应和改变。

但网络发展的脚步没有就此停止。当前网络的概念已经超越了数据交换通道的范畴，正在逐渐演变成一种类似数据载体的概念。人们可以在任意地方、任意时间接入网络并访问所需要的资源，而无须关注资源的具体位置，访问网络从某种意义上讲就代表了访问资源。从“网络安全”的角度来说，组织的网络边界变得模糊，或者说开始向外扩散，原来打造的网络堡垒正在逐渐地瓦解消散，甚至已经变成了业务发展的负担。这种变化促使“网络空间安全(cyberspace security)”概念出现。“网络空间安全”使组织的关键资产不再被限定于固定范围内，而是延伸到多个网络之中，同时这些网络也不都是组织的自有资产，其还包含外界提供的服务或基础设施。“网络安全”与“网络空间安全”的着眼点的不同如图1.1所示。

> “网上”这个词在日常用语中被使用得越来越频繁，如“网上看到的”“网上有”“放网上了”等。这些用法也从侧面说明了网络正在由数据通道的概念逐渐演变成载体的概念。数字信息可以由“网上”获取，也可以存储到“网上”去，“网”仿佛已经成为数字信息的一种容器，而不再是获取信息的一种通路。

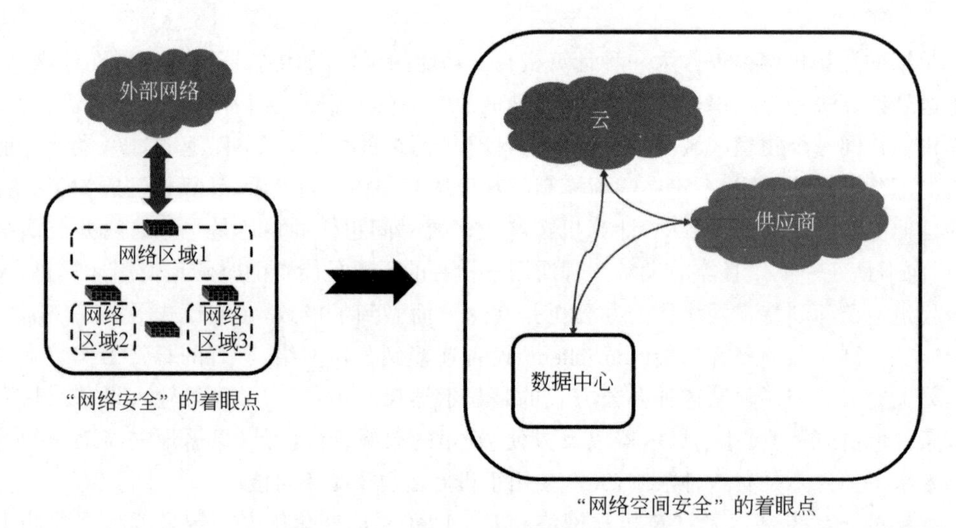


图1.1　从“网络安全”到“网络空间安全”

> cyberspace security通常被简称为cybersecurity，其中文依然可以被翻译为“网络安全”，但代表的意义比network security更广泛。实际上network security被翻译为“网路安全”也许更为贴切。本书提及的“网络安全”均指cybersecurity，后面将不再单独对此进行说明。

网络的发展与变化对传统信息安全造成的冲击不仅体现在概念与范围上，还体现在以下3方面。

(1) 网络极大地拓展了数据资产的外部接触面。在当今的大型组织中，摸清楚某一个关键资产所有可能的网络通路基本上是一种奢望,更遑论管理、限制网络通路。对于传统信息安全识别弱点、评估风险、遏制风险的套路来说,这种不可预见性是一种非常大的挑战。毕竟一个看不到的"敌人"是没办法被评估的。

(2) 网络容量的不断增加已经超过了传统信息安全人员的管理能力。随着虚拟化技术的广泛应用,大型组织内每天上线、下线的网络结点数目相当可观。抛开下线的结点不提,这些新上线的结点什么时候能够进入安全人员的视线?其中哪些是需要被重点关注的对象?又有哪些承载了关键资产?这些问题也是信息安全要面临的挑战。特别是随着"终端"概念的不断延伸,打印机、摄像头、智慧屏等各种定制化的异构系统也成为组织网络的一部分,针对通用操作系统的安全实践在这些系统上并不能完全适用,所以评估、管理这部分网络终端的安全同样也是一种挑战。毕竟,组织网络上任何一个结点都有可能成为信息安全的"阿喀琉斯之踵",信息安全的防御与进攻是一场"不对称战争"。

(3) 网络的普及与发展对组织业务模式也有很大影响。组织的业务从以网络服务为辅逐渐演变为以网络服务为主,这种演变不断提升网络在一个组织中的重要程度。网络业务快速变化的特点也对信息安全造成了冲击,一天设计、两天开发、五天上线基本上成为了一种业务常态。安全人员充分分析、了解业务模型并给出针对性建议的传统模式已经跟不上业务的飞速发展。信息安全人员与实际业务模型之间的鸿沟越来越大。信息安全必须适应这种变化趋势,必须通过其他手段来弥补其与实际业务模型之间的差距。

以上提出的 3 点只是计算机网络在发展过程中对传统信息安全的一部分影响,实际上的影响远不止这些。随着云计算、工业互联网、物联网等技术的发展,网络发展的脚步持续加快,其对传统信息安全的冲击和挑战也必然越来越多,越来越具有颠覆性。从信息安全的角度出发,要适应这一变化,有必要将网络作为一个专门的领域来进行研究、分析和评估,建立针对网络本身的安全能力。

## 1.2 流量与网络

从宏观角度进行观察,如果将计算机网络看作一个整体,可以很容易抽象出它是由以下 3 个部分组成的。

(1) 网络终端。指连接在网络中的、能够产生或消费网络流量的软/硬件系统,是网络流量在正常情况下的起点或终点。

(2) 网络结构。指能够决定网络流量流动方式的软/硬件系统,是网络流量的中转点。

(3) 网络流量。指一切正在网络中传输的数据。

可以看出,网络终端及网络结构与网络流量有关,也就是说这两个部分实际上取决于其在网络流量中起到的作用。例如,一台普通的 Linux 服务器理论上可以被用于负载均衡,也可以用于提供 FTP(File Transfer Protocol,文件传输协议)服务。如果用于负载均衡,则此服务器在网络中应该被认为是一个网络结构;如果用于 FTP 服务,则其应该被认为是一个网络终端。在实际网络中,这个服务器所表现出来的网络流量特征决定它是一个网络终端还是一个网络结构。当然,如果该服务器同时承载了负载均衡和 FTP 服务等功能，那么从网络结构上看应该将它拆分为一个网络终端和一个网络结构。

网络流量对网络是有决定性意义的。一方面，它是网络的组成部分；另一方面，它可以描述网络以及网络终端、网络结构。以工业互联网为例，它区别于其他网络类型的主要原因是承载了与工业控制相关的网络流量。有读者可能会觉得，它之所以被称为工业互联网，是因为它包含了工控机、工业传感器、工业控制器等工业相关终端，以及工业防火墙、支持工控协议的交换机等网络结构。但如果卸载工控机上的相关工控软件，使它失去产生或消费工业网络流量的能力，然后通过工控网络联机打游戏，此时它是绝对不能被称为工业互联网的。以网络的大视角来看待网络终端，需要更多关注的是它表现出的是什么，而不仅着眼于它能是什么，而这种表现就体现在网络流量上。

通过网络流量来审视网络对信息安全是有现实意义的。1.1 节中列举了一些计算机网络快速发展对信息安全带来的冲击，这些冲击是计算机网络变化的“快”和“多”这两个特点造成的。“快”会导致信息安全人员难以跟上变化、响应滞后。但是从流量层面看，只要对应用或服务使用的网络协议及传递的数据进行有效分析，对应用及服务进行归纳和安全管控，是不是就可以缓解“快”对信息安全形成的挑战呢？“多”会导致信息安全人员疲于应对、难以预防。但是常用的网络协议就那么多，如果从流量角度审视还会有那么“多”吗？当然，这并不是说传统的信息安全方法和要求可以不被重视，只是流量的确可以提供一个不同的视角，在这个视角中关注的不再是业务或结点的上线与下线，而是在网络流量中体现出的变化。

从传统网络安全的角度来说，网络流量也具有重要的意义。当下的绝大多数攻击都是通过网络进行的，这些攻击行为必然在网络流量上有所体现。另外，失陷的终端也需要通过网络进行控制，将关键数据资产传递至外部同样需要网络，这些行为都将体现在网络流量上。通过持续地对网络流量进行分析就可以去发现、识别这些行为，有助于提前发现、处置安全风险，避免其影响进一步扩大。

综上所述，分析网络流量不仅能识别网络中承载的实际业务，还能够提前识别、发现网络中的恶意行为，而这些都对网络安全有着实际且重要的作用。1.1 节提到过的异构网络终端、业务变化快、网络变化快等信息安全挑战也都可以通过将其看作网络流量上的变化来统一进行应对。此处还需要提到的是，随着当前大数据分析技术的发展，网络流量本身就是一个优良的数据源。使用大数据分析可以对网络流量进行多维度的侧写，识别正常或异常的网络行为，提升网络安全人员识别风险的能力。更进一步地说，通过对网络流量的充分了解、分析，可以使组织的网络安全逐渐形成“态势感知(situational awareness)”的能力，从而进一步提高组织的安全水平。

## 1.3 流量分析

既然网络流量对于网络安全有重大的意义，那么针对网络流量的分析也就应该成为组织内网络安全人员的一项例行工作。对于小型或业务比较固定的组织来说，由于其网络流量小且模式相对比较固定，采用人工(即专家分析)的模式就可以完成。但专家分析模式不仅高度依赖人员的专业知识以及个人经验，还无法持续积累流量分析形成的信息与知识，也因此无法在这些信息与知识的基础上进一步提高网络安全能力。对于大型组织而言，其每天形成的庞大网络流量依靠人工分析根本无法完成，当然也无法持续地积累信息和知识。

既然人工分析模式无法体现流量分析给网络安全带来的优势，那么有必要采用一套体系化的流量分析方法。一个完整的流量分析体系应包含 8 个关键步骤，如图 1.2 所示。

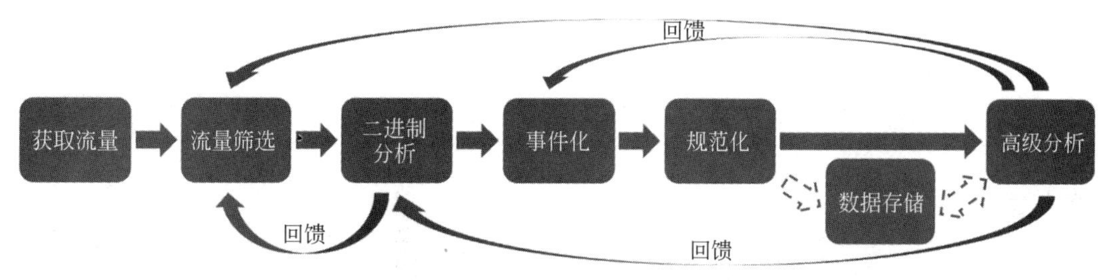


图 1.2 完整的流量分析体系

(1) 获取流量。获取流量指分析系统对流量进行采集的步骤。从流量时效上可以将之分为在线和离线两种方式。在线方式指流量实时地进入分析系统，如直接通过镜像端口或分光等技术将流量引入分析系统，这种方式适合持续对流量进行自动化分析的场景。离线方式指流量通过非实时的方式进入分析系统，如先将流量转换为 pcap 或其他格式的文件进行存储，然后再将文件导入分析系统。由于流量数据已经被存储下来，可以反复读取，因此离线方式比较适合专家分析的场景，也即对某段流量深入地、反复地进行分析。

从实践上看，建议同时保有在线获取流量的能力以及一定的离线能力。离线保存下来的流量不仅可以进行反复分析以供相关人员积累经验，还可作为开发或者测试在线流量分析策略时的数据样本。具体离线数据保留多久、保留多少可根据组织的实际情况进行调整。需要注意的是，流量应该被当作组织的重要数据进行安全保护，其极有可能承载着组织内的重要信息。

(2) 流量筛选。流量筛选指对进入分析系统的流量，依据其地址、端口、协议等基础信息进行筛选的步骤。系统通过这个步骤可以过滤出需要分析的流量，从而减少后续步骤的数据处理压力。流量筛选和获取流量阶段在某些场景下可以合并，如通过 TAP (Terminal Access Points，终端访问点)设备直接将某个端口的流量引入分析系统。

从实践上看，建议保留流量筛选的能力。如果流量筛选依赖外部设备，那么在调整筛选策略时需要对设备配置进行变更。在绝大多数组织内，这种变更的周期都是比较长的，如果分析系统保留了筛选的能力，那么仅需要变更系统自身，相对来说更为灵活。

(3) 二进制分析。二进制分析指对流量中的二进制数据进行识别的步骤。这个步骤主要针对单个数据包，识别数据包中的二进制内容在网络协议层面的具体意义，如根据 IP 头中的 protocol 字段识别其具体的传输层协议或根据 TCP/UDP 协议中的端口信息识别其应用层协议等。

网络离不开协议，二进制分析就是建立网络中数据与具体协议的映射关系的过程。二进制分析是流量分析的基础，如果无法识别在流量中传递的二进制数据所代表的意义，那么后续的分析也就无从谈起。

(4) 事件化。事件化指提炼和整合二进制分析结果后，进行抽象与表达的步骤。例如，一个 TCP-SYN 数据包可以表达为时间、源地址、源端口、目的地址、目的端口和标志位等元素组成的数据包事件。同样地，它也可以表达为在特定时间、源地址、源端口向目的地址、目的端口发起 TCP 连接的连接事件。一定时间段内源地址、目的地址相同但目的端口不同的多个 TCP-SYN 数据包也可以表达为 TCP-SYN 扫描事件。

事件化是将网络流量中的数据转化为信息的过程，是整个分析系统的关键步骤。事件代表了分析的过程点。事件化既是将流量进行提炼、整合的过程，也是进行表达的过程。如上文提到的 TCP-SYN 扫描事件，流量中的相关数据包都被提炼、整合到一起，抽象为一个事件，然后通过一定形式表达出来(表达的方式可以是记录特定日志、触发告警等)。

事件化与二进制分析有本质不同，事件化基于流量分析者(用户)的关注点，而二进制分析体现的是数据在网络协议上的意义。继续前面 TCP-SYN 数据包的例子，一个 TCP-SYN 数据包通过二进制分析可以直接识别，但是否需要产生事件则是由分析者是否关注决定的。如果分析者不关注 TCP-SYN 数据包，则不需要对其进行事件化。

事件与告警也有区别，事件化基于用户的关注点，而告警则代表了用户的关注点。一个告警可能是由一个事件触发的，也有可能是若干个事件组合触发的。事件化实际上是将用户的关注点进行分解，并对流量中能够产生的事件进行映射的过程。

(5) 规范化。规范化指统一事件的表达形式以适配传输、存储以及后续高级分析等要求的步骤。例如，事件可以统一被表达为有固定格式的文本或 JSON 字符串结构，以单个文件的形式进行存储或统一存储在数据库中。

(6) 高级分析。高级分析指借助数据分析技术，以事件为基础数据进行进一步深度分析的步骤。在高级分析中，流量分析产生的事件数据只是其众多数据的来源之一，还可以结合如主机日志、应用日志以及外部情报等其他数据源进行整合分析。

(7) 回馈。回馈步骤指根据分析结果重新调整流量筛选、二进制分析、事件化执行策略的步骤。例如，通过高级分析发现特定 IP 地址有暴力破解 SSH(Secure Shell，安全外壳)服务的行为，这样的分析结果通过回馈可以在事件化中新增此 IP 地址登录 SSH 服务成功的事件(成功登录代表有可能成功暴力破解)，事件的表达方式为告警。

拥有回馈能力的分析系统可以将在后序步骤中得出的分析结果应用到前序步骤中，从而使前序步骤更有效率地进行分析或达成预期结果。回馈在分析体系中具有重要的意义，分析结果能够快速、有效、准确地回馈有助于整个流量分析工作不断向正确的方向收敛和演进。

(8) 数据存储。数据存储指对规范化后产生的数据进行持久化的步骤。对于数据的长期积累有助于组织逐渐形成态势感知的能力。此步骤可以在规范化后进行，高级分析基于存储的数据开展工作。高级分析也可以直接使用规范化后的数据，完成分析后再将数据持久化。存储发生的时间点和存储方式可依据系统采用的高级分析技术进行选择、适配。

整个流量分析体系的设计落地并不是一蹴而就的。对于刚刚开始搭建流量分析体系的组织来说，可以先形成包括获取流量、流量筛选、二进制分析 3 个步骤的流量分析系统。

这样的系统已经可以对流量的基本属性进行一定的分析，在取得一定成效后再持续完善，最终形成一个完整的流量分析体系。

拥有IT服务的组织应当将网络安全作为重要工作之一，这已经成为毋庸置疑的业界共识。随着这些年对网络安全工作的不断投入，很多组织都拥有了一定的针对网络流量进行分析、处理的安全能力，但是如何将这些能力整合为一个完整的系统，使其持续不断地提升组织的网络安全水平，则还需要相关信息安全工作者不断地探索与建设。

## 1.4 经验与总结

流量分析对网络安全有着相当重要的作用。我刚转做信息安全运维工作时，由于所负责的IT系统使用量不大，因此决定每天花时间看一下整个系统出口的流量日志。大约坚持了一周以后，发现每天都有一些不明的外部IP地址对系统内的一个IP地址发起SSH登录请求，虽然请求都以失败告终，但是这种持续不断的行为引起了我的怀疑：这个IP地址是什么？为何引起外界持续不断的兴趣？在查找网络架构详图后，我发现这个地址是整个系统网络核心路由器的IP地址。为了方便，系统交付前负责实施的网络工程师将该路由器的SSH端口映射到设备的外网IP地址上，以便随时随地能够登录设备进行配置调试。姑且不论这种行为本身是否安全，至少在系统交付前应该恢复映射到内部管理网络的IP地址上。将此发现上报后，项目经理以“比紧急变更还要紧急”的速度修改了路由器配置，并进行了为期两周的全面排查工作。所幸此次事件并未引起严重的后果，项目组还奖励了一千元给我作为主动发现问题的鼓励。在发奖时项目经理说了一句话，我到今天依然记忆犹新：“为什么没早发现？”

我看着连续加班熬夜做排查的同事们，明白了3个道理：一是做网络流量分析真的能找出安全问题；二是信息安全工作不好做，会被人误解为是没事找事；三是这一千元请同事吃饭估计不够。

# 基 础 篇

工欲善其事，必先利其器。

——《论语 · 卫灵公》

# 第 2 章　Zeek 介绍

第 1 章介绍了体系化的流量分析对网络安全的重要作用，并给出了流量分析体系中的 8 个关键步骤。本章开始进入本书的主题——Zeek。通过本章，读者可以了解 Zeek 具有哪些功能，同时还可以将这些功能与流量分析体系中的关键步骤对应。在看到某个功能时，可以根据第 1 章的内容去思考这些功能的原始诉求在哪里，为什么需要这样的功能。

## 2.1　Zeek 是什么

Zeek 是一款开源的网络流量分析工具，其前身是拥有二十多年历史的 Bro，2018 年正式更名为 Zeek。

> 希望在商用产品中引入 Zeek 的读者可详细阅读 Zeek 官网 https://zeek.org/上的相关内容，以及源码包中的 COPYING 和 COPYING-3rdparty 等文件。

Zeek 可以被应用在任何需要流量分析的场景中，如网络性能分析、网络问题分析等。相较于通用型的流量分析工具，Zeek 更专注于网络安全，这点体现在 Zeek 默认内置了大量网络安全相关的分析框架与脚本。但有别于信息安全领域传统的防火墙（firewall）、入侵防御系统（Intrusion Prevention System，IPS）或入侵检测系统（Intrusion Detection System，IDS），Zeek 更聚焦在为用户提供对网络流量的获取、表达及分析的能力上。Zeek 的核心能力之一就是将获取到的网络流量转化成格式化的文本，也即 Zeek 日志（Zeek log），如图 2.1 所示。Zeek 日志不仅包含了如时间戳、源 IP 地址、源端口、目的 IP 地址、目的端口等基本网络连接信息，还包含了应用层的相关信息。以 HTTP 协议为例，Zeek 的 HTTP 日志文件 http.log 包含了 HTTP 协议请求的 URI、请求报文头、MIME 类型、服务端响应等信息。

Zeek 不仅是一个流量分析工具，它还是一个可灵活定制、扩展的开放式流量分析平台，其提供了一套具有图灵完备性的编程语言——Zeek 脚本（Zeek script），供用户实现自定义流量分析，同时还提供了 Zeek 框架（Zeek framework）、Zeek 插件（Zeek plugin）等可以供用户自行扩充 Zeek 分析能力的特性，借助这些特性 Zeek 可以与其他编程语言或分析平台对接。用户可结合使用 Zeek 脚本、Zeek 框架等机制定制网络流量分析策略及分析结果的上报处理流程。

```
zeek@standalone: ~/tmp
 1 #separator \x09
 2 #set_separator ,
 3 #empty_field    (empty)
 4 #unset_field    -
 5 #path   http
 6 #open   2021-01-25-18-12-22
 7 #fields ts      uid     id.orig_h       id.orig_p       id.resp_h       id.resp_p       trans_depth     method  host    uri
     referrer        version user_agent      origin  request_body_len        response_body_len       status_code     status_m
   sg      info_code       info_msg        tags    username        password        proxied orig_fuids      orig_filenames  orig
   _mime_types resp_fuids      resp_filenames  resp_mime_types
 8 #types  time    string  addr    port    addr    port    count   string  string  string  string  string  string  string  coun
   t   count   count   string  count   string  set[enum]       string  string  set[string]     vector[string]  vector[string]
   vector[string]  vector[string]  vector[string]  vector[string]
 9 1611569541.865668       CdK0422bT8PnQoWOZ4      10.0.2.15       57482   117.18.237.29   80      1       POST    ocsp.digicer
   t.com       /       -       1.1     Mozilla/5.0 (X11; Ubuntu; Linux x86_64; rv:83.0) Gecko/20100101 Firefox/83.0    -
   83      471     200     OK      -       -       (empty) -       -       -       FTmMHa4o5Xbn2Qsie4      -       application/
   ocsp-request        FCbyFE2ZTSSVHnhsc5      -       application/ocsp-response
10 1611569542.582015       CyAdKe4igqyAlvUIZ7      10.0.2.15       58132   34.107.221.82   80      1       GET     detectportal
   .firefox.com        /success.txt    -       1.1     Mozilla/5.0 (X11; Ubuntu; Linux x86_64; rv:83.0) Gecko/20100101 Firefox/
   83.0    -       0       8       200     OK      -       -       (empty) -       -       -       -       -       -       FILv
   oZ34ykhrNeSk05      -       -
11 1611569542.937949       CN9V0b4ejf5unxJul4      10.0.2.15       58136   34.107.221.82   80      1       GET     detectportal
   .firefox.com        /success.txt?ipv4       -       1.1     Mozilla/5.0 (X11; Ubuntu; Linux x86_64; rv:83.0) Gecko/20100101
   Firefox/83.0    -       0       8       200     OK      -       -       (empty) -       -       -       -       -       -
       FQ215i1JLdV39QH7F5      -       -
12 1611569543.010021       CdK0422bT8PnQoWOZ4      10.0.2.15       57482   117.18.237.29   80      2       POST    ocsp.digicer
   t.com       /       -       1.1     Mozilla/5.0 (X11; Ubuntu; Linux x86_64; rv:83.0) Gecko/20100101 Firefox/83.0    -
   83      471     200     OK      -       -       (empty) -       -       -       FCNHxh1tTQVfvMoOei      -       application/
   ocsp-request        FjN2De2EzQVAOcn6tf      -       application/ocsp-response
   @
   @
                                                                                                       1,1          Top
```

图 2.1　Zeek 日志示例

如图 2.2 所示，Zeek 主要提供了对 OSI(Open Systems Interconnection，开放系统互连)七层协议中网络层至应用层协议的流量分析能力。同时 Zeek 还提供了对 IP 协议族中的 ARP(Address Resolution Protocol，地址解析协议)及 RARP(Reverse Address Resolution Protocol，反向地址解析协议)的分析能力，但当前 Zeek 仅在核心代码层面上实现了针对上述两个协议的分析功能，并未有实际的 Zeek 脚本与之配套，因此用户在使用 Zeek 时还看不到针对这两个协议的分析结果。

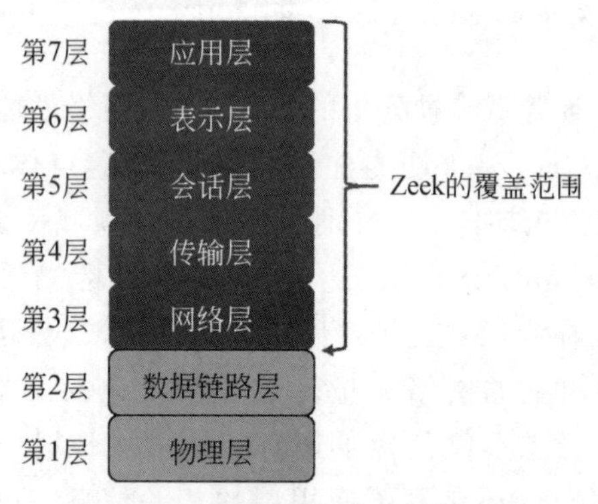


图 2.2　Zeek 特性的主要覆盖范围

> Zeek 官方 2021 年 5 月份发布的 4.0 版本与之前 3.0 版本相比较，在原有分析逻辑的基础上新增了包分析(packet analysis)框架，从而使 Zeek 具有了分析数据链路层数据帧的能力，目前从代码上看其支持 IEEE 802.11、Ethernet、FDDI 等多个数据链路层协议，具体内容读者可以查看源代码目录 src\packet_analysis\protocol\下的文件。但整体来说，目前相关的内置分析脚本还不丰富，分析手段也都比较简单，因此可以认为 Zeek 目前主要关注在网络层及网络层之上的协议分析。

结合1.3节中介绍的流量分析体系应该具备的8个关键步骤，Zeek包含的特性可以覆盖其中除流量获取及高级分析之外的所有步骤，具体如图2.3所示。实际上Zeek拥有强大的事件化能力，用户完全可以通过这一能力实现部分高级分析功能。需要指出的是，Zeek在数据存储方面的特性相对薄弱，但其提供了相应接口供用户对接其他数据存储系统。

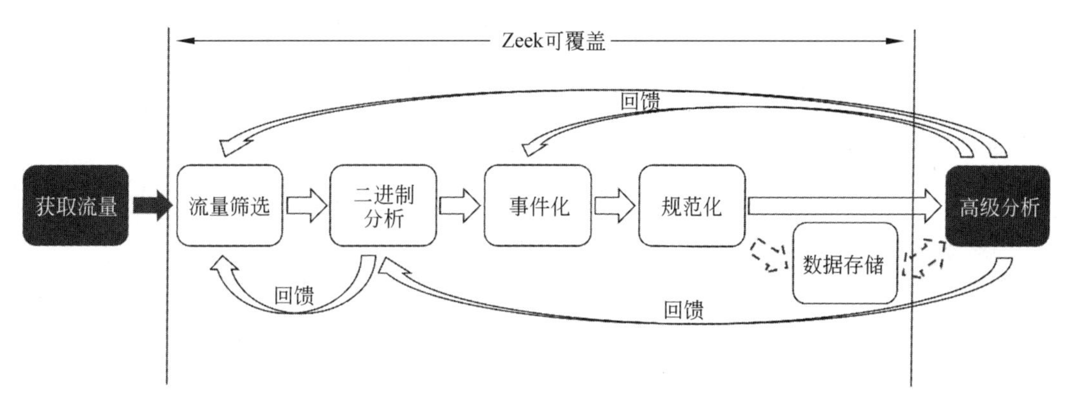


图2.3 Zeek在流量分析系统中可覆盖的关键步骤

## 2.2 Zeek的特点

作为一款发行了二十多年的开源软件，Zeek之所以能够经久不衰，一方面是由于其通过不断演进以适应新出现的网络协议，例如其内置了对于Modbus工控协议的支持，这在其他类似功能的开源软件中是不多见的。另一方面是因为Zeek架构设计具有足够的开放性，这给其在功能方面的不断演进提供了可能。总体来说Zeek的特点可以概括为如下4个方面。

(1) 开源。这个特点带来的便利性是毋庸置疑的，用户可以最大限度地使用Zeek的源代码及其内置的各种框架，从而快速打造出自有且适用于独特场景的流量分析工具。即便是不需要打造流量分析工具，Zeek源代码也汇聚了很多对于流量分析工作的思路和想法，这些思路和想法对信息安全工作者具有诸多参考价值。

(2) 开放式设计。Zeek在架构上除了其核心之外，绝大多数功能模块都是以插件的形式设计的。用户可以利用这些插件进行二次开发，定制适用于自己场景的功能模块，且二次开发过程无须修改Zeek的核心代码，甚至根本无须了解其核心代码。

(3) 高度自定义。前文提到过Zeek提供了一套具备图灵完备性的编程语言，该语言专门用于编写流量分析逻辑。在这一专用语言的基础上，Zeek还提供了基于此语言实现的多个功能框架，用户以这些框架为基础可以快速建立自己的流量分析逻辑。从理论上讲，只要熟练掌握Zeek脚本及Zeek框架就可以实现几乎任何流量分析逻辑。

(4) 适用场景丰富。在部署方面Zeek可以支持集群、单点等多种形式，在使用方面其可以支持如日常分析、专家分析、取证等多种场景。

### 2.2.1 部署使用

Zeek 在架构上基于标准 libpcap 接口获取流量包，这使其可以在绝大多数的硬件环境下运行，甚至包括嵌入式硬件环境。Zeek 的核心代码采用 C++ 语言编写，对操作系统的特性依赖较少，理论上可以在多种操作系统上运行。但由于 Zeek 配套的一些周边工具采用了开源社区提供的方案，且其中一部分脚本基于 bash 编写，所以目前 Zeek 仅支持在类 UNIX 操作系统中（包括 Linux、FreeBSD 及 macOS）运行。

在部署模式上 Zeek 支持单点部署及集群式（Zeek cluster）部署，并且提供了配套的集群管理工具 ZeekControl。用户可通过集群部署模式对数据中心内的网络流量进行实时分析，如图 2.4 所示。

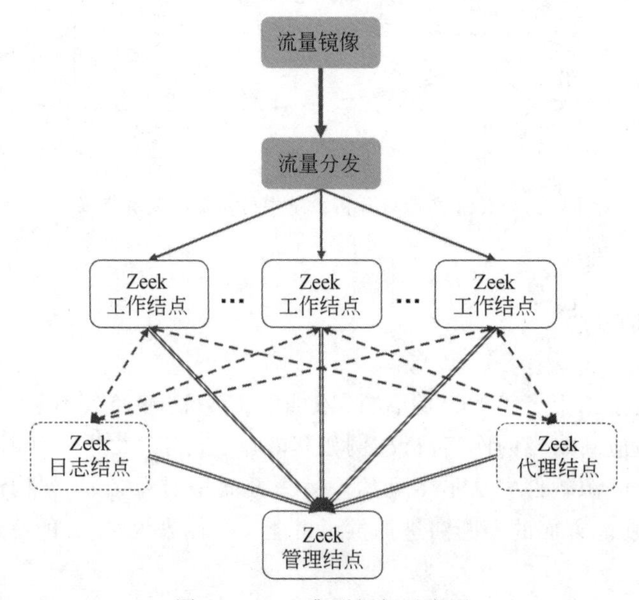


图 2.4 Zeek 集群框架示意图

需要注意的一点是，Zeek 并未提供图 2.4 所示的前端流量分发功能，用户在集群部署 Zeek 的时候需要自行选择并实现合适的流量分发方案。

在使用模式上 Zeek 支持在线与离线两种模式。Zeek 用户既可以通过在线模式对实时流量抓包进行分析，也可以通过离线模式读取 pcap 文件来对一段历史流量进行分析。Zeek 内置的分析功能与脚本对这两种使用模式不做区分。

值得一提的是，Zeek 不仅在部署模式上提供了对集群的支持，其提供的框架功能中也包含了对集群的支持。例如，Zeek 提供了一个汇总统计框架（summary statistics framework），用于记录已分析流量中某个特征出现的次数。这个框架本身屏蔽了集群与单点的差异，也就是说该框架的底层代码对部署差异进行了封装，用户在通过该框架编写脚本形成流量分析逻辑时无须考虑部署情况，这种框架封装功能可以大幅提高用户编写流量分析脚本的效率。第 7 章会对常用的 Zeek 框架进行详细介绍，包括上文提到的汇总统计框架。

### 2.2.2 内置功能

在默认安装情况下,Zeek内置了对网络层IPv4及IPv6等协议的支持。在应用层方面其也内置了针对多种协议的分析功能,包括DNS、FTP、HTTP、IRC、SMTP、SSH、SSL等。Zeek还提供了独立于端口(port-independent)的协议分析能力,也就是说Zeek识别应用层协议时可以不依赖于协议的常用端口(well-known port),而是根据实际传输的内容进行协议判定,如发现使用8080号端口的HTTP。Zeek支持的网络协议如下所列。

| TCP | UDP | DHCP | ICMP | Kerberos | Modbus |
|---|---|---|---|---|---|
| DNS | FTP | HTTP | IRC | RFB | SIP |
| MySQL | NTLM | RADIUS | RDP | SSH | SSL |
| SMB | SMTP | SNMP | SOCKS | DCE/RPC | DNP3 |
| Syslog | Ayiya | Teredo | GTPv1 | | |

配合这些协议,Zeek内置了大量网络流量分析脚本,这些脚本全部采用Zeek脚本语言编写。通过这些内置脚本,用户可以快速构建对网络流量的基本分析能力。第5章会挑选部分比较有代表性的脚本进行讲解,以使Zeek能够快速发挥作用。

这里需要再提一下Zeek提供的框架功能,这些框架不仅包含了编写流量分析逻辑所需的通用性功能,还包含了引入外部情报(如IP地址黑白名单,恶意文件签名)、文件分析、告警上报等功能。用户利用框架甚至可以通过Zeek操控防火墙或路由器封堵IP地址(前提是设备需要支持特定协议)。通过整合这些功能,用户完全可以实现从分析、发现到告警、响应的整个过程。

### 2.2.3 开发语言

Zeek脚本是Zeek平台提供的一种专为网络流量分析量身打造的编程语言。以数据类型为例,Zeek脚本内置了addr、port、subnet等专门用于表述网络数据结构的数据类型。一个典型的Zeek脚本代码片段如下所示。

```
1. local a: addr = 192.168.1.100;
2. local s: subnet = 192.168.0.0/16;
3. if ( a in s )
4.     print "true";
```

在上述代码片段中,第1行定义了数据类型为addr的变量a,并为其赋值192.168.1.100,第2行定义了数据类型为subnet的变量s,并为其赋值192.168.0.0/16,第3行通过if语句判断变量a是否在变量s的范围之内,如是则打印字符串true。

前面多次提到的Zeek框架可以理解为是Zeek脚本的标准库,其提供了日常脚本编程中许多共性问题的标准解决方案。用户在熟练掌握Zeek脚本以及主要Zeek框架的使用方法后,可以实现绝大多数的网络分析逻辑以及事件统计、上报、告警等功能。

实际上仅掌握 Zeek 脚本还不能做到实现任意网络分析逻辑。Zeek 脚本的执行依赖于 Zeek 核心功能之一的事件(event)触发机制。当然,Zeek 也提供了插件机制来帮助用户扩展其核心功能。

本书后续如果未做特殊说明,则提到"脚本"时均指"Zeek 脚本",而提到"框架"时均指"Zeek 框架"。

专用的编程语言对于掌握熟练者来说是其进行网络分析的一大助力,但对于初入门的用户来说也提高了其学习 Zeek 的成本。特别是对于没有任何编程基础的安全人员来说,从头学习一种高度定制化、用途单一的编程语言在投入产出比上讲是不划算的。所以,本书的基础篇部分会尽量避免使用到脚本编程的相关内容,仅在 Zeek 内置的功能基础上进行介绍。如必须涉及脚本编程时,也会给出相应的示例并进行注释说明。本书的进阶篇部分则会对脚本的语法及框架特性进行详细介绍。

## 2.3 Zeek 的功能架构

Zeek 是一个模块化的开放平台,其核心组成包含输入、分析器、事件引擎、脚本解释器、输出 5 个部分,各个模块间的关系如图 2.5 所示。

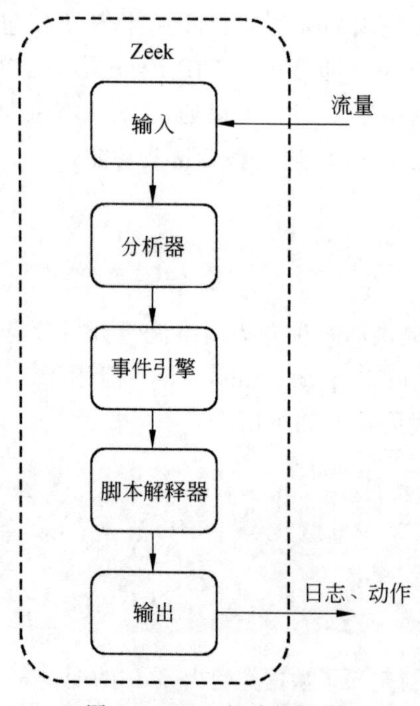


图 2.5 Zeek 的功能架构

(1) 输入部分指的是 Zeek 获取流量的模块,当前可以支持通过监听网络端口获取实时流量,也支持读取 pcap 文件。同时在功能架构上输入部分也负责对数据包进行初步解构,如计算数据包的校验和等。

（2）分析器部分是 Zeek 对数据包进行进一步解构的模块，其主要功能是根据单个数据包中的协议特征产生对应的事件。Zeek 对网络协议的解析就发生在此模块当中，用户可以通过插件的形式自行添加协议分析器。Zeek 还提供了相应的脚本以及框架供用户对分析器进行基本的管理。

> 分析器可被简单理解为协议的解析器，针对每种支持的网络协议，Zeek 均提供了一个分析器与之对应。有兴趣的读者可以看一下源代码目录 src/analyzer，里面存放的就是 Zeek 针对每种协议的分析器源代码。

（3）事件引擎是 Zeek 的核心模块，其主要功能是管理事件的队列及调度优先级，并提供 Zeek 脚本中代码逻辑运行的上下文环境。用户可以通过新增协议分析器的方式来新增自定义的事件，同时也可以通过 Zeek 脚本新增或激活事件。

> 这里使用“激活”事件而不是“新增”事件，主要原因在于 Zeek 在启动运行后，其内置的事件列表就已经被固定。程序在运行过程中只能激活列表中某个已有的事件，然后由事件引擎调度执行。“新增”事件指的是用户可以通过新增插件或编写脚本的方式在事件列表中增加 Zeek 以前没有的事件。

（4）脚本解释器的主要功能是在 Zeek 启动阶段载入并解析用户编写的脚本。Zeek 的解释器是基于 yacc 及 flex 工具实现的，熟悉这两个工具及解释性编程语言的用户可以自行定制 Zeek 脚本的语法特性（需要重新编译 Zeek 源代码）。

（5）输出部分主要指 Zeek 对外输出分析结果的功能模块，其主要包含框架特性中的日志框架和通知框架。用户可通过日志框架自行定义日志输出的形式以及存储的形式。例如，以 JSON 字符串的形式输出并将其存放在某个数据库中。用户也可以通过通知框架输出分析得出的告警或执行某个动作，如根据实际分析结果执行其他外部程序或调用其他外部程序接口。

从数据包分析流程的视角来看，这 5 个部分涵盖的功能及相互关系如图 2.6 所示。

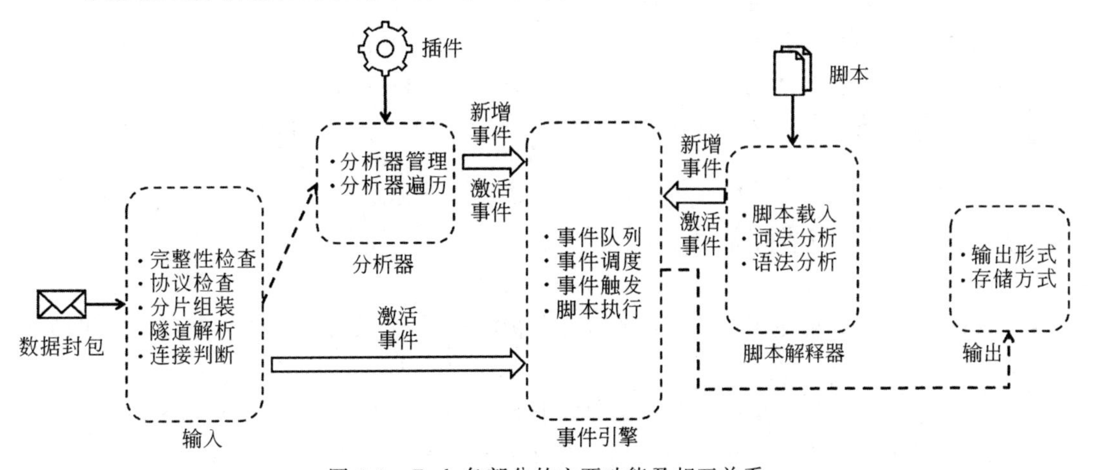


图 2.6 Zeek 各部分的主要功能及相互关系

为了更好地说明 Zeek 的内部工作流程，下面将以一个 TCP-SYN 数据包为例来逐步描述 Zeek 的工作流程。

(1) 输入部分收到数据包后对数据包进行完整性检查，并判断此数据包是某个已知连接的一部分还是一个新的连接，同时激活 new_packet 等相关事件。如是一个新的连接则还会激活 new_connection 等相关事件。

> 上面描述中提到的"连接"与通常理解的 TCP 中的"连接"是不同的。这也是 Zeek 对连接的判断发生在具体协议之前的主要原因。这个区别对理解 Zeek 流量分析的流程很关键，具体的不同会在第 4 章详细介绍。

(2) 数据包交由分析器进一步解构，分析器经过判断将此数据包推送至 TCP 分析器进行进一步分析。TCP 分析器判断该数据包为一个 SYN 数据包，激活 connection_SYN_packet 等相关事件。

(3) 事件引擎对上述激活的事件进行调度后会按照其优先级逐一执行对应的事件处理函数，例如 new_connection 事件的处理函数中将会记录新连接的相关数据，并以日志的形式通过日志框架输出。

Zeek 的实际工作流程与判断逻辑比上面描述的过程要复杂得多。例如一个承载 HTTP 协议的数据包不仅会经过 TCP 分析器，还会经过 HTTP 分析器，如果传送的数据中包含文件，还会经过文件分析器等。一个事件可以绑定多个事件处理函数(理论上无上限)，这些事件处理函数有的来源于插件，有的则来源于用户的脚本。但上述这些复杂性被很好地屏蔽了起来，这归功于 Zeek 的架构设计。用户新增插件时可以无须考虑会影响其他分析器或被其他分析器影响，在为特定事件编写处理函数时也无须考虑其他处理函数。

事件驱动加上具备图灵完备性的脚本语言使用户可以在理论上实现任意的分析逻辑。如果内置的事件不符合需要，用户还可以通过插件或脚本新增自定义事件。随着本书内容的深入，读者可以逐渐体会到 Zeek 的这一特色。

> 本节内容涉及了 Zeek 内部的具体工作机制，在未完全阅读完本书的情况下读者可能不太容易理解。在阅读本书其他内容时，如果对 Zeek 的工作方式产生疑问，读者可以返回来重新看这节内容。尤其是在开始阅读进阶篇之前，建议读者能对 Zeek 的工作方式有一个清楚的认知，这对深入了解并使用 Zeek 来说是必需的。

## 2.4 Zeek 的应用场景

理论上讲 Zeek 可适用于任何需要流量分析的场景，但结合实际情况看可将这些场景归纳为如下 4 种。

场景一，结合离线分析能力及可编程的能力，Zeek 可以打造用于流量分析、取证的专家工具箱，如图 2.7 所示。在这个应用场景下，用户通过对可疑流量片段的不断分析梳理，提炼出能够发现对应流量模式的分析逻辑，再通过脚本将分析逻辑转化为 Zeek 的执行逻辑，最终通过 Zeek 发现具备特定模式的所有流量。作为专家经验与实际执行逻辑的转换媒介，Zeek 脚本可以将专家积累的对于特定流量模型的认知转换成实际可执行的逻辑程序，并将之最终体现在流量上。

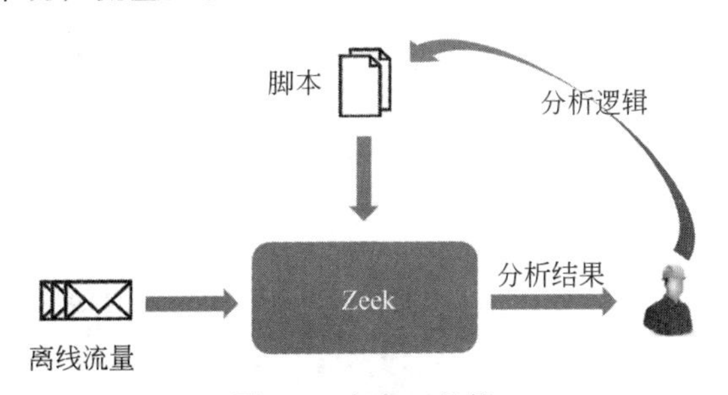


图 2.7 专家工具箱

场景二，使用 Zeek 结合端口镜像、流量分发（负载均衡）技术构建对数据中心出口流量的实时分析监控系统，如图 2.8 所示。在此场景下用户可以通过集群的方式部署多个 Zeek 工作结点，其中每个工作结点负责分析整体流量的一部分。这种集群方式可有效降低单个 Zeek 结点的软硬件要求，具体工作结点数量可以根据实际流量的大小进行横向扩展。另外，Zeek 还内置了对集群进行控制和管理的工具，用户可通过此工具在管理结点上对整个集群的工作状态、工作逻辑进行调整。还有一点必须要提到的是，Zeek 脚本专门提供了与集群无关的编程特性，即在编程时可以不考虑工作结点数等实际集群情况，由 Zeek 底层框架自动对其进行适配。

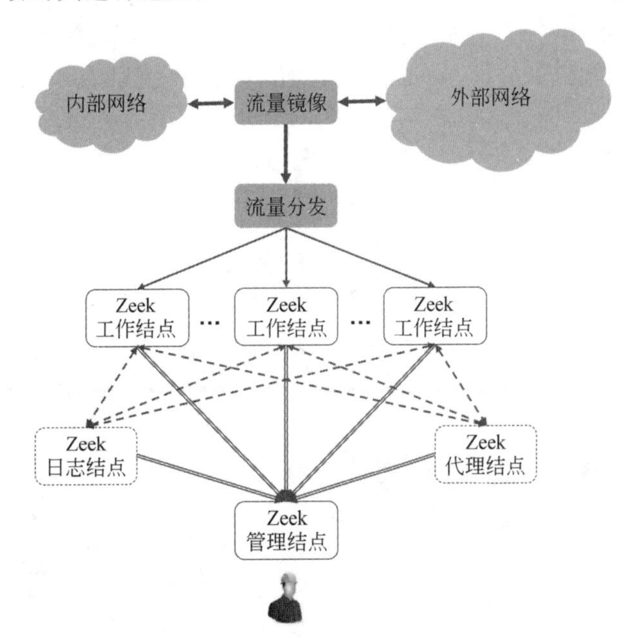


图 2.8 数据中心出口流量实时监控分析系统

集群化的部署方式不仅适用于数据中心出口，在流量非常大的内部链路上进行流量分析时也可以采取集群的方式。但需要注意的是，Zeek 并未包含获取流量的能力，所以将流量引导至 Zeek 集群并进行分发是需要用户自行设计并实现的。

场景三，针对内部网络中的流量可以使用 Zeek 的告警、事件上报等功能，配合 SIEM 等安全平台构建内部网络的终端异常流量监控中心，如图 2.9 所示。在这个场景中，Zeek 作为终端常驻的进程之一，可以通过不断监听分析终端本身的网络流量来识别异常流量并形成事件、告警等消息，再上报给已有的 SIEM 平台，由 SIEM 平台对这些事件进行统一管理。Zeek 开放式平台的特点使其非常易于对接其他如 SIEM、大数据等平台，成为已有系统中的数据源之一。

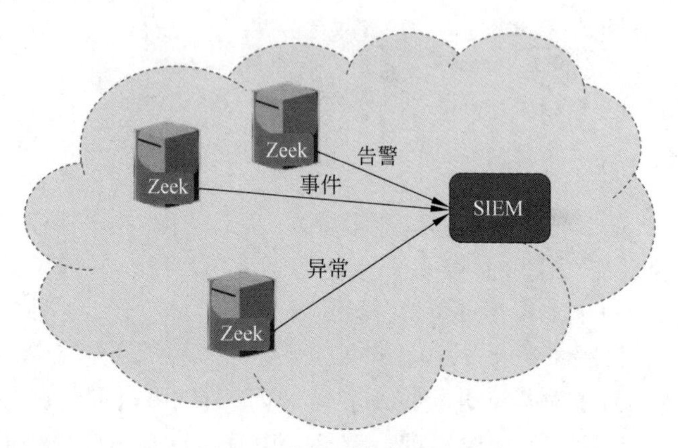


图 2.9　终端异常流量监控

场景四，可以将上述 3 个应用场景联合起来，形成一个基本覆盖组织内所有网络流量，集专家分析、脚本开发、测试等步骤为一体的流量分析体系，如图 2.10 所示。整个体系通过不断地循环，在流量分析上不断地迭代演进，可持续地提高组织流量分析的能力并积累流量分析的经验。

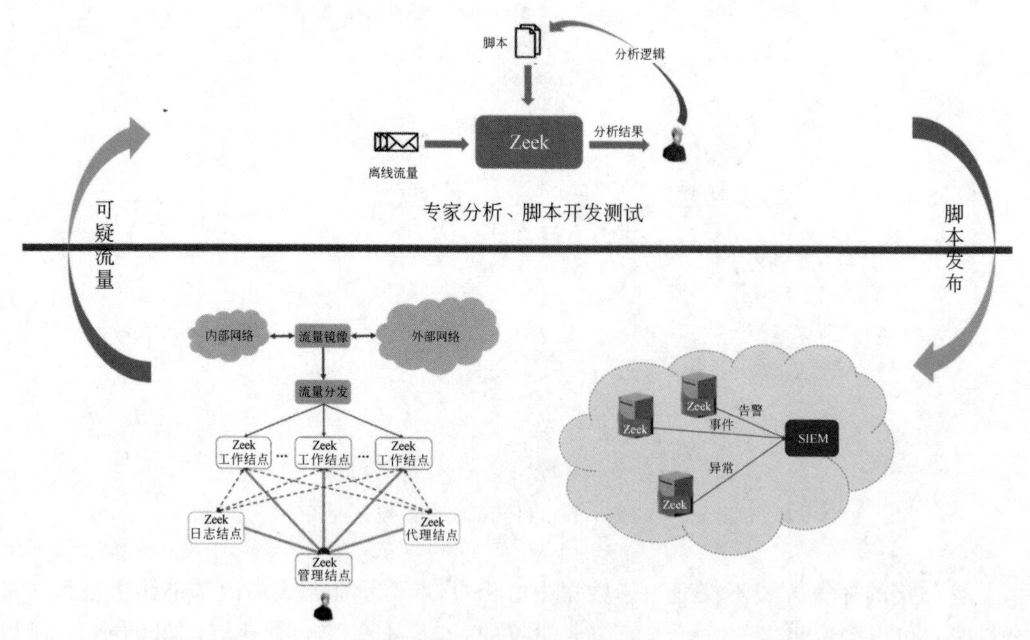


图 2.10　流量分析系统

从上述4种典型的应用场景中可以看出，Zeek既能做到自成一体也能配合其他组件一起工作，无论场景大小均有其发挥能力的空间。如果再结合开源免费的特点，则可以发现Zeek非常贴合组织内在引入新技术、新方案时投入低、见效快的要求。读者如果希望在自己的组织内引入流量分析体系，可以先使用Zeek配合一个类似专家分析的场景作为切入点，在不需要很大投入的基础上体现流量分析的效果，获得肯定后再采取滚雪球的方式，在不断获得成果的同时逐步增加投入，最终形成自有的流量分析体系。而且最终形成的流量分析体系也不必完全使用Zeek实现，Zeek本身的开放性使其能够跟其他平台或工具共同存在、协同生效。

## 2.5 Zeek的版本与相关资源

Zeek的发布版本分为两种，一种是新功能发布版（current feature release），一种是长期支持版（Long Term Support，LTS）。其中，新功能发布版主要用于添加新功能或做架构演进，其代码是不断更新的。相对来说，长期支持版的代码则稳定得多，其功能一般都经过了多个新功能发布版的测试及验证。开发团队会对长期支持版在一定时间内提供技术支持，如果该版本有问题需要解决，则会以此版本的代码为基础进行修改并发布。

对于刚刚打算开始学习或者使用Zeek的读者来说，长期支持版是一个比较好的选择，虽然其在功能数量上不如新功能发布版来得多，但不会遇到更新软件后发现正在学习使用的命令完全变样，或者之前能正常运行的集群无法启动的情况。

本书后续所有的内容均是基于Zeek的长期支持版本4.0.1展开的，读者可通过下面的链接获取对应的资源。

（1）官方网站：https://zeek.org/。

（2）源代码：https://github.com/zeek。

（3）官方文档：https://docs.zeek.org/en/master/。

（4）版本下载：https://zeek.org/get-zeek/。

## 2.6 经验与总结

事物都有两面性，Zeek开放式的设计以及不断丰富的功能特性导致其学习、入门的成本比较高，同时Zeek提供的人机交互方式要么是命令行，要么就是通过脚本代码，这对习惯了依靠鼠标在图形界面操作的安全人员来说是一个挑战。另外，如果要深入使用Zeek，用户不仅仅要学习Zeek专门提供的编程语言，还需要对网络协议、网络攻击、Shell脚本、C++语言及Python语言都有所了解，这也是阻碍Zeek被广泛使用的一个重要原因。对于熟悉安全知识的传统信息安全人员来说，Zeek对操作者能力的要求过多，而对于熟悉编程的传统程序员来说，流量分析又不在其主要关注范围内。还有一点需要提到的是，与大多数开源软件类似，Zeek的开发团队估计也是本着用代码说话的原则，其官方文档仅仅覆盖了Zeek的基础使用及基本脚本编程的介绍，缺少对关键概念、软件功能等有针对性的文档说明和教程，这使得很多时候为了清楚准确地了解某个功能或关键逻辑，只能去阅读代码。不幸的是 Zeek 同样缺乏对代码和架构的说明，阅读某个功能的代码之前，有时不得不先花大量时间理清代码的主要流程及调用关系，甚至不得不自行搭建环境，构造特定网络流量并编写脚本以进行测试。

以上这些都是笔者从接触 Zeek 到使用 Zeek 再到定制 Zeek 过程中碰到的实际问题。网络安全事实上是 IT 行业中的一个垂直领域，从顶层的业务流程到底层的硬件都与网络安全相关。那么对网络安全的从业人员来说，需要其在 IT 领域中必须具备一专多能的特点。从这一点出发，读者完全可以把 Zeek 作为学习相关专业知识的一个入口，通过使用 Zeek 去逐步了解网络协议、网络攻击以及编程语言等相关内容。如果能做到这样的思维转换，那么前述的阻碍就都将被转化成为学习的动力。当然本书后续内容中也会包含笔者曾经遇到的问题以及曾做过的实验示例，希望这些内容能够对读者有所帮助。

# 第3章　搭建环境

从本章开始将会陆续介绍并实践很多有关 Zeek 实际使用方面的内容，包括 Zeek 的安装过程等。所谓“工欲善其事，必先利其器”，本章将会先花一定的篇幅来介绍贯穿本书所有示例的运行环境，后续本书内容中出现的所有操作示例、代码示例全部可以在这个环境中进行验证。对于刚入门的读者来说，参考本章介绍的内容来搭建运行环境可以避免因环境不同而造成的示例运行结果差异。另外，本章所介绍的环境全部选取了目前比较主流、易于获取且可免费使用的组件，对进行其他网络安全相关的实践也具备一定的参考意义。当然，对环境搭建非常熟悉的读者可以直接跳过 3.1 节内容。

## 3.1　本书运行环境

本书所介绍的运行环境以一台运行 Windows 操作系统的个人计算机作为宿主机(host)，在宿主机上通过开源软件 VirtualBox 创建若干虚拟机环境。每个虚拟机环境安装运行 Ubuntu Desktop 操作系统，如图 3.1 所示。

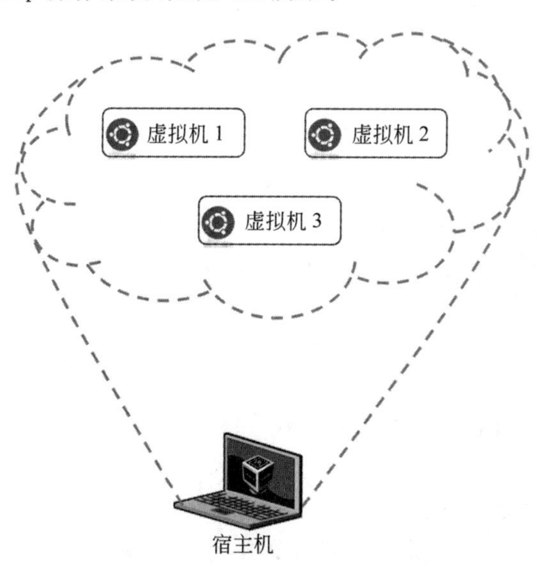


图 3.1　本书实验环境示意图

如果能够使用的宿主机硬件资源有限，无法运行多个 Ubuntu Desktop 虚拟机环境，那么也可以使用 Ubuntu Server 操作系统予以替代。这两个操作系统都属于 Ubuntu Linux 系列，两者的内核及所用的软件包版本基本都是一致的。相较于 Ubuntu Desktop 操作系统而言，Ubuntu Server 操作系统删减了桌面、办公、娱乐等软件，所以在对系统资源的需求上要远小于 Ubuntu Desktop 操作系统。但也正是因为删减了相关桌面软件，Ubuntu Server 操作系统在默认安装方式下仅能通过命令行界面与用户进行交互，故其使用者必须对类 UNIX 操作系统有相当程度的了解。对绝大部分读者来说还是 Ubuntu Desktop 操作系统的图形界面更加友好。另外，使用 Ubuntu Desktop 操作系统还可以在最大程度上与本书的环境保持一致，避免由于兼容性或底层环境差异等引发的其他问题。

### 3.1.1 安装 VirtualBox

Oracle VM VirtualBox（简称 VirtualBox）是一款开源的虚拟机软件，用户可通过其官网 https://www.virtualbox.org/wiki/Downloads 下载安装包。由于本书运行环境的宿主机运行的是 Windows 系统，所以在下载时须注意要选择的是 Windows hosts 版本。建议同时下载 VirtualBox 对应版本的扩展包（VirtualBox Extension Pack），此扩展包可以增强 VirtualBox 的功能，提供如宿主机与虚拟机之间文件共享等高级功能。扩展包不区分平台，其版本号与 VirtualBox 主程序版本号保持一致即可。在写作本书时 VirtualBox 的最新版本为 6.1.22，其下载页面如图 3.2 所示。

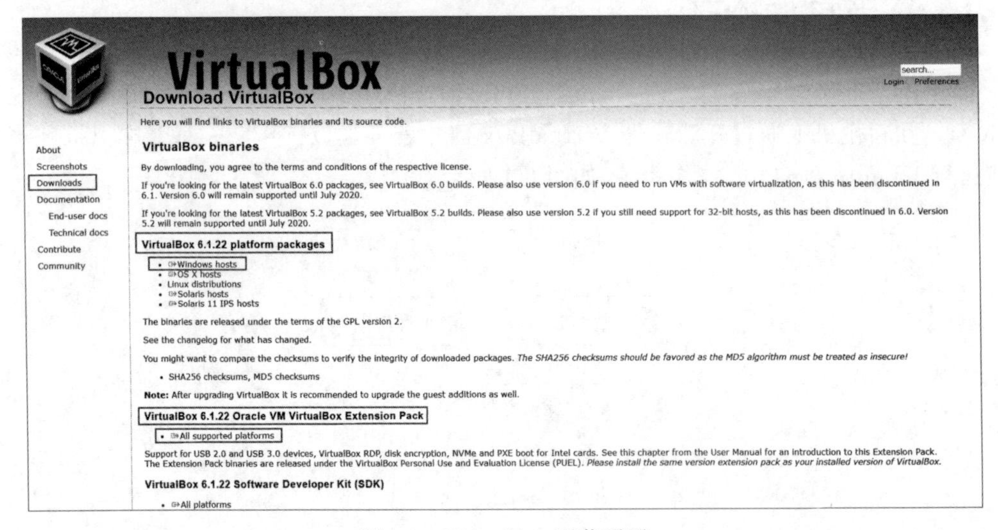


图 3.2　VirtualBox 下载页面

下载完成安装包后在宿主机系统下双击下载的文件，即可进入安装向导界面，如图 3.3 所示。

单击“下一步”按钮启动安装过程，整体安装过程比较友好，这里不再赘述。安装完成后打开 VirtualBox 程序主界面，单击“管理”菜单项，执行“全局设定”命令，如图 3.4 所示。

在弹出的“Virtual-全局设定”对话框中选择“扩展”标签，进入如图 3.5 所示的扩展界面，单击界面最右侧的“＋”号按钮选取已经下载好的扩展包文件，即可启动扩展包的安装过程。

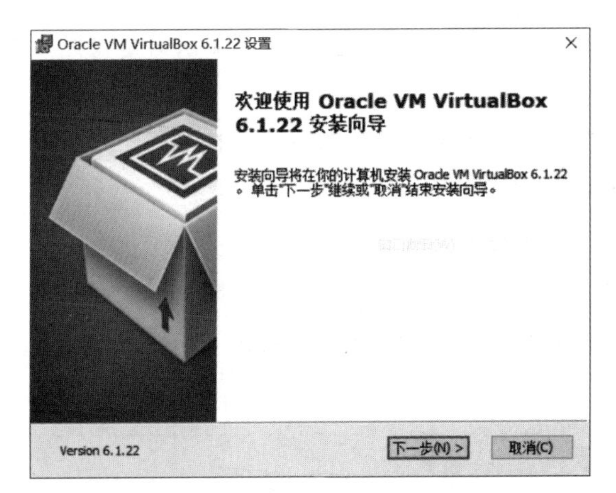


图 3.3 VirtualBox 安装界面

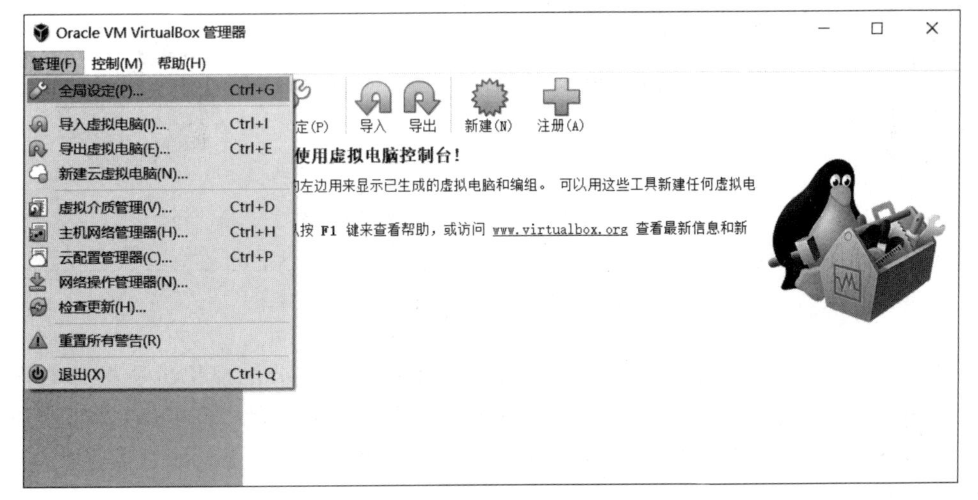


图 3.4 VirtualBox 打开全局设定

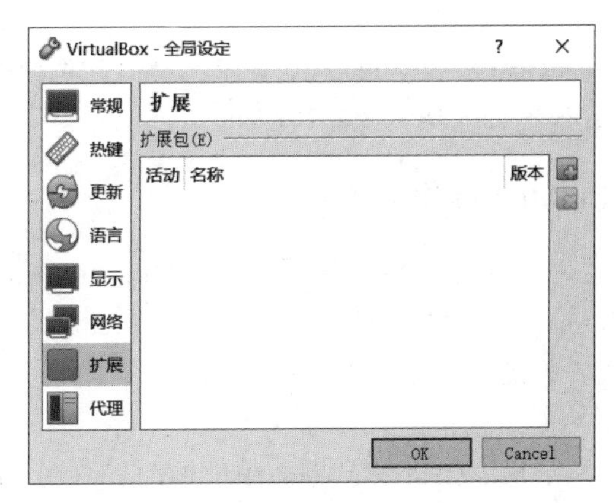


图 3.5 VirtualBox 扩展界面

如果读者使用的宿主机以前安装过VirtualBox,则建议先卸载再安装最新版本。新版本安装好后在如图3.5所示界面中有可能出现上一个版本的扩展包,这时需要先单击右侧的“X”按钮将其卸载,再按照上述流程重新安装新版本的扩展包。需要注意的是,扩展包必须与VirtualBox主程序的版本相配套。

### 3.1.2 创建虚拟机

在VirtualBox程序主界面单击“新建”按钮,即可开始新建虚拟机的过程,如图3.6所示。

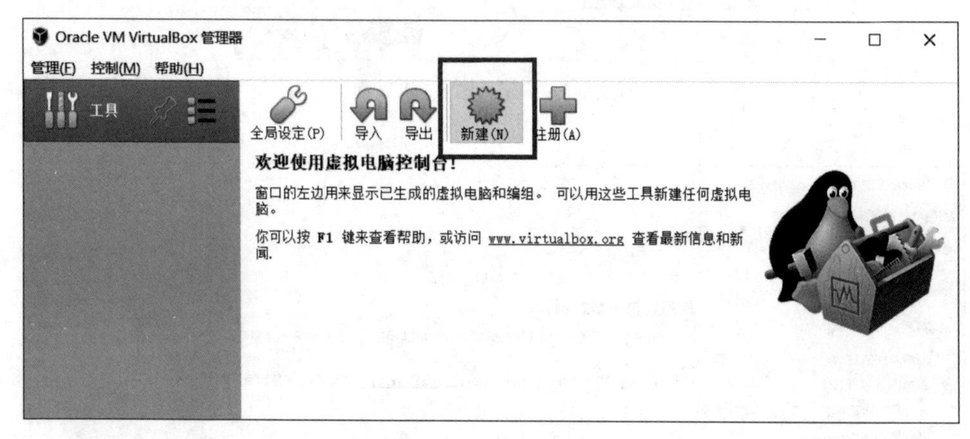


图3.6 新建虚拟机

根据指引程序逐一填写信息就可以完成创建虚拟机。在分配虚拟机所拥有的资源时,建议至少保证其具备2个CPU核心、4096MB内存、32GB磁盘空间的资源配置,如果使用Ubuntu Server虚拟机环境,则资源可减少为1个CPU核心、2048MB内存、8GB磁盘空间。

创建虚拟机完成后在VirtualBox主界面可以查看到该虚拟机,选中虚拟机然后单击主界面的“设置”按钮,如图3.7所示。

在弹出的对话框中选择“系统”标签,接着切换至“处理器”选项卡,将“处理器数量”调整为2,如图3.8所示。其他配置保持系统默认即可。

### 3.1.3 安装Ubuntu Desktop操作系统

创建虚拟机完成后就可以开始安装操作系统了。Ubuntu Desktop操作系统的系统安装镜像文件可以由Ubuntu官方网站https://cn.ubuntu.com/download下载。在本书写作时,官方最新的系统安装镜像文件名为ubuntu-20.04.2.0-desktop-amd64.iso,下载页面如图3.9所示。

镜像文件下载完成后,选择虚拟机设置界面中的“存储”标签,如图3.10所示。选取光盘存储介质,在“分配光驱”右侧单击光盘按钮,执行“选择虚拟盘”命令项,载入已经下载好的ISO格式镜像文件。

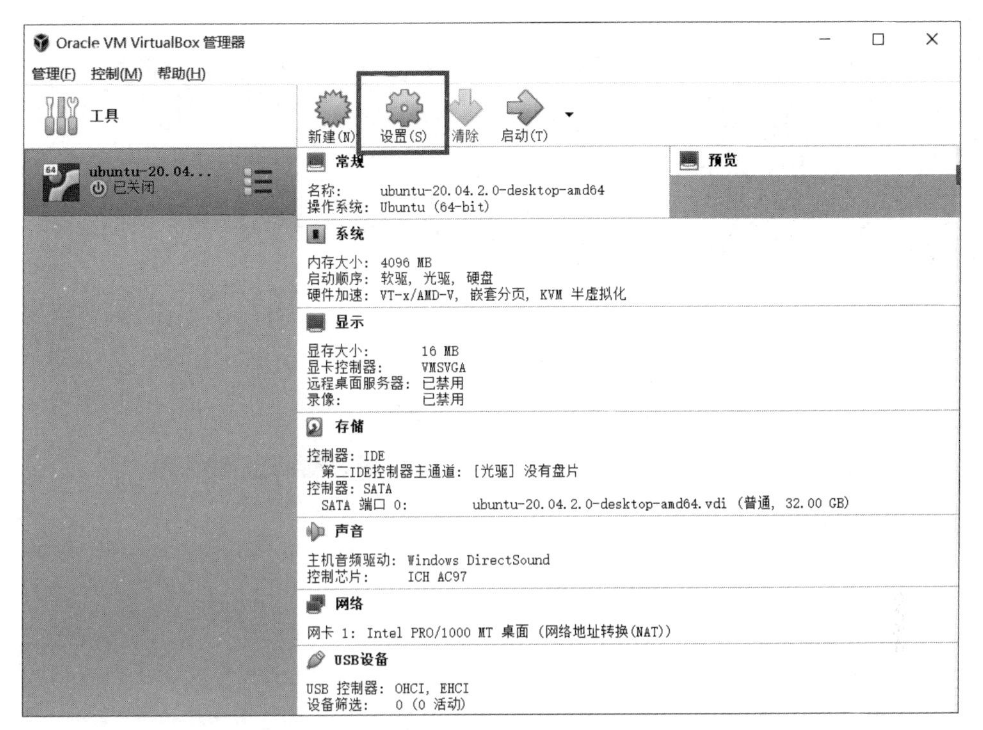


图 3.7　打开虚拟机配置

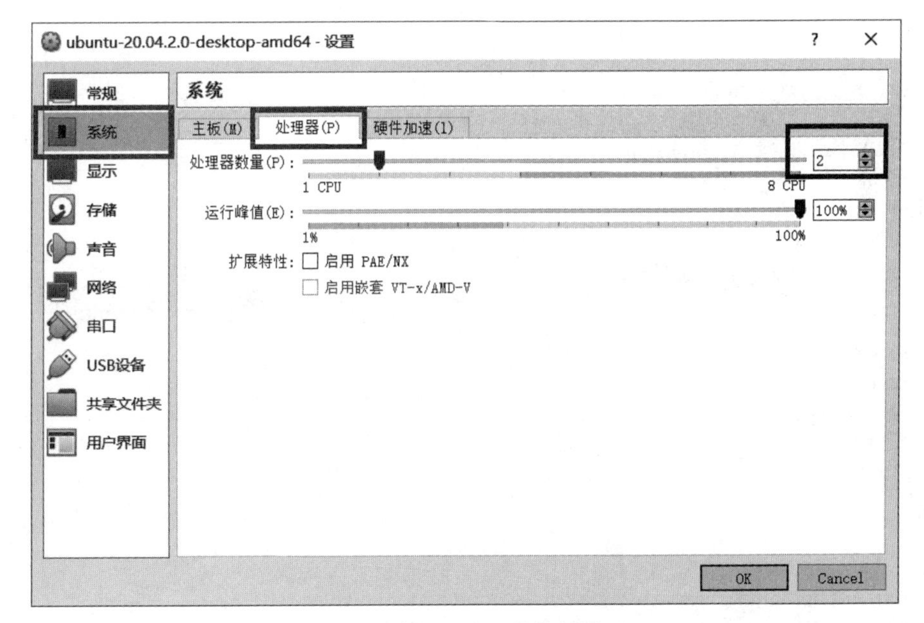


图 3.8　虚拟机处理器数量设置

图 3.9 Ubuntu Desktop 下载页面

> 在整个运行环境的准备过程中，最好能够保证运行 Windows 操作系统的宿主机有稳定的网络连接，以便下载各种安装文件以及后续的系统软件。

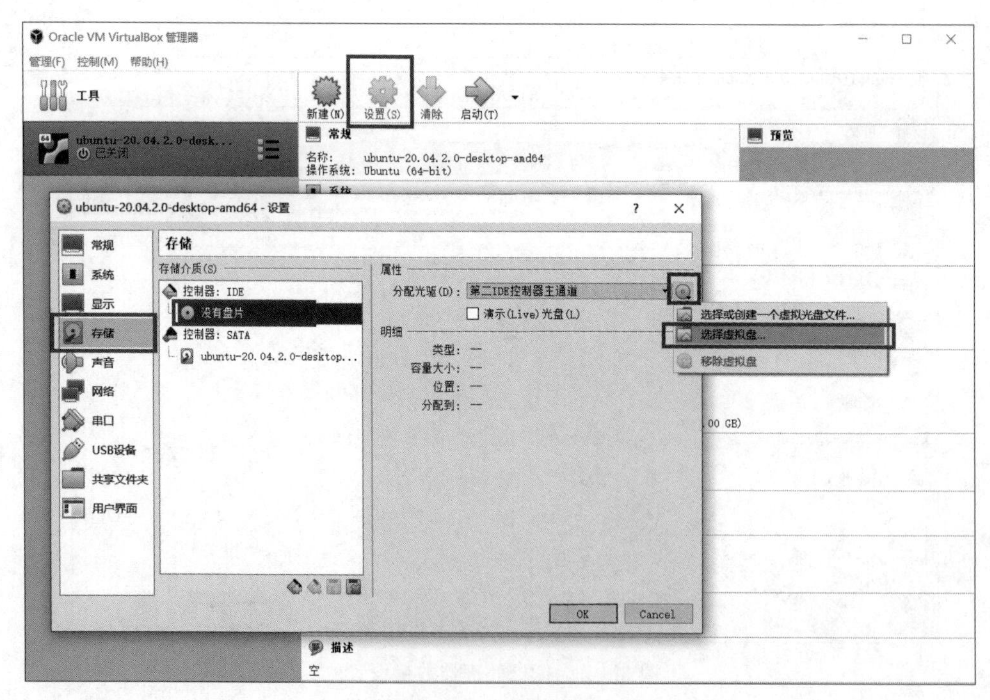


图 3.10 挂载镜像

在 VirtualBox 程序主界面选中虚拟机，单击“启动”按钮即可启动该虚拟机，如图 3.11 所示。虚拟机将会通过光盘镜像文件引导启动，并开始安装 Ubuntu Desktop 系统。

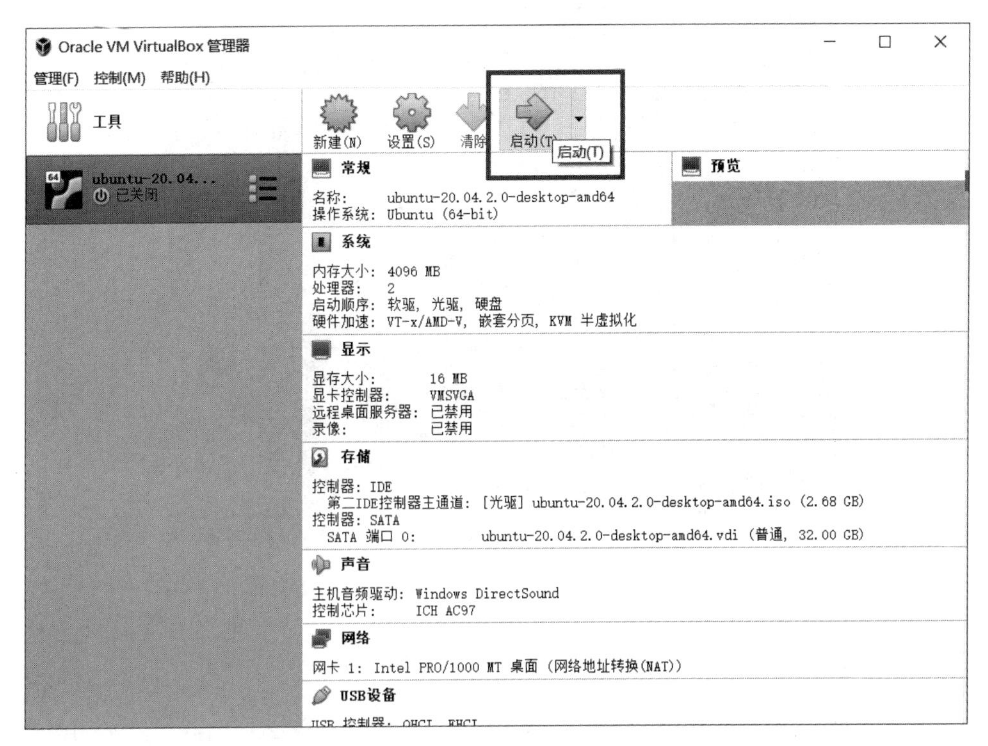


图 3.11　启动虚拟机

虚拟机在启动后将自动进入 Ubuntu Desktop 操作系统的安装向导界面，详细的安装过程这里不再赘述，但此过程中有几个需要特别注意的点，说明如下。

(1) 建议选择“最小安装”。该模式默认不会安装如办公套件、娱乐应用等软件。这样一方面可以节省虚拟机的存储空间，另一方面也可以减少 Ubuntu Desktop 在联网更新时需要下载的软件包数量，提高更新效率。

(2) 如果宿主机本身的网络速率较差，则用户可以取消“安装 Ubuntu 时下载更新”选项，这样可以加快安装进度。在系统安装完成后一样可以再更新系统。

(3) 选择所在地区时建议尽量选择自己真实所在的地区，安装程序会根据用户所选地区自动选择较近的软件源，这样可以提高在线安装软件或后续进行系统更新时的效率。

(4) Ubuntu Desktop 系统在默认情况下不需要设置 root 账号的密码，系统安装时设置的登录用户会自动被添加至 sudo 用户列表当中，在后续执行特权命令时系统需要前置 sudo 命令并输入当前用户的登录密码。

安装过程临近结束时系统会要求重启该虚拟机，若在重启后系统能够进入如图 3.12 所示的登录界面，则说明安装成功。此时输入之前安装过程中设置的用户名及密码即可登录系统。

图 3.12 Ubuntu Desktop 登录界面

### 3.1.4 优化运行环境

本小节将对已经安装好的虚拟机系统运行环境进行一些优化，以提高后续示例的操作效率。首先，需要对 3.1.3 节中安装好的 Ubuntu Desktop 操作系统进行更新，在 Ubuntu 桌面按超级键（super key，即普通 PC 键盘上的 Windows 键）启动搜索框，在弹出的搜索框中输入 terminal，即可调出"终端命令行工具（Terminal）"的图标，如图 3.13 所示。

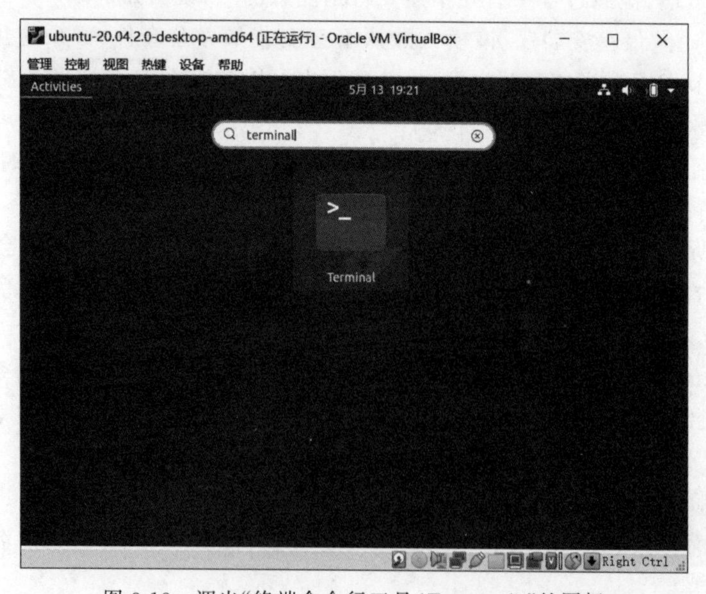


图 3.13 调出"终端命令行工具（Terminal）"的图标

> “终端命令行工具(Terminal)”在本书中经常会被用到,书中绝大多数命令都是通过该工具执行的。后续文中将统一使用“终端”来指代这个工具。

单击 Terminal 图标打开终端工具,运行以下命令。

```
zeek@standalone:~$
zeek@standalone:~$ sudo apt update
[sudo] password for zeek:
```

根据提示输入用户密码以后,操作系统开始更新软件列表信息。完成列表更新后,在终端执行 sudo apt upgrade 命令,即可开始升级操作系统软件。第一次升级需要的时间一般比较长,具体所需时长与宿主机的网络速度有关,升级完成后建议重新启动该虚拟机。

> 如前所述,使用 sudo 命令时需要根据提示输入用户密码。另外在使用 sudo apt upgrade 进行系统升级时,用户需要根据提示输入 Y 确认开始流程。这两点操作在每次执行该命令时都是必需的,后续如果涉及此类操作将不再赘述。

系统更新完成后,还需要在 Ubuntu Desktop 操作系统中安装 VirtualBox 的增强功能,该功能可以增强虚拟机的显示效果并实现虚拟机与宿主机间的文件共享等特性。在终端先执行 sudo apt install gcc make perl 命令,安装增强功能需要的软件依赖,然后在 VirtualBox 虚拟机运行界面单击“设备”菜单项,执行“安装增强功能”命令,如图 3.14 所示。

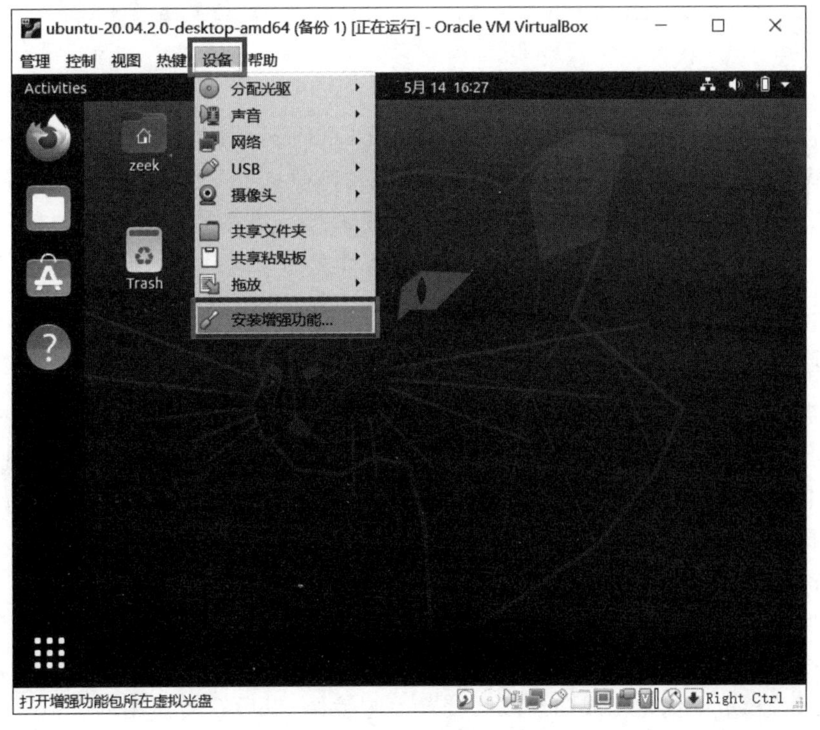


图 3.14 选择安装增强功能

然后，在 Ubuntu Desktop 虚拟机系统的桌面会弹出一个新的对话框，如图 3.15 所示。单击 Run 按钮，之后即可根据提示输入用户密码，启动 VirtualBox 增强功能的安装程序。

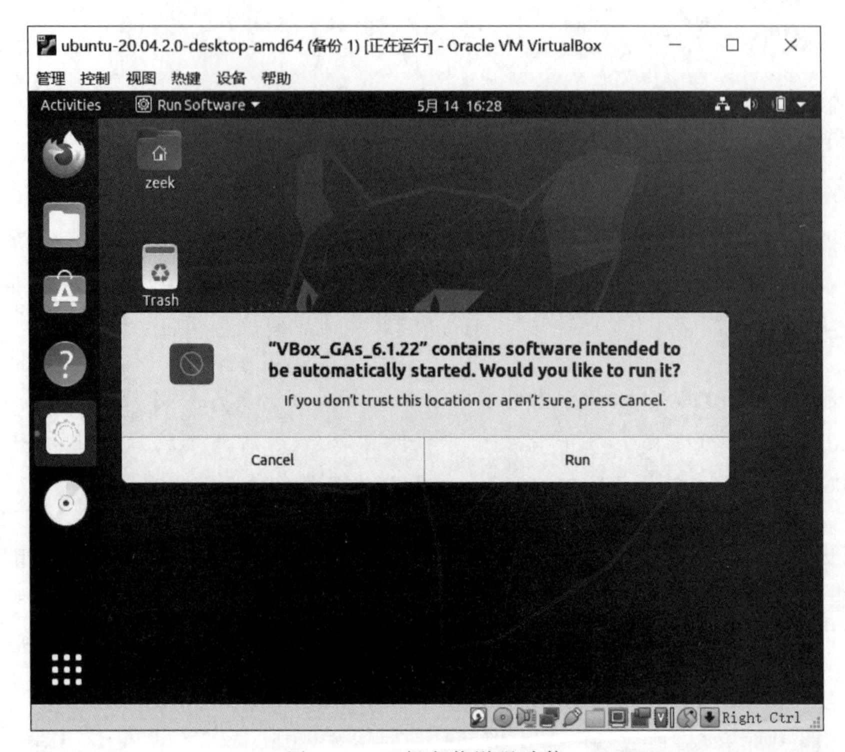


图 3.15 运行安装增强功能

需注意增强功能必须在安装了 VirtualBox Extension Pack 后才能安装及使用。不安装增强功能并不会影响本书后续命令或代码的执行效果，但增强功能不仅可以增强虚拟机的显示效果，还可以为用户提供宿主机与虚拟机之间的文件夹共享以及剪贴板共享功能，这对于宿主机与虚拟机之间的数据交互效率的提升是很有帮助的，所以建议读者按步骤安装增强功能。

在 VirtualBox 增强功能安装完成后，即可重启该虚拟机，再次登录后操作系统的桌面显示分辨率就可以调整了。有了舒适的桌面显示效果后，用户还需要在终端执行 sudo apt install vim net-tools netcat curl 命令，安装 vim、net-tools、netcat 及 curl 等工具，这些工具在本书后续内容中将会用到。其中，vim 用来在终端中浏览、修改文本文件；net-tools 提供了查看、修改操作系统网络配置的一系列终端命令；netcat 可以模拟特定网络流量的传输效果；curl 则用来在终端发送 HTTP 请求。

以上步骤完成后，单个虚拟机系统的优化工作就结束了。但在本书后续的运行环境中，有时会需要多个虚拟机共同完成某项工作，为避免每安装一台虚拟机都重复上述过程，可以把 3.1.3 节中优化完成的虚拟机设置为主镜像，以后需要使用的虚拟机都可以通过复制这个主镜像来创建。在 VirtualBox 程序主界面右击作为主镜像的虚拟机，在弹出的菜单中选择“复制”菜单项，如图 3.16 所示。

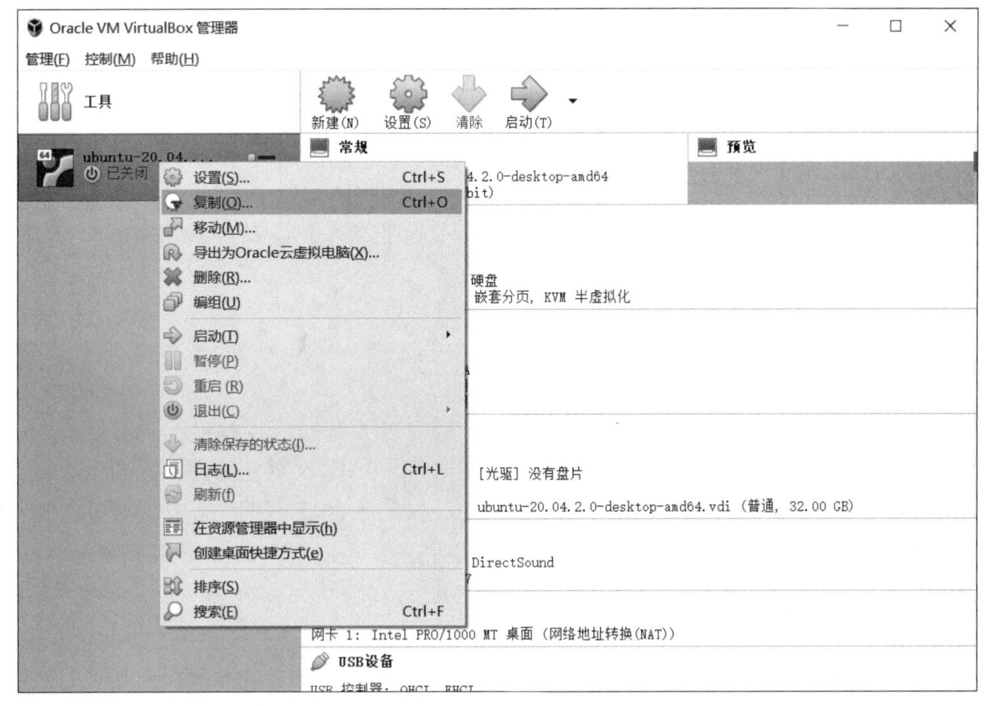


图 3.16 复制虚拟机

在复制虚拟机时，建议将被复制的虚拟机保持关机状态。

在弹出的界面中按提示进行操作，完成后 VirtualBox 会生成一个各种配置、系统资源都完全一样的虚拟机。后续如果需要新增虚拟机，则可以再通过此方式直接操作一次。

有一点需要注意的是，通过复制方式创建的虚拟机由于操作系统的配置信息完全一致，所以在多台虚拟机同时运行的环境下区分每台虚拟机所担任的角色会变得十分困难，而且每台虚拟机的主机名都相同，在同一个网络中会出现冲突。这一问题可通过修改虚拟机主机名的方式来解决，即通过终端执行 sudo vim /etc/hostname 命令打开操作系统的 hostname 文件，在该文件中编辑虚拟机的主机名称，hostname 文件内容如下所示。

```
standalone
~
~
~
"/etc/hostname" 1L, 11C                                      1,1           All
```

文件第一行即为该虚拟机的主机名，将其修改为期望的主机名后需要重启虚拟机。在重启后再次打开终端可以发现终端的提示符已经发生了变化，这说明主机名已被修改成功。

终端打开后的提示符中,@符号前半部分为用户名,后半部分是主机名。本书中的习惯用法为用前半部分用户名代表此运行环境的用途,后半部分主机名代表该虚拟机在运行环境中的角色。例如,上面的"zeek@standalone"代表这台虚拟机是在Zeek运行环境中用来进行单结点场景下的功能实践的。如果有"zeek@attacker"则代表此虚拟机是在Zeek运行环境中是用来进行模拟攻击的。在阅读后面的内容时这一习惯用法可以帮助读者快速识别实际操作发生的位置。读者在创建自己的运行环境时也可以借鉴这个用法,这样在运行环境中即便有多台虚拟机同时工作依然能准确地识别每台虚拟机的作用。

### 3.1.5 配置网络

如前所述,本书的运行环境仅有1台虚拟机是不够的,在使用多台虚拟机时就需要配置虚拟机之间的网络。在VirtualBox上创建虚拟机时,VirtualBox默认会给虚拟机分配一个虚拟网卡,并以网络地址转换(Network Address Translation,NAT)的形式与宿主机的物理网卡建立联系。用户可在虚拟机设置界面的"网络"标签查看相关配置,如图3.17所示。

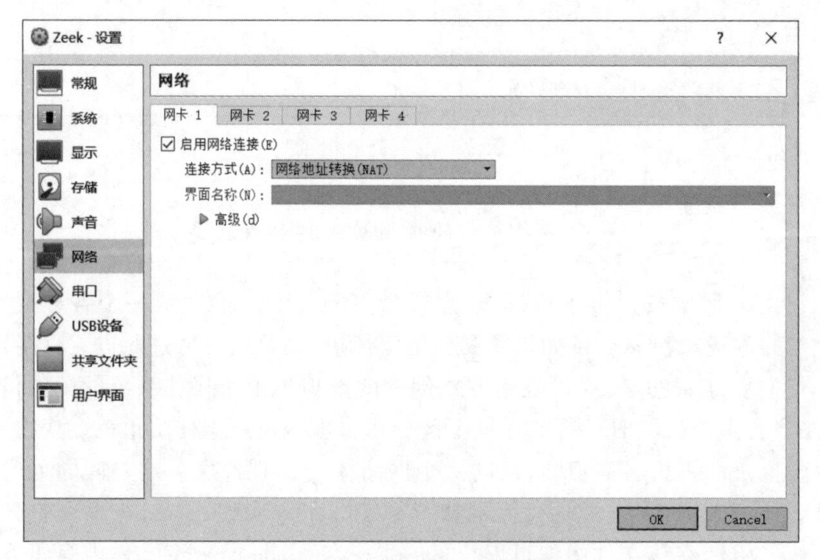


图3.17 虚拟机网络信息界面

在Ubuntu Desktop虚拟机系统的终端执行ifconfig命令,可看到如下内容。

```
zeek@standalone:~$ ifconfig
enp0s3: flags=4163<UP,BROADCAST,RUNNING,MULTICAST>  mtu 1500
        inet 10.0.2.15  netmask 255.255.255.0  broadcast 10.0.2.255
        inet6 fe80::4224:28c4:20e9:573d  prefixlen 64  scopeid 0x20<link>
        ether 08:00:27:26:35:7d  txqueuelen 1000  (Ethernet)
        RX packets 4292  bytes 4891094 (4.8 MB)
        RX errors 0  dropped 0  overruns 0  frame 0
```

```
        TX packets 1856  bytes 129361 (129.3 KB)
        TX errors 0  dropped 0 overruns 0  carrier 0  collisions 0

lo: flags=73<UP,LOOPBACK,RUNNING>  mtu 65536
        inet 127.0.0.1  netmask 255.0.0.0
        inet6 ::1  prefixlen 128  scopeid 0x10<host>
        loop  txqueuelen 1000  (Local Loopback)
        RX packets 198  bytes 16524 (16.5 KB)
        RX errors 0  dropped 0  overruns 0  frame 0
        TX packets 198  bytes 16524 (16.5 KB)
        TX errors 0  dropped 0 overruns 0  carrier 0  collisions 0

zeek@standalone:~$
```

从显示内容中可以看到除名称为 lo 的网络接口外，VirtualBox 的虚拟网络中还有一个 IP 地址为 10.0.2.15 的网络接口 enp0s3，此接口即为 VirtualBox 用 NAT 的形式向该虚拟机提供网络连接所使用的接口。

> ifconfig 命令是由在 3.1.4 节中安装的 net-tools 工具提供的，若之前未安装 net-tools 工具的话则该命令将无法使用。网络接口 enp0s3 在不同的安装环境下名称可能有所不同，这点需要读者注意。另外，lo 代表的是“回送(loopback)”接口。

在这种默认配置的网络下，当多个虚拟机同时运行时，每个虚拟机中的 enp0s3 接口被分配的 IP 地址都是 10.0.2.15。也就是说，其实 VirtualBox 并没有使用一个统一的 NAT 服务向各个虚拟机提供网络。相对地，VirtualBox 实际上是给每个虚拟机单独地提供了 NAT 服务，如图 3.18 所示。

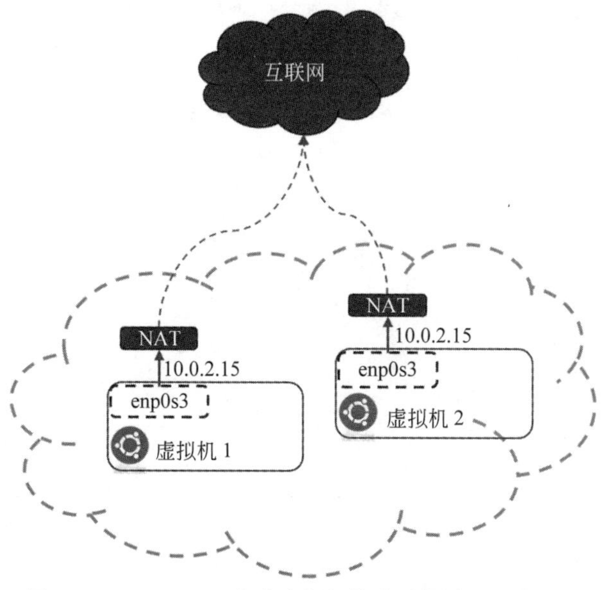


图 3.18 VirtualBox 在多虚拟机情况下的默认网络配置

在这种方式下，这些虚拟机之间将无法构成任何有效的网络通路，并且虚拟机与宿主机之间也无法进行网络通信。要解决上述问题，可以使用 VirtualBox 提供的另外一种网络连接方式，即“仅主机(Host-Only)网络”。

VirtualBox 在安装时会默认在宿主机上新增一个名为 VirtualBox Host-Only Ethernet Adapter 的虚拟网络适配器，并为此网络适配器的网络接口配置 DHCP 等服务。通过宿主机的网络配置界面可以查看该适配器的信息，如图 3.19 所示。

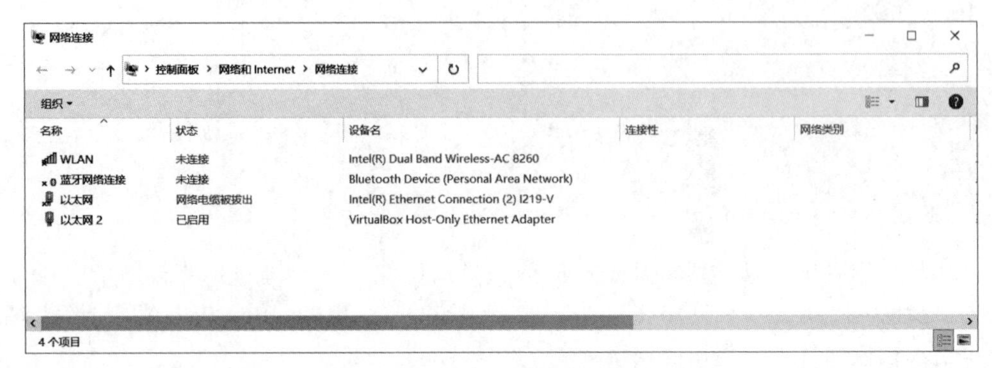


图 3.19　查看宿主机网络配置界面

使用 VirtualBox Host-Only Ethernet Adapter 虚拟网络适配器可以在已有的网络基础之上为多个虚拟机创建一个共同的局域网。在虚拟机配置界面的“网络”标签下启用虚拟机的第二个网络接口“网卡 2”，并将“连接方式”设置为“仅主机(Host-Only)网络”，“界面名称”则设置为在宿主系统上的 VirtualBox Host-Only Ethernet Adapter 适配器，如图 3.20 所示。

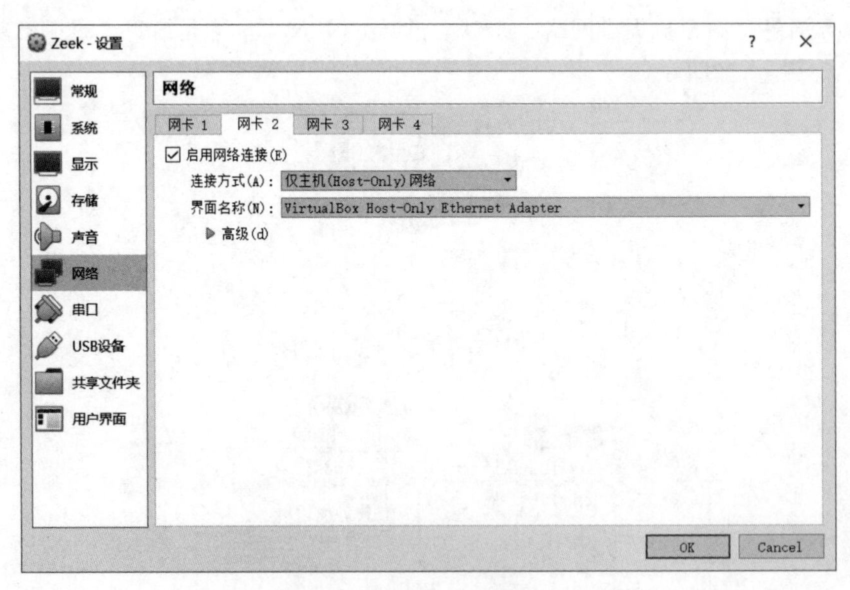


图 3.20　启用第二个网络接口

注意图 3.20 中的"启用网络连接"复选框，勾选该复选框会在虚拟机系统中启用该网络连接，取消勾选则将禁用该网络连接。用户可使用这个选项快速地控制虚拟机中某个网络接口的工作状态。

接着单击 VirtualBox 主程序界面中的"管理"菜单项并执行"主机网络管理器"命令，如图 3.21 所示。

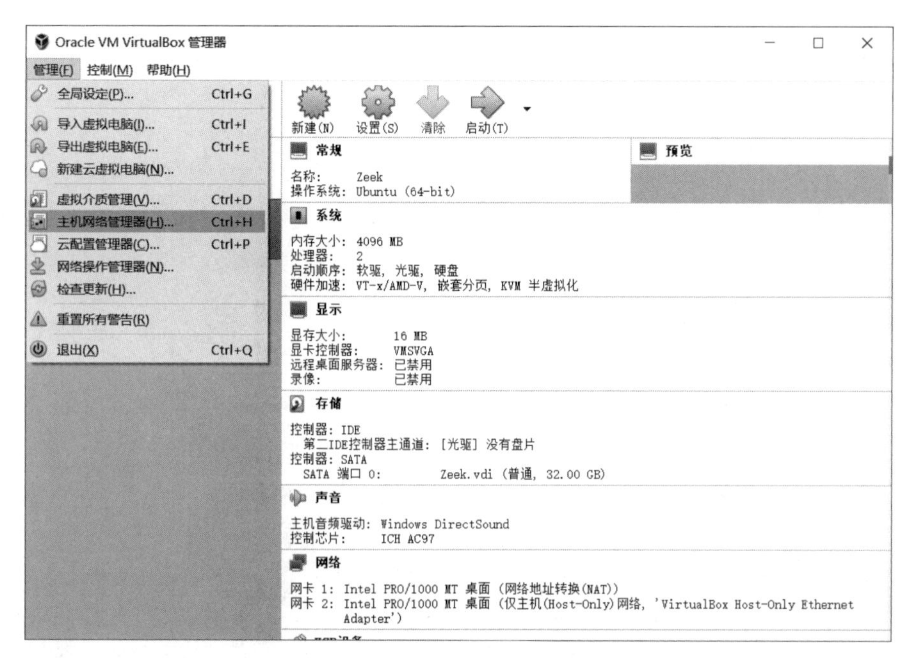


图 3.21　执行主机网络管理器命令

在弹出的"主机网络管理器"窗口中配置网络地址并启用 DHCP 服务，如图 3.22 所示。

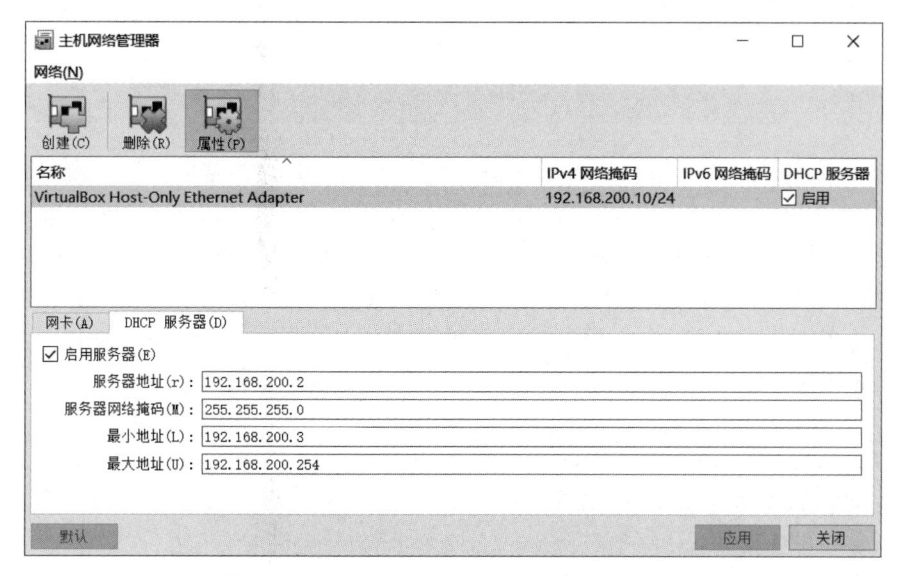


图 3.22　配置"主机网络管理器"的 DHCP 信息

将上述改动保存后重新启动虚拟机，再次在终端执行 ifconfig 命令，可以看到此时虚拟机已经新增了一个网络接口 enp0s8，IP 地址为 192.168.200.11，具体信息如下所示。

```
zeek@standalone:~$ ifconfig
enp0s3: flags=4163<UP,BROADCAST,RUNNING,MULTICAST>  mtu 1500
        inet 10.0.2.15  netmask 255.255.255.0  broadcast 10.0.2.255
        inet6 fe80::4224:28c4:20e9:573d  prefixlen 64  scopeid 0x20<link>
        ether 08:00:27:26:35:7d  txqueuelen 1000  (Ethernet)
        RX packets 88  bytes 15594 (15.5 KB)
        RX errors 0  dropped 0  overruns 0  frame 0
        TX packets 145  bytes 14745 (14.7 KB)
        TX errors 0  dropped 0 overruns 0  carrier 0  collisions 0

enp0s8: flags=4163<UP,BROADCAST,RUNNING,MULTICAST>  mtu 1500
        inet 192.168.200.11  netmask 255.255.255.0  broadcast 192.168.200.255
        inet6 fe80::c733:c7da:4712:4836  prefixlen 64  scopeid 0x20<link>
        ether 08:00:27:39:0c:86  txqueuelen 1000  (Ethernet)
        RX packets 7  bytes 1609 (1.6 KB)
        RX errors 0  dropped 0  overruns 0  frame 0
        TX packets 54  bytes 6552 (6.5 KB)
        TX errors 0  dropped 0 overruns 0  carrier 0  collisions 0

lo: flags=73<UP,LOOPBACK,RUNNING>  mtu 65536
        inet 127.0.0.1  netmask 255.0.0.0
        inet6 ::1  prefixlen 128  scopeid 0x10<host>
        loop  txqueuelen 1000  (Local Loopback)
        RX packets 173  bytes 14432 (14.4 KB)
        RX errors 0  dropped 0  overruns 0  frame 0
        TX packets 173  bytes 14432 (14.4 KB)
        TX errors 0  dropped 0 overruns 0  carrier 0  collisions 0

zeek@standalone:~$
```

通过上面对网络配置的调整过程，如果对多台虚拟机进行类似的网络配置，则这些虚拟机均会加入到 192.168.200.0/255.255.255.0 这个网络中来，形成如图 3.23 所示的网络结构。在该网络结构下，每个虚拟机都有一个可以连接外部网络的网络接口 enp0s3，该接口可以被用于需要访问因特网的操作。同时每个虚拟机也都将有一个局域网网络接口 enp0s8，该接口将被用于同一个局域网内虚拟机之间的通信，可以被用于执行制造流量、验证 Zeek 特性等操作。后续所有示例也都是基于这种网络结构实现的。

> 在上述配置环境中，如果给宿主机的 VirtualBox Host-Only Ethernet Adapter 网络接口分配 IP 地址如 192.168.200.10，则宿主机和虚拟机之间可以通过局域网进行正常的网络通信。

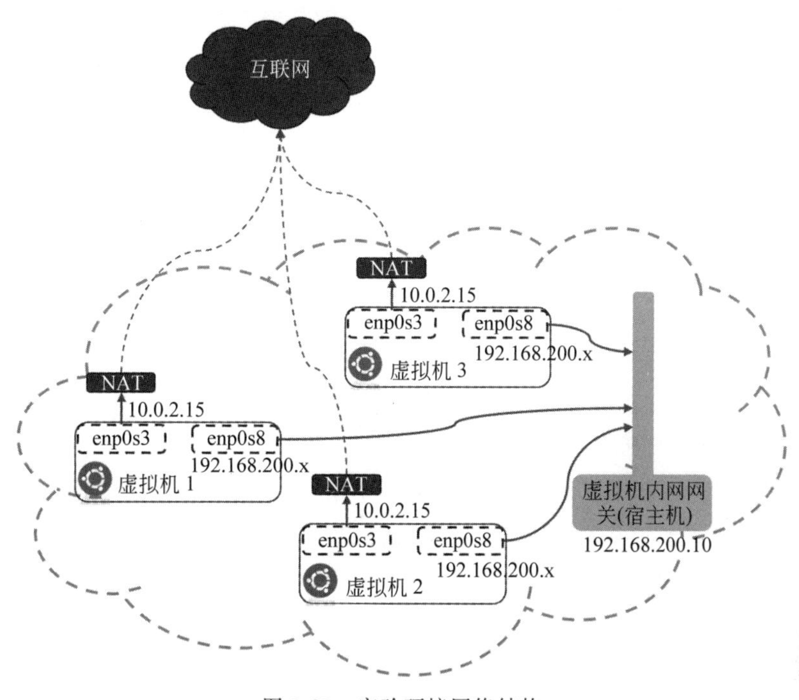


图 3.23 实验环境网络结构

## 3.2 从外部源安装 Zeek

从外部源安装是获取 Zeek 最便捷的一种方式。绝大多数的类 UNIX 操作系统都提供了一种中心化的机制供搜索和安装软件，这些软件通常都被存放在“存储库(pool)”中并通过“包(package)”的形式分发给用户。在互联网上，免费开放给操作系统提供包列表以及下载包服务的结点也被称作“源(sources)”，处理包的工作则被称为包管理，相关软件被称为“包管理器”。包提供了操作系统的基本组件，以及共享库、应用程序、服务和文档。包管理器除了支持为操作系统安装软件外，还提供了相关工具用来管理、更新、卸载已经安装的包。

Zeek 的正常运行需要依赖一些第三方包(具体可参考官方文档)，这些包在 3.1 节搭建的运行环境中都已经被默认安装了，所以在目前的环境中可以直接开始安装 Zeek。在终端首先执行如下命令。

```
echo 'deb http://download.opensuse.org/repositories/security:/zeek/xUbuntu_
20.04/ /' | sudo tee /etc/apt/sources.list.d/security:zeek.list
```

上述命令将包含 Zeek 包的源信息添加至系统组件更新列表中，添加完成后再执行如下命令。

```
curl -fsSL https://download.opensuse.org/repositories/security:zeek/xUbuntu
_20.04/Release.key | gpg --dearmor | sudo tee /etc/apt/trusted.gpg.d/security:
zeek.gpg > /dev/null
```

上述命令添加了这个源的可信签名。

软件源添加完成后，在终端执行 sudo apt update 命令，更新软件包的列表信息，此时可以看到系统已经开始从新源 http://download.opensuse.org/repositories/security:/zeek/xUbuntu_20.04 获取软件包信息了，更新过程如下所示。

```
zeek@standalone:~$
zeek@standalone:~$ sudo apt update
Get:1 http://security.ubuntu.com/ubuntu focal-security InRelease [109 kB]
Get:2 http://download.opensuse.org/repositories/security:/zeek/xUbuntu_20.
04  InRelease [1,563 B]
Hit:3 http://cn.archive.ubuntu.com/ubuntu focal InRelease
Get:4 http://cn.archive.ubuntu.com/ubuntu focal-updates InRelease [114 kB]
Get:5 http://download.opensuse.org/repositories/security:/zeek/xUbuntu_20.
04  Packages [11.3 kB]
Get:6 http://security.ubuntu.com/ubuntu focal-security/main amd64 Packages
[655 kB]
…
…
```

更新完成后在终端执行 sudo apt install zeek-lts 命令，开始安装 Zeek。zeek-lts 表示安装 Zeek 的长期支持版，用户也可以将之替换为 zeek-nightly 以安装当天的编译版本(具体不同的安装方式可参考官方文档)。安装过程如下所示。

```
zeek@standalone:~$
zeek@standalone:~$ sudo apt install zeek-lts
Reading package lists... Done
Building dependency tree
Reading state information... Done
The following additional packages will be installed:
  git git-man libbroker-lts-dev liberror-perl libmaxminddb-dev libpcap-dev
libpcap0.8-dev libssl-dev postfix python3-git
  python3-gitdb python3-semantic-version python3-smmap zeek-lts-btest zeek
-lts-core zeek-lts-core-dev zeek-lts-libcaf-dev
  zeek-lts-zkg zeekctl-lts zlib1g-dev
Suggested packages:
  git-daemon-run | git-daemon-sysvinit git-doc git-el git-email git-gui gitk
gitweb git-cvs git-mediawiki git-svn libssl-doc
  procmail postfix-mysql postfix-pgsql postfix-ldap postfix-pcre postfix-
lmdb postfix-sqlite sasl2-bin | dovecot-common
```

```
  resolvconf postfix-cdb mail-reader postfix-doc python-git-doc python-
semantic-version-doc python3-nose
 The following NEW packages will be installed:
  git git-man libbroker-lts-dev liberror-perl libmaxminddb-dev libpcap-dev
 libpcap0.8-dev libssl-dev postfix python3-git
  python3-gitdb python3-semantic-version python3-smmap zeek-lts zeek-lts-
btest zeek-lts-core zeek-lts-core-dev
  zeek-lts-libcaf-dev zeek-lts-zkg zeekctl-lts zlib1g-dev
 0 upgraded, 21 newly installed, 0 to remove and 1 not upgraded.
 Need to get 18.8 MB of archives.
 After this operation, 107 MB of additional disk space will be used.
 Do you want to continue? [Y/n]
```

从上述安装过程可以看出，在安装 Zeek 之前需要先安装大量的依赖包。这也是本节优先介绍包管理器的原因，包管理器可以自动解决软件包之间的依赖关系，从而降低用户的入门学习成本。安装阶段进行到最后，程序会要求用户进行 Postfix 的配置，此时可先选择 Local only，如图 3.24 所示，其他选项保持默认状态即可。

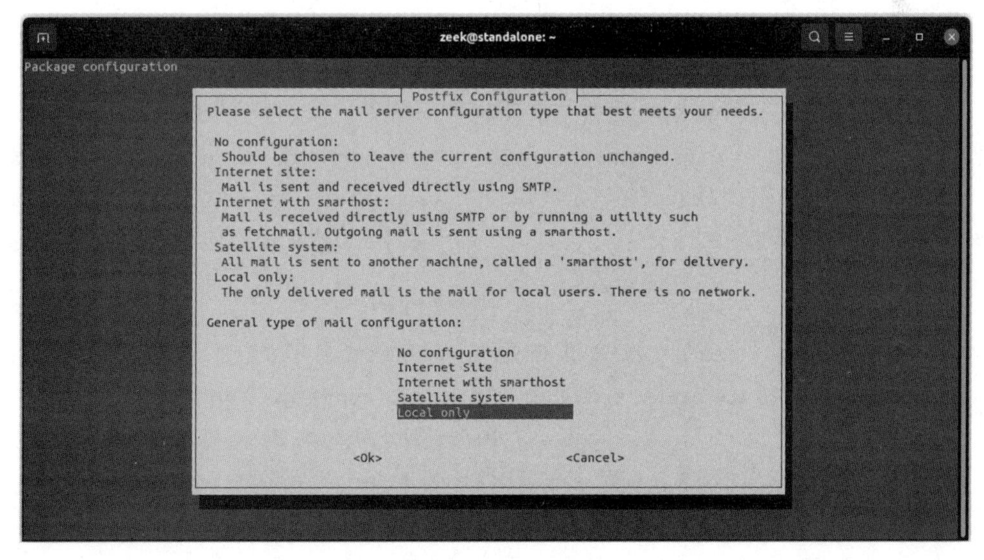


图 3.24 配置 Postfix

> Postfix 是一个邮件服务软件，Zeek 内置了以电子邮件的方式发送运行报告或事件报告的功能。在这里选择 Local only 后，Zeek 的邮件将会默认发送给本地 root 用户。

安装结束后，Zeek 的可执行程序及资源将被默认放置在/opt/zeek 目录下。该目录内包含 bin、etc、include 等子目录，如下所示。

```
zeek@standalone:~$
```

```
zeek@standalone:~$ cd /opt/zeek/
zeek@standalone:/opt/zeek$ ls
bin  etc  include  lib  logs  share  spool  var
zeek@standalone:/opt/zeek$
zeek@standalone:/opt/zeek$
```

Zeek 在其他操作系统下的安装方式可参考如下链接中的内容 https://software.opensuse.org/download.html?project=security%3Azeek&package=zeek，基本上与 Ubuntu 下的安装过程大同小异。

## 3.3 从源代码安装 Zeek

从源代码编译安装 Zeek 需要首先安装依赖软件(具体列表可参考官方文档)。与 3.2 节过程类似，先在终端执行如下命令。

```
sudo apt-get install cmake make gcc g++ flex bison libpcap-dev libssl-dev
python3 python3-dev swig zlib1g-dev
```

该命令将下载安装所依赖的软件。依赖软件安装完成后，将下载好的源代码包存放到任意目录并解压缩，然后进入源代码目录执行./configure && make 命令，启动对源代码的编译。编译所需时间较长，编译完成后使用 sudo make install 命令进行安装。编译安装的默认安装目录为/usr/local/，其内部目录结构与 3.2 节中通过包管理器安装所得结果一致。

若希望编译安装的目录与其通过包管理安装目录不同，则可以在执行./configure 命令时通过--prefix 参数来进行修改，如./configure --prefix=/opt/zeek 可以指定安装目录为/opt/zeek。后续如无特别说明，则默认 Zeek 的安装路径为/opt/zeek，并统一以＜PREFIX＞表示，如＜PREFIX＞/bin 表示/opt/zeek/bin。

## 3.4 运行 Zeek

Zeek 提供了 zeek 与 zeekctl 这两个命令来启动其主程序，其中 zeek 命令主要用于单结点部署场景下，而 zeekctl 命令则主要用于集群场景下，可同时对多个工作结点进行启动、管理等。单结点部署也可以被理解为一个结点的集群，所以 zeekctl 命令在此场景下也适用。另外，zeekctl 命令实际上是使用 Python 语言编写的程序，其最终还是调用了 zeek 命令。有兴趣的读者可以直接使用编辑器打开 zeekctl 命令文件，查看其源代码。

4.2 节会对这两个命令做详细的介绍，由于本书内容主要聚焦于介绍 Zeek 针对流量分析的功能及特性，涉及集群的内容不多，所以全书主要使用的是 zeek 命令。这里先介绍如何使用 zeek 命令启动 Zeek。

> 注意 Zeek 与 zeek 在表述上的不同，Zeek 代指本书所介绍的流量分析软件，而 zeek 则指的是用于启动或操作 Zeek 的程序命令。

在终端执行 sudo /opt/zeek/bin/zeek -i enp0s3 -C 命令即可启动 Zeek。命令中的-i 参数用于指定 Zeek 监听的网络接口，当前运行环境下对应的接口是 enp0s3。命令中-C 参数用于使 Zeek 主程序忽略数据包的 checksum。

> 使用 zeek 命令启动 Zeek 主程序后，Zeek 主程序会马上开始监听网络流量，并在当前目录输出分析日志。为避免干扰目录中的其他内容，建议用户使用专门的工作目录启动 Zeek。而且后续使用 Zeek 时建议都在专用的工作目录中启动。另外 zeek 命令的主要参数会在 4.2.1 节中进行介绍，读者在这里只需要仿照文中内容执行就可以了。

在进行一些如浏览网页等网络操作后，使用 Ctrl+C 快捷键退出 Zeek 主程序。退出时 Zeek 会报告抓包的基本情况。之后，在当前工作目录下就可以看到针对这段时间流量的分析日志，如下所示。

```
listening on enp0s3

^C1621318031.177934 received termination signal
1621318031.177934 3798 packets received on interface enp0s3, 0 (0.00%) dropped
zeek@standalone:~/tmp$
zeek@standalone:~/tmp$ ls
conn.log   dns.log   files.log   http.log   ntp.log   packet_filter.log
reporter.log  ssl.log  weird.log  x509.log
zeek@standalone:~/tmp$
```

查看在当前工作目录中生成的 conn.log 日志，可以看到在 Zeek 运行期间监听到的与网络连接相关的流量分析数据，如下所示。

```
 1 #separator \x09
 2 #set_separator    ,
 3 #empty_field      (empty)
 4 #unset_field      -
 5 #path    conn
 6 #open    2021-06-06-19-42-01
 7 #fields ts       uid      id.orig_h        id.orig_p        id.resp_h        id.r
 esp_p        proto    service duration         orig_bytes       resp_bytes
conn_state       local_orig       local_resp       missed_bytes     history orig     _
pkts        orig_ip_bytes    resp_pkts        resp_ip_bytes    tunnel_parents
```

```
 8 #types time   string addr   port   addr   port   enum   string
inte   rval      count  count  string  bool   bool   count  string
count      count  count  count  set[string]
 9 1622720514.869626     Ckpd3f31OZvikftSY8     10.0.2.15      56920  54.
1   92.22.14   443   tcp    ssl    0.495429      517    2920    RSTO
   -     -     0    ShADaFdR      5      737    4     3084    -
 10 1622720514.777128     CAgREg2jnJxokD6E01     10.0.2.15      44830
180.   163.151.33  443   tcp    ssl    0.685482      1430    12015   RSTO
     -     -     0    ShADadFR      19     2210    18     12739   -
 11 1622720516.971443     ClcFL61G2LX185UKyk     10.0.2.15      52224
121.   32.228.33  443   tcp    ssl    0.231715      808    4962    SF
     -     -     0    ShADadFf      11     1268    10     5366    -
   @
"conn.log" [readonly] 149L, 17929C                    1,1       Top
```

关于conn.log日志的具体字段内容及其代表的意义将会在4.4节进行详细介绍。

为了方便使用zeek命令，避免每次执行命令时都重复输入其完整的路径，可以通过命令在/usr/bin下建立针对zeek命令的软链接，这样后续可以直接在终端中通过该链接执行zeek命令，具体操作如下所示。

```
zeek@standalone:~$
zeek@standalone:~$ sudo ln -s /opt/zeek/bin/zeek /usr/bin/zeek
zeek@standalone:~$ sudo ln -s /opt/zeek/bin/zeekctl /usr/bin/zeekctl
zeek@standalone:~$
```

## 3.5 经验与总结

能够快速搭建独立的测试环境是网络安全人员必备的基础技能之一。Zeek本身虽然不是渗透工具，也不具备攻击性，但如果未经授权的情况下在工作主机上安装Zeek并监听流量，那么可能引发敏感数据外泄等安全风险。网络安全工作人员应该时刻具有风险意识，随时注意自己的操作可能造成的影响。在学习、研究网络安全技术时，最好将实践操作放在独立、隔离的环境中进行，这也是本章首先介绍软件环境搭建工作的意义之所在。另外，本章中所搭建的运行环境不仅可以用于验证Zeek的特性，也可以用于对其他具有攻击性的网络安全工具或技术进行研究的过程。

# 第 4 章　认识与使用 Zeek

本章将以 Zeek 安装后的目录结构作为切入点，首先对该目录中包含的命令行工具、配置文件以及关键脚本进行介绍，以便读者对使用 Zeek 形成一个整体的认知。随后本章将对 zeek 命令及 zeekctl 命令进行重点介绍。此外，本章还将对 Zeek 输出的流量分析日志 conn.log 进行详细介绍，并进一步展现 Zeek 在分析流量时的基本逻辑和工作方式。最后，本章将介绍几个虽与 Zeek 主要功能无关，但对学习使用 Zeek 十分有用的工具。

## 4.1　目录结构

Zeek 安装完成后会在安装目录＜PREFIX＞下生成如下目录结构。

```
<PREFIX>
├── bin
├── etc
├── include
├── lib
├── logs
├── share
└── spool
└── var
```

> 3.3 节中提到过通过包管理与代码编译两种安装模式下 Zeek 默认的安装路径不同，前者位于/opt/zeek/而后者则位于/usr/local/zeek。另外，用户也可以通过更改参数的方式指定任意目录为默认安装目录，所以后续内容统一用＜PREFIX＞来指代 Zeek 的安装目录。

＜PREFIX＞/bin 目录用于存放 Zeek 提供的命令行工具，这些工具主要包含以下几种。

**1. adtrace**

该工具用于读取离线流量 pcap 文件，并打印文件流量中每个数据包的源 MAC 地址、目的 MAC 地址、源 IP 地址以及目的 IP 地址，其使用示例如下。

```
zeek@standalone:~/tmp$
zeek@standalone:~/tmp$ sudo tcpdump -i enp0s3 -w trace.pcap
tcpdump: listening on enp0s3, link-type EN10MB (Ethernet), capture size
262144 bytes
^C1693 packets captured
1693 packets received by filter
0 packets dropped by kernel
zeek@standalone:~/tmp$
zeek@standalone:~/tmp$ /opt/zeek/
bin/    etc/    include/ lib/    logs/    share/   spool/   var/
zeek@standalone:~/tmp$ /opt/zeek/bin/adtrace trace.pcap
08:00:27:26:35:7d 52:54:00:12:35:02 10.0.2.15 114.114.114.114
08:00:27:26:35:7d 52:54:00:12:35:02 10.0.2.15 114.114.114.114
52:54:00:12:35:02 08:00:27:26:35:7d 114.114.114.114 10.0.2.15
52:54:00:12:35:02 08:00:27:26:35:7d 114.114.114.114 10.0.2.15
08:00:27:26:35:7d 52:54:00:12:35:02 10.0.2.15 34.107.221.82
08:00:27:26:35:7d 52:54:00:12:35:02 10.0.2.15 114.114.114.114
08:00:27:26:35:7d 52:54:00:12:35:02 10.0.2.15 114.114.114.114
52:54:00:12:35:02 08:00:27:26:35:7d 114.114.114.114 10.0.2.15
52:54:00:12:35:02 08:00:27:26:35:7d 114.114.114.114 10.0.2.15
...
...
```

**2. bifcl**

该工具用于处理并生成 Zeek 脚本可用的内置函数(Built-in Function, BIF)。

**3. binpac**

该工具用于协助处理并生成 Zeek 协议分析插件。

**4. bro、bro-config、broctl、bro-cut**

Zeek 的前身叫作 Bro,故安装目录中以 bro 开头的文件均是为兼容更名前旧有版本命令调用方式而提供的链接,在功能上 bro 对应 zeek,bro-config 对应 zeek-config,broctl 对应 zeekctl 而 bro-cut 则对应 zeek-cut。

**5. btest、btest-ask-update、btest-bg-run、btest-bg-run-helper、btest-bg-wait、btest-diff、btest-diff-rst、btest-progress、btest-rst-cmd、btest-rst-include、btest-rst-pipe、btest-setsid**

btest 是 Zeek 使用的一个功能测试框架,该框架主要用于编写和执行与 Zeek 特性相关的测试用例,目录中以 btest 开头的文件均为此框架提供的相关工具。4.8 节会对 btest 测试框架做更进一步的介绍。

**6. capstats**

该工具用于监听指定的网络接口,并按一定时间间隔打印输出如吞吐量等流量统计类的数据报告。例如,在终端执行 sudo /opt/zeek/bin/capstats -i enp0s3 -I 5 命令,可启动对 enp0s3 接口的监听并且每隔 5 秒打印输出一次统计报告，使用示例如下。

```
zeek@standalone:~/tmp$
zeek@standalone:~/tmp$ sudo /opt/zeek/bin/capstats -i enp0s3 -I 5
1621325025.596601 pkts=140 kpps=0.0 kbytes=55 mbps=0.1 nic_pkts=140 nic_drops
=0 u=32 t=108 i=0 o=0 nonip=0
1621325030.596743 pkts=1330 kpps=0.3 kbytes=2428 mbps=4.0 nic_pkts=1470 nic_
drops=0 u=56 t=1274 i=0 o=0 nonip=0
1621325035.596872 pkts=1390 kpps=0.3 kbytes=1616 mbps=2.6 nic_pkts=2860 nic_
drops=0 u=60 t=1330 i=0 o=0 nonip=0
1621325040.597055 pkts=433 kpps=0.1 kbytes=144 mbps=0.2 nic_pkts=3293 nic_
drops=0 u=36 t=397 i=0 o=0 nonip=0
1621325045.597253 pkts=961 kpps=0.2 kbytes=575 mbps=0.9 nic_pkts=4254 nic_
drops=0 u=229 t=732 i=0 o=0 nonip=0
1621325050.597419 pkts=115 kpps=0.0 kbytes=29 mbps=0.0 nic_pkts=4369 nic_
drops=0 u=44 t=71 i=0 o=0 nonip=0
^C1621325051.618943 pkts=18 kpps=0.0 kbytes=0 mbps=0.0 nic_pkts=4387 nic_
drops=0 u=0 t=18 i=0 o=0 nonip=0
1621325051.618954
=== Total

1621325051.618978 pkts=4387 kpps=0.1 kbytes=4849 mbps=1.3 nic_pkts=4387 nic_
drops=0 u=457 t=3930 i=0 o=0 nonip=0
zeek@standalone:~/tmp$
```

**7. paraglob-test**

paraglob 是 Aho-Corasick 算法（也称 AC 算法）的一种具体实现。简单理解该算法就是通过对匹配模式（pattern）进行预处理，使能够在仅扫描一遍数据的情况下完成多个模式的匹配工作。在流量分析场景中，很多时候需要对一个数据包中的 payload 执行几十甚至上千个针对正则表达式的匹配工作。此时，如果将每个表达式都采用扫描一遍 payload 的方式，这在执行效率上是无法接受的。通过 Aho-Corasick 算法，Zeek 可以先将所有需要匹配的正则表达式预处理为确定有限状态自动机（finite automata），然后即可做到只扫描一遍 payload 便能确定哪些模式是可以匹配上的。

paraglob-test 工具主要供用户验证利用 Aho-Corasick 算法编写的模式是否符合预期。例如，下面命令检测了字符串 dog 与“d?”“d *”“d?g”“ * og”4 个模式的匹配结果，结果为其中 3 个可以匹配上。值得一提的是，Zeek 脚本也可以使用 paraglob 特性。

```
zeek@standalone:~/tmp$
zeek@standalone:~/tmp$ /opt/zeek/bin/paraglob-test -n dog d? d* d?g *og
3
paraglob:
meta words:  [ d g og ]
```

```
patterns: [ *og d* d? d?g ]
zeek@standalone:~/tmp$
```

**8. rst**

该工具可以构造并发送一个 TCP-RST 数据包,用于强制中断某个 TCP 连接。

> rst 工具可用于对恶意流量的阻断,处于在线流量分析场景时,可以直接通过调用此命令中断与远端的某个连接。

**9. trace-summary**

该工具可以通过读取离线流量 pcap 文件或者 Zeek 生成的日志文件 conn.log,分析并给出一些如协议流量占比等基于流量统计的数据报告,其使用示例如下所示。

```
zeek@standalone:~/tmp$
zeek@standalone:~/tmp$ /opt/zeek/bin/trace-summary -c conn.log

>== Total === 2021-06-06-11-01-06 - 2021-06-06-11-01-25
   - Connections  387.0 - Payload 4.2m -
     Ports          | Sources                       | Destinations                |
Services            | Protocols | States        |
     53      60.5% | 10.0.2.15            100.0% | 202.96.134.133       31.8% | dns
         60.5% | 17   60.5% | SF        92.8% |
     443     32.6% |                             | 114.114.114.114      28.7% | ssl
         30.0% | 6    39.5% | RSTO       5.2% |
     80       7.0% |                             | 119.147.33.66         4.1% | http
         4.9% |            | S0         1.6% |
                   |                             | 192.144.196.161       2.3% | -
          4.7% |            | RSTR       0.5% |
                   |                             | 172.232.16.80         2.3% |
               |            |                 |
                   |                             | 117.18.237.29         2.1% |
               |            |                 |
                   |                             | 183.2.192.217         1.8% |
               |            |                 |
                   |                             | 180.163.247.134       1.8% |
               |            |                 |
                   |                             | 121.32.249.233        1.8% |
               |            |                 |
                   |                             | 121.32.228.33         1.6% |
               |            |                 |
```

```
First: 2021-06-06-11-01-06 (1622775666.307752) Last: 2021-06-06-11-01-25
1622775685.922044
zeek@standalone:~/tmp$
```

**10. zeek**

该文件既是 Zeek 的主程序，同时也是启动 Zeek 程序的命令。4.2 节中会重点对其进行介绍。

**11. zeek-archiver**

该工具用于打包并归档 Zeek 生成的流量日志。

**12. zeek-config**

该工具用于打印当前 Zeek 程序使用的基础配置信息。以下示例可以打印出当前 Zeek 程序在载入脚本时所使用的目录前缀，默认为 Zeek 的安装目录。zeek-config 的其他命令参数可以通过不带任何参数运行此命令获得。

```
zeek@standalone:~/tmp$
zeek@standalone:~/tmp$ /opt/zeek/bin/zeek-config --prefix
/opt/zeek
zeek@standalone:~/tmp$
```

**13. zeekctl**

该工具用于管理 Zeek 集群，4.2 节会对其做进一步介绍。

**14. zeek-cut**

该工具用于格式化输出 Zeek 的流量分析日志，4.6 节会对其做进一步介绍。

**15. zeek-wrapper**

该工具是为了兼容更名前旧版本软件而提供的一层封装。

**16. zkg**

该工具为 Zeek 内置的包管理工具，可以使用此命令下载由其他用户编写并发布的 Zeek 功能特性。

> 这里仅介绍了工具的主要功能。实际上，上述每个工具基本都有自己的命令参数，若希望详细了解每个工具的功能，可以阅读相关参数列表。

<PREFIX>/etc 目录下存放了使用 zeekctl 命令启动 Zeek 主程序时所需的配置文件，该目录结构如下所示。

```
<PREFIX>/etc
├── networks.cfg
├── node.cfg
└── zeekctl.cfg
```

**1. networks.cfg**

networks.cfg 是本地网络的 IP 地址段配置文件，该文件已经默认将 10.0.0.0/8、172.16.0.0/12 及 192.168.0.0/16 三个私有网段配置在内。关于 Zeek 程序中本地网络的概念及作用，4.4.2 节将进行详细介绍。

**2. node.cfg**

node.cfg 是 Zeek 集群相关的参数配置文件，其中包含当前结点在集群中的角色和该结点需要监控的网络接口等信息。

**3. zeekctl.cfg**

zeekctl.cfg 是 zeekctl 工具所需的参数配置文件，其中主要包含日志归档周期、日志存放目录等。4.3.2 节会对其进行详细说明。

需要注意的是，上述 3 个配置文件仅适用于通过 zeekctl 命令启动并使用 Zeek 主程序的场景。使用 zeek 命令启动 Zeek 主程序时这些配置文件并不会生效。

＜PREFIX＞/include 目录下存放了对 Zeek 进行二次开发时需要使用的头文件。

＜PREFIX＞/lib 目录包含了 Zeek 运行时需要加载的库文件。用户自行开发的插件需要提前放置在＜PREFIX＞/lib/zeek/plugins 目录下，Zeek 主程序启动时会自动扫描此目录下的插件并将其加载。＜PREFIX＞/lib/zeek/python 目录下存放了在使用包括 zeekctl 等采用 Python 语言编写的工具时需要调用的其他 Python 功能模块。

> Zeek 内置的绝大部分特性都是以插件形式存在的，这些内置特性的插件在编译时都已被静态连接到了 Zeek 主程序内，所以在安装后的＜PREFIX＞/lib/zeek/plugins 目录下看不到这些插件。

＜PREFIX＞/logs 目录用于存放 Zeek 运行时产生的流量分析日志。需注意只有在使用 zeekctl 命令启动 Zeek 主程序时，其流量分析日志才会被默认存储在＜PREFIX＞/logs 目录下（该默认存储位置可通过 zeekctl.cfg 配置文件修改）。zeekctl 会周期性地对日志进行压缩存档并将这些存档存放在以日期命名的子目录中，例如，＜PREFIX＞/logs/2021-06-06 目录中存放的是 2021 年 6 月 6 日这一天内产生的分析日志。

＜PREFIX＞/share 是一个非常重要的目录，其存放了 Zeek 所有的内置脚本，该目录的结构如下所示。

```
<PREFIX>/share
├── man
│   └── man1
├── zeek
│   ├── base
│   ├── cmake
│   ├── policy
│   ├── python
│   ├── site
```

```
|   ├── test-all-policy.zeek
|   ├── zeekctl
|   └── zeekygen
└── zeekctl
    └── scripts
```

其中需要特别介绍的是＜PREFIX＞/share/zeek/base 子目录，该子目录主要用于存放 Zeek 主程序在启动时默认需要加载的脚本。此子目录内结构如下所示。

```
<PREFIX>/share/zeek/base/
├── bif
├── files
├── frameworks
├── init-bare.zeek
├── init-default.zeek
├── init-frameworks-and-bifs.zeek
├── misc
├── protocols
└── utils
```

该目录下的 init-bare.zeek、init-frameworks-and-bifs.zeek 及 init-default.zeek 这 3 个脚本文件极为重要。其中 init-bare.zeek 是 Zeek 主程序启动后加载的第一个脚本文件，可以认为它是整个脚本加载的起点。Zeek 脚本编程环境中通用的数据结构、函数定义等全部随着这个脚本的加载而生效。init-frameworks-and-bifs.zeek 是第二个被加载的脚本，部分与 Zeek 主程序紧密耦合的基础功能将通过这个脚本加载。init-default.zeek 是第三个被加载的脚本，其他非关键但 Zeek 默认提供的功能和框架都会通过这个脚本加载。下级＜PREFIX＞/share/zeek/base/frameworks 子目录内放置的是脚本可用的功能框架，另一个下级＜PREFIX＞/share/zeek/base/protocols 子目录内则放置了对网络协议进行流量分析的内置脚本。

＜PREFIX＞/share/zeek/site 目录默认用来存放用户开发的脚本，其中的 local.zeek 是 Zeek 提供的用户自定义脚本加载点，Zeek 进行升级时会保证＜PREFIX＞/share/zeek/site 下的文件不被修改，而其他目录下的文件则都会被新版本的文件覆盖。要注意的是，local.zeek 并不会被 Zeek 主程序自动载入，需要用户在启动 Zeek 的命令行中手动加载。

＜PREFIX＞/spool 是临时文件目录，其用于存放 Zeek 运行时需要的以及生成的各种临时文件。同＜PREFIX＞/logs 目录一样，只有在使用 zeekctl 命令启动 Zeek 主程序时，＜PREFIX＞/spool 目录才被作为默认临时文件目录。

＜PREFIX＞/var 目录用于存放用户通过 zkg 工具下载的第三方功能所包含的相关文件。

## 4.2 zeek 命令与 zeekctl 命令

如前文所述，Zeek 提供了 zeek 及 zeekctl 这两个命令行工具来启动和控制其主程序。zeek 命令主要适用于独立部署场景，其通过命令参数的形式赋予用户对 Zeek 主程序的完全控制和快速使用的能力。与之对应的是 zeekctl 命令，主要适用于集群部署场景，其功能侧重于对集群的控制、管理等方面。使用 zeekctl 命令可以更方便地管理日志文件，也可以同时更新所有集群结点的策略。但如果是编写、调试 Zeek 脚本就只能通过 zeek 命令来进行，而且读取离线流程 pcap 文件时也只能通过 zeek 命令来实现。

### 4.2.1 zeek 命令

使用 zeek 命令启动 Zeek 主程序的过程在前文中已经介绍过，本节主要介绍该工具命令中的关键参数及其作用。zeek 命令的基本格式为 zeek [options] [file ...]，其中[options]代表的是其支持的各种参数，[file ...]则代表根据前面不同参数需提供的不同文件输入或其他参数值。zeek 命令中比较常用且与本书内容密切相关的参数如下。

**1. -a|--parse-only**

令主程序启动并完成脚本解析工作后直接退出。-a|--parse-only 参数在开发调试脚本时经常用到，在新编写脚本完成后可利用此参数进行语法检查。

**2. -b|--bare-mode**

令主程序启动后仅载入 init-bare.zeek 及 init-frameworks-and-bifs.zeek 两个脚本文件，不加载标准启动流程中的 init-default.zeek 脚本文件。在调试脚本功能时经常会用到 -b|--bare-mode 参数，使用该参数启动的 Zeek 主程序不会载入内置的协议分析脚本，能够为开发者提供一个相对“干净”的环境以测试脚本代码。

**3. -e|--exec <zeek code>**

令主程序启动后将<zeek code>参数值给出的内容作为脚本加载并执行。<zeek code>参数值给出的代码内容需要使用单引号“'”包裹，其使用示例如下。

```
zeek@standalone:~/tmp$
zeek@standalone:~/tmp$ zeek -e 'print "Hello World!";'
Hello World!
zeek@standalone:~/tmp$
```

**4. -f|--filter <filter>**

令主程序启动后将<filter>参数值给出的内容作为数据包过滤规则加载，并予以执行。数据包过滤规则同样需要使用单引号“''”包裹，使用示例如下。

```
zeek@standalone:~/tmp$
zeek@standalone:~/tmp$ sudo zeek -i enp0s3 -C -f 'port 80'
```

```
listening on enp0s3

^C1621477497.757684 received termination signal
1621477497.757684 84 packets received on interface enp0s3, 0 (0.00%) dropped
zeek@standalone:~/tmp$
```

上述示例中的数据包过滤规则'port 80',其含义是只抓取源端口号或目的端口号为 80 的数据包。当然,此时 Zeek 也就只分析此类数据包。过滤规则语法沿用了 tcpdump 工具提供的过滤规则语法,其具体写法有很多参考资料,这里不再赘述。

以上示例的命令中使用了-i 参数给定需要监听的接口,由于执行抓包需要操作系统根用户权限,所以这里结合使用了系统的 sudo 命令。其他示例中因并不需要用 Zeek 实际执行抓包,所以也就不需要使用 sudo 命令。

**5. -i|--iface <interface>**

令主程序启动后监听<interface>参数值给出的网络接口,使用示例如下。

```
zeek@standalone:~/tmp$
zeek@standalone:~/tmp$ sudo zeek -i enp0s3
listening on enp0s3

^C1621477497.757684 received termination signal
1621477497.757684 84 packets received on interface enp0s3, 0 (0.00%) dropped
zeek@standalone:~/tmp$
```

**6. -p|--prefix <prefix>**

令主程序启动后将<prefix>参数值给出的内容作为脚本名前缀并尝试将之加载。例如,有"zeek -p x test.zeek"命令,则 Zeek 主程序在启动后不仅会加载 test.zeek 脚本文件,也会尝试加载 x.test.zeek 脚本文件。需要注意所谓的前缀 prefix 会被扩展为"prefix."。

**7. -r|--readfile <readfile>**

令主程序启动后读取<readfile>参数值给出的 pcap 文件名,并对其中的流量数据进行分析。

**8. -s|--rulefile <rulefile>**

令主程序启动后载入<rulefile>参数值给出的特征文件(signature file)名。特征是 Zeek 提供的一种流量分析依据和基准,用户可以根据流量中的数据规律编写以".sig"为后缀的特征文件,并可以在特征文件中指定 zeek 在识别到某个数据规律后执行相应的行为。一个完整的特征文件示例如下所示。

```
signature test-signature {
    ip-proto == tcp
    dst-port = 80
    payload /.*passwd/
    event "payload of dst-port=80/tcp contains 'passwd'"
}
```

上述特征文件表示在目的端口号为 80 的 TCP 协议流量中，如果在数据包的 payload 中能够匹配/.*passwd/这个特征则触发事件并携带“payload of dst-port＝80/tcp contains 'passwd' ”字符串作为事件参数。

**9. -v|--version**

令主程序启动后打印当前 Zeek 主程序的版本号，本书使用的 Zeek 主程序版本号为 4.0.1。

**10. -w|--writefile <writefile>**

令主程序在分析流量的同时将流量数据包写入<writefile>参数值给出的文件。此参数与 tcpdump 工具中的“-w”参数意义与用法基本一致。

**11. -C|--no-checksums**

主程序启动时关闭对数据包校验和(checksum)的检查。在某些支持卸载校验和的网络适配器上，网络数据包校验和的计算和检查工作是由网络适配器上的芯片完成的。数据包在内存中传递时，原来保存校验和的位置实际上成为了随机填充的内容，在这种情况下，Zeek 主程序检查数据包校验和会报告错误，影响对流量的正常分析。

启动 Zeek 主程序分析流量后如果出现如下告警，则说明需要使用此参数。

```
warning in /opt/zeek/share/zeek/base/misc/find-checksum-offloading.zeek,
line 54: Your interface is likely receiving invalid TCP and UDP checksums, most
likely from NIC checksum offloading.  By default, packets with invalid
checksums are discarded by Zeek unless using the -C command-line option or
toggling the 'ignore_checksums' variable.  Alternatively, disable checksum
offloading by the network adapter to ensure Zeek analyzes the actual checksums
that are transmitted.
```

上述告警信息实际上是 Zeek 通过脚本提供的一个特性，该脚本会汇总出现校验和不正确的数据包，并分析判断当前监控的网络适配器是否符合卸载和校验的场景特点，如果是则打印上述告警信息。感兴趣的读者可以查看<PREFIX>/share/zeek /base/misc/find-checksum-offloading.zeek 脚本文件。

**12. -D|--deterministic**

令主程序启动时关闭随机生成 uid 的功能，4.4.1 节将会详细介绍 uid 的作用。默认情况下 Zeek 会根据一定条件随机生成 uid。

**13. -G|--load-seeds <file>**

令主程序启动后载入<file>参数值给出的随机数种子文件，此随机数种子文件主要用于为 uid 的计算生成提供一定随机性。不使用此参数的情况下 Zeek 主程序会自动生成一个种子文件以供使用。

**14. -H|--save-seeds <file>**

令主程序启动后保存此次启动过程中使用的随机数种子文件，保存的文件可供前述 -G 参数使用。

> 在分析离线流量 pcap 的场景中，有时会需要保持两次分析结果的 uid 完全一致，以便比对两次分析的差异，这时可使用-D 参数启动 Zeek 主程序。需要注意的是，uid 的生成逻辑不仅仅与随机数种子文件有关，还与当前时间、主机名等参数相关，所以仅通过-H、-G 等参数使用同一个种子文件启动 Zeek 主程序是无法达到上述效果的。

**15. -I|--print-id <ID name>**

令主程序启动后打印<ID name>参数值给出的某个脚本变量的类型定义。-I|--print-id <ID name>参数在调试脚本时经常会被使用到，如下示例就打印了内置脚本中变量 string_array 的类型定义。

```
zeek@standalone:~/tmp$
zeek@standalone:~/tmp$ zeek -b -I 'string_array'
string_array : table[count] of string
zeek@standalone:~/tmp$
```

> string_array 是 init-bare.zeek 脚本文件中定义的一个变量，感兴趣的读者可以查看其源代码。

**16. -N|--print-plugins**

令主程序启动后打印已加载的插件信息。另外，使用-NN 参数还可以打印更详细的信息。

**17. -X|--zeekygen <cfgfile>**

令主程序启动后根据<cfgfile>参数值给出的配置文件生成对应的 reST 文档(reStructuredText，重新构造的文本)。此参数主要用于生成 Zeek 脚本代码相关的注释性文档，4.7 节会介绍该特性的具体使用方法。

> reStructuredText(RST、ReST 或 reST)是一种用于存储文本数据的文件格式，主要用于 Python 编程语言相关社区的技术文档。熟悉 Python 语言的读者应该不会对其感到陌生。

zeek 命令提供的所有参数可以从官方文档或命令本身的帮助信息中获得。在使用 zeek 命令时需要注意的是，该命令所需的所有配置信息都需要用户通过参数或环境变量的形式预先指定，其本身并不依赖任何配置文件。另一点需要注意的是使用 zeek 命令启动 Zeek 主程序后，生成的日志文件默认会全部输出到当前工作目录中，而且会覆盖之前已有的同名文件。

### 4.2.2 zeekctl 命令

zeekctl 命令与 zeek 命令在使用上最大的区别在于 zeekctl 命令依赖外部配置文件，使用 zeekctl 命令启动 Zeek 主程序之前需要先修改配置文件<PREFIX>/etc/node.cfg，如下所示。

```
 1 # Example ZeekControl node configuration.
 2 #
 3 # This example has a standalone node ready to go except for possibly
changing
 4 # the sniffing interface.
 5
 6 # This is a complete standalone configuration.  Most likely you will
 7 # only need to change the interface.
 8 [zeek]
 9 type=standalone
10 host=localhost
11 interface=eth0
12
13 ## Below is an example clustered configuration. If you use this,
14 ## remove the [zeek] node above.
15
16 #[logger-1]
17 #type=logger
18 #host=localhost
19 #
20 #[manager]
21 #type=manager
22 #host=localhost
23 #
24 #[proxy-1]
25 #type=proxy
26 #host=localhost
27 #
28 #[worker-1]
29 #type=worker
30 #host=localhost
```

```
31 #interface=eth0
...
...
```

将上述配置文件中第 11 行的“interface=eth0”修改为当前环境的网络接口 enp0s3。

> 前面介绍过 node.cfg 是用来配置 Zeek 集群信息的文件，在这里可以将独立部署的场景理解为一个只有单个结点的集群场景。

zeekctl 命令提供了两种人机交互方式。一种是在终端中使用 zeekctl 命令并追加具体参数的方式，另一种则是使用 zeekctl 程序专门提供的人机交互界面。以第一种方式为例，在修改完<PREFIX>/etc/node.cfg 配置文件后，在终端执行 sudo zeekctl install 命令使配置生效，然后执行 sudo zeekctl start 命令即可启动 Zeek 主程序。在主程序启动后，可以通过在终端执行 sudo zeekctl stop 命令结束 Zeek 主程序，具体过程如下所示。

```
zeek@standalone:~$
zeek@standalone:~$ sudo zeekctl install
removing old policies in /opt/zeek/spool/installed-scripts-do-not-touch/
site ...
removing old policies in /opt/zeek/spool/installed-scripts-do-not-touch/
auto ...
creating policy directories ...
installing site policies ...
generating standalone-layout.zeek ...
generating local-networks.zeek ...
generating zeekctl-config.zeek ...
generating zeekctl-config.sh ...
zeek@standalone:~$
zeek@standalone:~$ sudo zeekctl start
starting zeek ...
zeek@standalone:~$
zeek@standalone:~$ sudo zeekctl stop
stopping zeek ...
zeek@standalone:~$
zeek@standalone:~$
```

第二种人机交互方式是在终端通过直接执行 sudo zeekctl 命令进入专属的人机交互界面，注意此时终端的提示符将变化为[ZeekControl]。在该专属人机交互界面中，用户可以直接执行 install、start 和 stop 等命令，如下所示。

```
zeek@standalone:~$
zeek@standalone:~$ sudo zeekctl
```

```
Welcome to ZeekControl 2.3.0

Type "help" for help.

[ZeekControl] > install
removing old policies in /opt/zeek/spool/installed-scripts-do-not-touch/
site ...
removing old policies in /opt/zeek/spool/installed-scripts-do-not-touch/
auto ...
creating policy directories ...
installing site policies ...
generating standalone-layout.zeek ...
generating local-networks.zeek ...
generating zeekctl-config.zeek ...
generating zeekctl-config.sh ...
[ZeekControl] >
[ZeekControl] > start
starting zeek ...
[ZeekControl] >
[ZeekControl] > stop
stopping zeek ...
[ZeekControl] >
[ZeekControl] > exit
zeek@standalone:~$
zeek@standalone:~$
```

需要注意的是，如果对 networks.cfg、node.cfg 或 zeekctl.cfg 这 3 个配置文件有所修改，则必须再执行一次 install 命令才能使新配置生效。

zeekctl 命令与 zeek 命令另一个比较大的区别是使用 zeekctl 命令启动 Zeek 主程序后形成的日志文件默认会被存储在<PREFIX>/logs/目录下，而且根据 zeekctl.cfg 文件中参数的定义，zeekctl 命令还会定时对日志进行归档管理，详细配置在 4.3.2 节中将会介绍。

总体来说，zeek 命令更适合短时的任务场景，可以快速地进入发现问题、调整策略、再发现问题、再调整策略的开发测试循环。而 zeekctl 命令则更适合长时间运行不间断的流量分析任务。通常情况下可以将 zeek 命令理解为是供用户在开发、测试环境下使用的程序，可以将其用于读取离线流量 pcap 文件并不断地进行分析策略调优。在确认分析策略及脚本没有问题后如果需要将分析策略发布至集群中上线使用，此时则可以使用 zeekctl 命令进行策略的发布和集群的管理。

## 4.3 分析日志(logging)

流量分析日志是 Zeek 核心能力的体现，Zeek 主程序启动后就会开始获取流量数据进行分析，并持续输出分析日志。在默认情况下，Zeek 输出日志的基本格式如下所示。

```
  1 #separator \x09
  2 #set_separator  ,
  3 #empty_field    (empty)
  4 #unset_field    -
  5 #path   conn
  6 #open   2021-06-06-18-11-53
  7 #fields ts      uid     id.orig_h       id.orig_p       id.resp_h       id.
resp_p          proto   service duration        orig_bytes      resp_bytes
  conn_state            local_orig      local_resp      missed_bytes    history
orig_pkts       orig_ip_bytes   resp_pkts       resp_ip_bytes   tunnel_parents
  8 #types  time    string  addr    port    addr    port    enum    string
interval                count   count   string  bool    bool    count   string
count   count   count           count   set[string]
  9 1621937507.160306       CUvjel3kFGtI1qThm5      10.0.2.15       43200   54.
230.85.22       443     tcp     ssl     1.019167        792     3926    SF
-       -       0       ShADadFf        11      1252    10      4330    -
 10 1621937507.245777       Czj9V72epqwN3Ic6oe      10.0.2.15       35170
180.163.151.    33  443     tcp     ssl     1.094739        1429    51528   SF
    -       -       0       ShADadFf        30      2649    31      52772   -
 11 1621937507.897124       CmBiKg27qQswUEHrJ8      10.0.2.15       60358   54.
230.85.97       443     tcp     ssl     0.758765        997     5116    RSTO
-       -       0       ShADadFR        10      1417    9       5480    -
 12 1621937508.620629       CV3Wx521WrhfzJ2tK5      10.0.2.15       34588   54.
70.190.15       2   443     tcp     ssl     1.774051        1868    3720    SF
-       -       0       ShADadFf        12      2368    11      4164    -
 13 1621937506.374503       CJqo9f3kOpVYK9mZQe      10.0.2.15       50296
114.114.114.    114 53      udp     dns     0.081584        53      164     SF
    -       -       0       Dd      1       81      1       192     -
 14 1621937506.374665       C0Q8A94ihXIprfx83c      10.0.2.15       35159
114.114.114.    114 53      udp     dns     0.081408        53      176     SF
    -       -       0       Dd      1       81      1       204     -
"conn.log" [readonly] 351L, 43575C                                      1,1
    Top
```

上述日志第 1～8 行以＃号起始的部分为日志的元数据行，日志元数据之后每行均为一条数据记录。数据记录的每个字段之间默认采用制表符(Tab)进行分隔。日志元数据部分每行所代表的意义如表 4.1 所示。

**表 4.1　日志元数据行说明**

| 元数据标识 | 意　义 |
|---|---|
| ＃separator | 数据记录不同字段间的分隔符，默认为\x09，也即制表符(Tab) |
| ＃set_separator | 在数据记录中数据类型为集合(set)的字段中每个集合成员间的分隔符，默认为半角逗号(,) |

续表

| 元数据标识 | 意 义 |
|---|---|
| #empty_field | 数据记录为空时的填充值，默认为"(empty)"字符串 |
| #unset_field | 数据记录未设置时的填充值，默认为中画线"-" |
| #path | 当前日志的文件名 |
| #open | 当前日志文件的创建时间 |
| #fields | 当前日志中所有字段的字段名 |
| #types | 当前日志中每个字段的数据类型，以 Zeek 脚本语法提供的数据类型为准 |

在日志元数据中，需要注意 #empty_field 与 #unset_field 所代表的意义不同。#empty_field 代表的是无数据，而 #unset_field 则代表当前无法获取数据。例如，上面给出的日志示例中，local_orig 及 local_resp 字段的值都是"-"，也就是无法获取数据。这两个字段本身的含义是区别此条数据所记录的连接是由本地网络发起的还是由外部网络发起的。计算这两个值需要判断数据包中的源 IP 是不是在本地网络的地址范围内，但由于在启动 Zeek 主程序时并未告知本地网络的地址范围，所以当前这两个值是无法被获取的。

4.1 节中介绍过在＜PREFIX＞/etc 下有一个 networks.cfg 配置文件，其被用来配置本地网络的 IP 地址段，默认状态下已经将 10.0.0.0/8、172.16.0.0/12 及 192.168.0.0/16 等私有网段配置在内，所以如果使用 zeekctl 命令启动 Zeek 主程序，上述 local_orig 及 local_resp 字段就将不再是无法获取的状态，而是会有实际的数据，有兴趣的读者可以自行实践。至于如何使用 zeek 命令配置本地网络地址段，这些内容将在 4.4.2 节中介绍。

### 4.3.1 日志的功能

4.3 节开头展示的 conn.log 日志文件是 Zeek 提供的一个功能比较基础的日志，其记录了流量中每个连接的源 IP、目的 IP 等基本信息。Zeek 默认可提供诸如网络协议、文件传输等多种类型的日志文件，每种日志文件实际上就代表了 Zeek 在网络流量分析方面的一种功能。建议读者详细阅读下面表格中 Zeek 可提供的日志及用途，以便对 Zeek 的功能有一个全面的了解。

Zeek 提供的网络协议类日志如表 4.2 所示，每种协议的日志即代表一种 Zeek 具备的协议分析能力。用户也可以插件的形式自行为 Zeek 开发特定协议的分析引擎供 Zeek 主程序使用，从而扩展其分析能力。

**表 4.2 网络协议类日志**

| 日志文件名称 | 用 途 描 述 |
|---|---|
| conn.log | TCP/UDP/ICMP 连接日志 |
| dce_rpc.log | Distributed Computing Environment/Remote Procedure Call(DCE/RPC)日志 |
| dhcp.log | Dynamic Host Configuration Protocol(DHCP)日志 |

续表

| 日志文件名称 | 用途描述 |
|---|---|
| dnp3.log | Distributed Network Protocol 3(DNP3)日志 |
| dns.log | Domain Name System(DNS)日志 |
| ftp.log | File Transfer Protocol(FTP)日志 |
| http.log | Hyper Text Transfer Protocol(HTTP)日志 |
| irc.log | Internet Relay Chat(IRC)日志 |
| kerberos.log | Kerberos 日志 |
| modbus.log | Modbus 日志 |
| mysql.log | MySQL 协议日志 |
| ntlm.log | NT LAN Manager(NTLM)协议日志 |
| radius.log | Remote Authentication Dial In User Service(RADIUS)日志 |
| rdp.log | Remote Desktop Protocol(RDP)日志 |
| rfb.log | Remote Frame Buffer(RFB)日志 |
| sip.log | Session Initiation Protocol(SIP)日志 |
| smb.log | Server Message Block Protocol(SMB)日志 |
| smtp.log | Simple Mail Transfer Protocal(SMTP)日志 |
| snmp.log | Simple Network Management Protocol(SNMP)日志 |
| socks.log | Socket Secure(SOCKS)日志 |
| ssh.log | Secure Shell(SSH)日志 |
| ssl.log | Secure Sockets Layer/Transport Layer Security(SSL/TLS)日志 |
| syslog.log | Syslog 日志 |
| tunnel.log | 隧道协议日志 |
| imap.log | Internet Message Access Protocol(IMAP)日志 |
| mqtt.log | Message Queuing Telemetry Transport(MQTT)日志 |
| pop3.log | Post Office Protocol Version 3(POP3)日志 |
| xmpp.log | Extensible Messaging and Presence Protocol(XMPP)日志 |

以上支持的协议日志类型整理自<PREFIX>/share/zeek/base/protocols/目录下的内容，所有协议的支持都是随 Zeek 启动而默认加载的，也就是说只要流量中有对应协议的数据出现，Zeek 就会输出相关日志文件。具体加载情况读者可以参考 init-default.zeek 脚本。

Zeek 可以发现流量中的文件传输行为并截获传输的文件进行分析，其提供的文件类日志如表4.3所示。7.6节在介绍文件框架时会详细介绍其中的机制。

表4.3 文件类日志

| 日志文件名称 | 用途描述 |
| --- | --- |
| files.log | 流量中传输的文件日志 |
| pe.log | 流量中传输的Portable Executable(PE)文件日志 |
| x509.log | 流量中传输的X.509证书文件日志 |

以上日志都是日常使用Zeek时经常看到的。除此之外，常见的文件类日志还有packet_filter.log、reporter.log及weird.log等。其中packet_filter.log记录的是流量分析过程中的包过滤情况。例如，在终端执行sudo zeek -i enp0s3 -C -f'port 80'命令启动Zeek主程序后，会产生packet_filter.log日志如下，其中就记录了此次分析的数据包过滤规则。

```
 1 #separator \x09
 2 #set_separator   ,
 3 #empty_field     (empty)
 4 #unset_field     -
 5 #path   packet_filter
 6 #open   2021-06-06-14-00-20
 7 #fields ts       node     filter  init     success
 8 #types  time     string   string  bool     bool
 9 1623391220.995350      zeek     port 80 T        T
10 #close  2021-06-06-14-08-32
~
~
~
~
"packet_filter.log" [readonly] 10L, 249C                    1,1            All
```

reporter.log则用于记录当前分析时间段内基于流量的一些基础信息，包括此次分析时间段内监听的端口收到数据包总数、丢包率等数据，如下所示。

```
 1 #separator \x09
 2 #set_separator   ,
 3 #empty_field     (empty)
 4 #unset_field     -
 5 #path   reporter
 6 #open   2021-06-06-14-08-32
 7 #fields ts       level   message location
 8 #types  time     enum    string  string
 9 1623391712.315778       Reporter::INFO  received termination signal
```

```
(empty)
 10 1623391712.315778      Reporter::INFO  7530 packets received on interface
enp0s3, 0 (0.00%) dropped     (empty)
 11 #close  2021-06-06-14-08-32
~
~
~
"reporter.log" [readonly] 11L, 373C                          1,1          All
```

weird.log 日志文件记录的则是 Zeek 在分析流量过程中认为有异常的流量信息。异常的具体认定机制可以参考 Zeek 官网 https://zeek.org/2019/11/13/what-is-weird-in-zeek/。

7.1 节将会对 Zeek 用于生成日志的框架进行介绍。通过这个框架，用户可以任意新增或调整 Zeek 当前输出的日志文件，当然，了解该框架后用户也能快速定位某个日志对应的生成逻辑，从而进一步了解该日志每个字段的具体意义。

### 4.3.2 日志的存储

使用 zeek 命令和 zeekctl 命令启动 Zeek 主程序时，Zeek 日志的默认存储位置是不一样的。使用 zeek 命令的情况下日志默认被存储在当前工作目录并且不会进行自动备份，在同一目录中再次使用 zeek 命令启动主程序时，Zeek 会覆盖上次执行过程中生成的日志。另外，zeek 命令也未提供任何参数指定日志的存储位置或触发备份行为。

zeekctl 命令可以通过修改 zeekctl.cfg 配置文件的方式对日志的存储进行详细定义，这一配置文件中有关日志的配置项主要如表 4.4 所示。

**表 4.4 zeekctl.cfg 中日志存储有关配置**

| 配 置 项 | 默 认 值 | 说 明 |
|---|---|---|
| LogRotationInterval | 3600 | 日志归档时间间隔（以秒为单位），设置其为 0 则将关闭日志归档功能 |
| LogExpireInterval | 0 | 日志自动清理时间，可通过数字加 day（天）、hr（小时）或 min（分钟）三种单位的形式来指定具体时间，设置为 0 则表示关闭日志自动清理功能 |
| StatsLogEnable | 1 | 设置为 1 则 zeekctl 命令会生成 stats.log 日志文件用来统计流量分析的基本情况，设置其值为 0 则将关闭此功能 |
| StatsLogExpireInterval | 0 | 与上面 LogExpireInterval 配置项的意义相似，但仅适用于 stats.log 日志文件 |
| LogDir | /opt/zeek/logs | 归档日志的存储位置 |

zeekctl 命令定义归档日志的目录结构时，其是以年月日作为目录进行分区管理，在每个子目录中存放本日的归档日志，每个日志文件按照日志名称和时间区间分别进行归档并命名。需要注意的是，可触发日志归档的不仅有 LogRotationInterval 配置项所定义的时间间隔，使用 zeekctl 命令停止 Zeek 主程序时也会触发一次日志归档，所以该目录中

可能也会出现归档日志的时间段小于 LogRotationInterval 配置项的情况。

```
zeek@standalone:/opt/zeek$
zeek@standalone:/opt/zeek$ tree -L 2 ./logs/
./logs/
├── 2021-06-05
│   ├── capture_loss.19:39:16-19:39:30.log.gz
│   ├── loaded_scripts.19:39:16-19:39:29.log.gz
│   ├── notice.19:39:16-19:39:30.log.gz
│   ├── packet_filter.19:39:16-19:39:29.log.gz
│   ├── reporter.19:39:29-19:39:29.log.gz
│   ├── stats.19:39:16-19:39:29.log.gz
│   ├── stderr.19:41:55-19:42:01.log.gz
│   ├── stdout.19:38:07-19:39:15.log.gz
├── 2021-06-06
│   ├── capture_loss.15:18:48-15:25:27.log.gz
│   ├── conn.15:18:07-15:25:27.log.gz
...
...
```

## 4.4 conn.log 日志文件

conn.log 日志文件是 Zeek 提供的一个比较基础的日志文件，是对 IPv4/IPv6、TCP/UDP、ICMPv4/ICMPv6 等协议在连接层面的分析日志。以连接为切入点是 Zeek 进行流量分析时的基本方法，对 TCP 这种有连接的协议而言，conn.log 日志文件所记录的连接信息比较容易理解，但对 UDP 这种无连接的协议来说，conn.log 日志文件默认的连接实际上更贴近于数据连接的概念。

从网络协议角度看，判定 UDP 是无连接协议的原因主要有两点：一方面其在传输数据之前不需要对端确认，另一方面其在数据传输之后也不需要对端确认。有连接或是无连接的提法主要是为了区分协议是否能够保障对端收到数据包，也即在数据包传输前和传输后是否有确认流程。Zeek 在判断连接时实际上是以是否发生过数据传输行为为标准的，其认为只要发生过数据传输，则同时也就存在数据连接。

举一个实际的例子，假设远端向对端 30000 号端口发送了一个 TCP-SYN 数据包，由于对端在 30000 号端口上并未开启任何网络服务，故其未做任何回复(不同操作系统的行为可能稍有不同，但可以肯定的是对端绝对不会回复 TCP-SYNACK 标志位)，此刻对于 TCP 协议来说连接并没有建立成功，但从网络流量上来看双方已经发生过一次数据传输，所以也就必然存在一个流量意义上的连接，只不过该连接的协议状态一直处在 TCP-SYN 的阶段而已。

绝大多数流量分析工具在识别网络连接时实际上使用的也都是基于流量连接的概念，而不是 TCP 协议中传输可靠性连接的概念。后文为区分这两个概念，在未作特别说明的情况下提到的“连接”均表示的是流量分析中连接的概念，如果需要提到 TCP 协议中的连接概念则会以“TCP 连接”的形式来表述。

理解了 Zeek 对于流量连接认定的基本原则后，就可以对 conn.log 日志文件中记录的字段进一步了解了。conn.log 文件中的字段名称及含义如表 4.5 所示。

**表 4.5　conn.log 文件中的字段名称及含义**

| 字段名称(fields) | 简要说明 |
| --- | --- |
| ts | 标准 UTC 时间戳，精确到毫秒 |
| uid | 连接唯一标识 |
| id.orig_h | 连接发起方的 IP 地址 |
| id.orig_p | 连接发起方的端口号 |
| id.resp_h | 连接响应方的 IP 地址 |
| id.resp_p | 连接响应方的端口号 |
| proto | 连接的传输层协议 |
| service | 连接的应用层协议 |
| duration | 连接的持续时间 |
| orig_bytes | 连接发起方传输的字节数(仅包含实际的 payload) |
| resp_bytes | 连接响应方传输的字节数(仅包含实际的 payload) |
| conn_state | 连接的当前状态 |
| local_orig | 连接发起方是否为本地地址(本地地址范围需要另行设置) |
| local_resp | 连接响应方是否为本地地址(本地地址范围需要另行设置) |
| missed_bytes | 连接传输丢失的字节数(针对 TCP 分片传输) |
| history | 连接的历史状态 |
| orig_pkts | 连接发起方传输的数据包数量 |
| orig_ip_bytes | 连接发起方传输的字节数(包含网络层头部在内) |
| resp_pkts | 连接响应方传输的数据包数量 |
| resp_ip_bytes | 连接响应方传输的字节数(包含网络层头部在内) |
| tunnel_parents | 在隧道协议条件下，外层连接的 uid 标识 |

### 4.4.1　uid 字段

绝大多数 Zeek 日志中都包含一个叫作 uid 的字段，该字段用以唯一地标识一个连接，其最主要的作用是作为不同日志中数据的“主键”。通过 uid，用户在进行流量分析时可以将发生在一个连接里的不同协议分析结果关联起来，如图4.1所示。

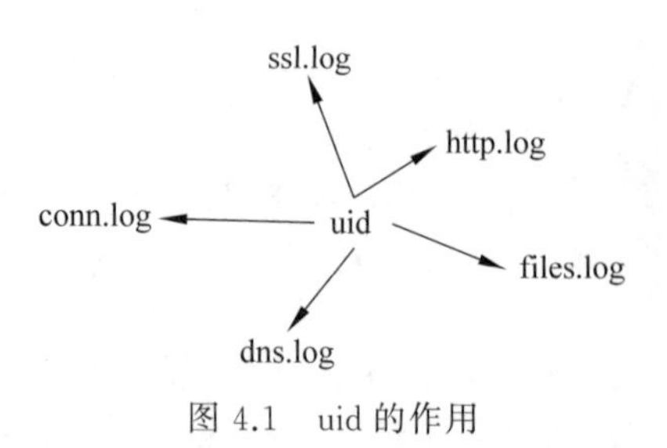


图4.1 uid的作用

下面用一个实际的例子来说明uid的作用。启动Zeek主程序并监听网络接口，在访问外部网站形成一定网络流量后，可以看到在当前工作目录下已经生成了网络连接日志conn.log、HTTP协议的分析日志http.log以及域名解析日志dns.log。

使用编辑器打开conn.log日志文件，可以查找任意一条协议为dns的日志，并记录此条日志的uid，如下所示。

```
11 1622615470.641219      CPLMezqSCK8ULPuT5       10.0.2.15       51488   13.2
    26.127.12   443    tcp     ssl     0.486542       517     2920     RSTO
    -       -       0       ShADaFdR        5       737     4       3084    -
12 1622615472.614317      CRnqsx12oCQVtJYS7k      10.0.2.15       53636   99.8
    4.203.13    443    tcp     -       3.052991       0       0        S0
  -       -       0       S       3       180     0       0       -
13 1622615471.418742      Caf1bi3Yncd1YnurK3      10.0.2.15       56690   35.1
    67.233.154  443    tcp     ssl     1.518498       1868    3720     SF
    -       -       0       ShADadFf        12      2368    11      4164    -
14 1622615473.034747      CJDFLi48aRTtzgaCs2      10.0.2.15       53644   99.8
    4.203.13    443    tcp     -       3.044633       0       0        S0
  -       -       0       S       3       180     0       0       -
15 1622615468.891617      CwWGnx20yIonWy36t6      10.0.2.15       50713   202.
    96.134.133  53     udp     dns     0.049052       42      447      SF
    -       -       0       Dd      1       70      1       475     -
16 1622615468.891833      CscvaTisSDRjO3Rok       10.0.2.15       59303   202.
    96.134.133  53     udp     dns     0.038942       42      459      SF
    -       -       0       Dd      1       70      1       487     -
17 1622615469.028352      CSdHxZ5SvGwAbkYBh       10.0.2.15       41930   202.
    96.134.133  53     udp     dns     0.038351       53      426      SF
    -       -       0       Dd      1       81      1       454     -
    @                                                                   @
```

例如，第15行数据记录中的uid为CwWGnx20yIonWy36t6，使用这个uid可以在对应的dns.log日志文件第10行中定位到该连接在DNS协议层面的分析记录，如下所示。

```
  8 #types  time     string  addr    port    addr    port    enum    count
inte    rval        string  count   string  count   string  count   string
bool        bool    bool    bool    count   vector[string]  vector[interval]
        bool
  9 1622615468.891833      CscvaTisSDRjO3Rok       10.0.2.15       59303   202.
    96.134.133  53     udp     55764   0.038942       detectportal.firefox.
```

```
com             1        C_INTERNET       28       AAAA     0        NOERROR F        F
                T        T        0        detectportal.prod.mozaws.net,prod.
detectportal.p      rod.cloudops.mozgcp.net,2600:1901:0:38d7::          600.
000000,600.000000,600.00     0000        F
10 1622615468.891617       CwWGnx20yIonWy36t6       10.0.2.15        50713   202.
   96.134.133  53      udp      3313     0.049052        detectportal.firefox.
com             1        C_INTERNET       1        A        0        NOERROR F        F
              T        T        0        detectportal.prod.mozaws.net,prod.
detectportal.p      rod.cloudops.mozgcp.net,34.107.221.82     600.000000,600.
000000,606.000000           F
11 1622615469.028352       CSdHxZ5SvGwAbkYBh       10.0.2.15        41930   202.
   96.134.133  53      udp      51523    0.038351        content-signature-2.
cdn.     mozilla.net      1        C_INTERNET       1        A        0        NOERROR F
              F        T        T        0        d2nxq2uap88usk.cloudfront.net,13.226.
127     .26,13.226.127.71,13.226.127.85,13.226.127.88    2334.000000,600.
000000,600.0    00000,600.000000,600.000000 F
   @                                                                        @
```

同样，也可以在 conn.log 日志文件中查找任一条协议为 HTTP 的日志并记录其 uid。例如，下面日志第 345 行记录的 uid 为 CuU5ez3bEv5ArPpyO6，如下所示。

```
342 1622615504.386270       C4p3KVQ7kYopkd6Sf       10.0.2.15        59326   180.
   101.49.206  443     tcp      ssl      11.100723       3897     16587    SF
   -        -        0        ShADadfF        17       4597     17       17271    -
343 1622615504.408972       CmKQfB1Do7XmWS4oEb       10.0.2.15        59328
180.    101.49.206  443     tcp      ssl      11.127820       3889     33178    SF
      -        -        0        ShADadfF        22       4789     22       34062    -
344 1622615504.209739       Cknhq1KGUcBnNquFd       10.0.2.15        59316   180.
   101.49.206  443     tcp      ssl      11.499593       6519     58391    SF
   -        -        24142    ShADadgfF       26       7579     26       59435    -
345 1622615515.403797       CuU5ez3bEv5ArPpyO6       10.0.2.15        51062   23.
3    2.248.32     80      tcp      http     1.087469        378      0        RSTR
   -        -        0        ShADar   3        518      3        124      -
346 1622615511.020667       CjtRTc15epYbc9UEj4       10.0.2.15        39124   14.
2    9.40.12      80      tcp      -        6.022246        0        0        SF
   -        -        0        ShAFaf   4        180      3        124      -
347 1622615506.300609       CypVCC4xPWfrAFzVzj       10.0.2.15        45246   14.
2    9.40.14      80      tcp      -        10.834914       0        0        SF
   -        -        0        ShAFaf   6        300      3        124      -
348 1622615521.291915       CjnObcq3pH50E7Mec       10.0.2.15        33790   112.
   34.113.156  443     tcp      -        -        -        -        S0       -
  -        0        S        1        60       0        0        -
   @                                                                        @
```

与上面 DNS 协议日志的例子类似，用户可以在 http.log 日志文件中通过 uid 定位到如下第 34 行的数据记录，通过这条记录可以查看该连接在 HTTP 协议层面的分析记录。

```
34 1622615516.449256	CuU5ez3bEv5ArPpyO6	10.0.2.15	51062	23.32.248.32	80	1	POST	r3.o.lencr.org	/	-	-	Mozilla/5.0 (X11; Ubuntu; Linux x86_64; rv:88.0) Gecko/20100101 Firefox/88.0	-	85	0	-	-	-	-	(empty) -	-	-	FD8Q4E2LNduVYUKZ07	-	application/ocsp-request	-	-	-
35 1622615528.881789	CUrLB4nGHlXxPla5g	10.0.2.15	46138	34.107.221.82	80	2	GET	detectportal.firefox.com	/success.txt	-	1.1	Mozilla/5.0 (X11; Ubuntu; Linux x86_64; rv:88.0) Gecko/20100101 Firefox/88.0	-	0	8	200	OK	-	-	(empty) -	-	-	-	-	-	FfFWcF3BPLxhTYD44c	-	-
36 1622615529.219976	CcqEVjvvdBoWp1Ssg	10.0.2.15	46144	34.107.221.82	80	2	GET	detectportal.firefox.com	/success.txt?ipv4	-	1.1	Mozilla/5.0 (X11; Ubuntu; Linux x86_64; rv:88.0) Gecko/20100101 Firefox/88.0	-	0	8	200	OK	-	-	(empty) -	-	-	-	-	-	F6PItI1hljJS0gXwLi	-	-
37 1622615534.571936	Cg4B5E1peKcBhiGpJ1	10.0.2.15	52374	35.232.111.17	80	1	GET	connectivity-check.ubuntu.com	/	-	1.1	-	-	0	0	204	No Content	-	-	(empty) -	-	-	-	-	-	-	-
```

从上面例子可以看出，只要是在同一个连接内产生的流量，在不同协议层面或分析角度产生的日志都可以通过 uid 字段实现关联，这就是 uid 在日志中的核心作用。

uid 是以固定前缀加随机字符串的方式组成。上面示例中的 uid 都是以字母 C 作为固定前缀，代表此 uid 属于流量连接类型。在使用 Zeek 时还会看到一种以字母 F 作为固定前缀的 uid，该 uid 属于文件类型。

要进一步了解 uid 就绕不开 Zeek 对于网络连接的记录逻辑。Zeek 主程序在接收到一个需要分析的数据包后，首先会把数据包的源地址、目的地址、源端口号、目的端口号这 4 个元素按照一定的逻辑摆放在一块内存中，然后通过散列函数计算出一个散列键(hash key)。具体摆放逻辑是按照地址及端口号的大小关系(两个 IP 地址的大小关系取决于其二进制 32 位数在数字意义上的大小，同样两个端口号的大小关系取决于其二进制 16 位数在数字意义上的大小)来决定摆放顺序，摆放逻辑如图 4.2 所示。

根据图 4.2 所示的逻辑可以看出，散列键值在通信连接两端的 IP 地址和端口号不发生变化时其计算结果就是一样的。得出散列键值之后 Zeek 会在历史散列键值列表中检索，如果检索未命中则 Zeek 会认为这是一个新的连接并为其授予一个新的 uid，如果检索命中则会结合已存在连接的状态以及数据包本身的信息进行综合判断，判断结果为原连

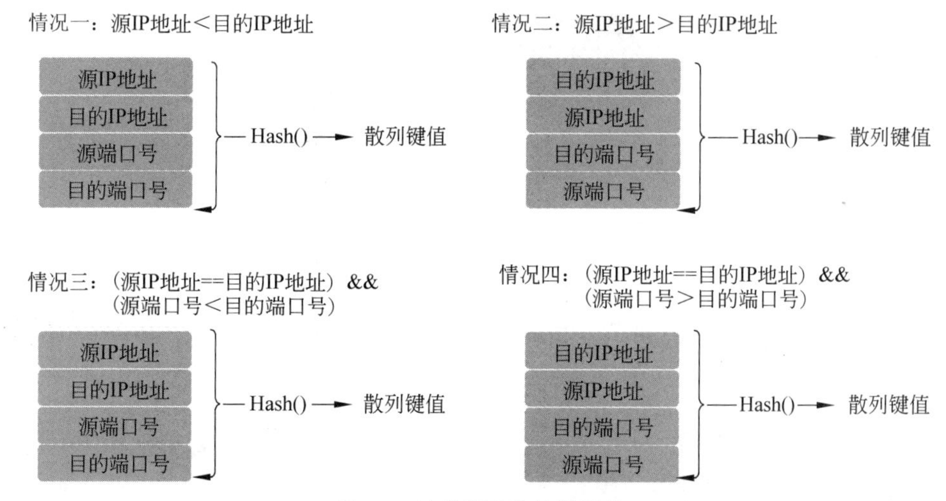


图 4.2 哈希索引的计算逻辑

接的重连则仅更新已有连接的状态，如判断结果为原连接的重用(新连接只是重用了之前的 IP 地址以及端口号)则授予其一个新的 uid，其过程如图 4.3 所示。

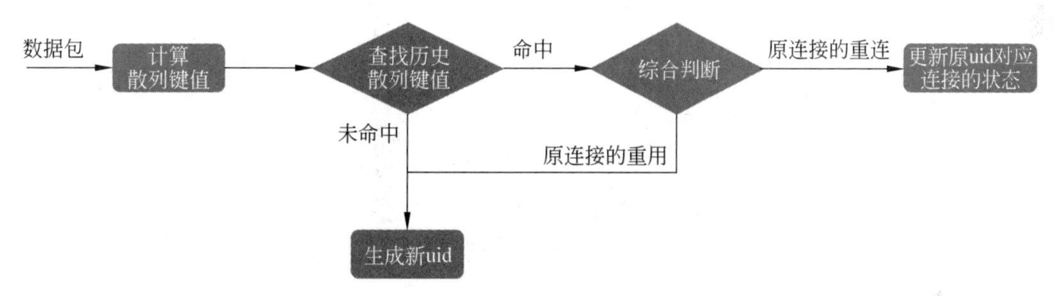


图 4.3 新 uid 的生成逻辑

总结上面的逻辑可以得出 uid 的两个特点。

(1) 根据数据包信息计算连接的散列键值是无方向的，数据包无论是从发起端发送至目的端还是从目的端发送到发起端，其连接的散列键值都是一样的。Zeek 将连接的散列键值作为识别数据包归属对应网络连接的一个关键要素。

(2) Zeek 在判断数据包归属的对应网络连接时会结合原连接当前状态以及数据包本身的特征综合判断，根据流量的具体情况分析当前数据包是原连接的重连还是原连接的重用，从而决定该数据包的 uid 信息。

为了更好地理解 uid 这一关键要素，下面将使用 nc 工具来模拟 Zeek 判断数据包归属的几种情况，通过在第 3 章中介绍的运行环境，采用如图 4.4 所示的网络架构进行示例。

> nc 也就是 netcat，是 Ubuntu Linux 自带的一个非常有用的网络小工具，关于其详细的使用方法，读者可以参考网络上的文章，这里就不占用篇幅详细介绍了。

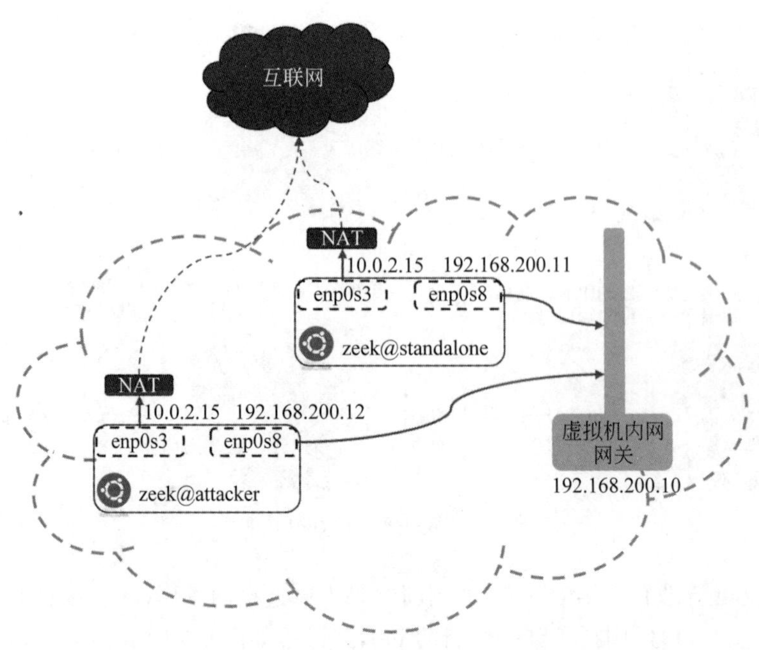


图 4.4 netcat 示例网络架构

这是本书首次使用第 3 章中搭建起来的运行环境，此环境在第 5 章还会用到。

首先在 standalone 主机上通过终端输入命令启动 Zeek 主程序，并监听 enp0s8 网络接口，然后在 attacker 主机上通过终端执行 nc 命令，向 standalone 主机发起 TCP 连接，源端口号为 54321，目的端口号为 12345（此时 standalone 主机在此端口并未开放任何服务）。在 attacker 主机上执行的命令如下所示。

```
zeek@attacker:~$
zeek@attacker:~$ nc -p 54321 192.168.200.11 12345
zeek@attacker:~$ nc -p 54321 192.168.200.11 12345
zeek@attacker:~$ nc -p 54321 192.168.200.11 12345
zeek@attacker:~$
```

连续执行 3 次命令后，观察 standalone 主机上 Zeek 生成的 conn.log 文件，如下所示。

```
 9 1622625388.564190     C5jmRD2qaDpukI27I3       192.168.200.12   54321
192.   168.200.11  12345   tcp    -       0.000016       0       0      REJ
     -       -       0      Sr      1       60      1       40      -
10 1622625390.276113     CmwTme1GMXSRdMg49g       192.168.200.12   54321
192.   168.200.11  12345   tcp    -       0.000013       0       0      REJ
     -       -       0      Sr      1       60      1       40      -
11 1622625391.308428     CfmNff4VpKvcw65xJ5       192.168.200.12   54321
192.   168.200.11  12345   tcp    -       0.000042       0       0      REJ
     -       -       0      Sr      1       60      1       40      -
```

从此次生成的 conn.log 文件中可以看到其仅有 3 行数据记录，记录中地址、端口等信息完全一致，但 Zeek 却为连接生成了 3 个不同的 uid 信息。这是由于 TCP 协议具有明显的表示 TCP 连接中断的状态标志，如 TCP-FIN 或 TCP-RST 等协议标志位。根据这些标志位信息，Zeek 可以准确判断出连接的起始与结束，并能够区分出 3 条不同的连接数据，所以在 conn.log 文件中也就形成了 3 条日志记录。

但在 UDP 协议的场景中则完全不同。在 attacker 主机上同样使用 nc 命令，但增加 -u 参数指定使用 UDP 协议，如下所示。

```
zeek@attacker:~$
zeek@attacker:~$ nc -u -p 54321 192.168.200.11 12345
1
zeek@attacker:~$ nc -u -p 54321 192.168.200.11 12345
1
zeek@attacker:~$ nc -u -p 54321 192.168.200.11 12345
1
zeek@attacker:~$
```

同样连续执行 3 次命令后在 standalone 主机上查看生成的 conn.log 日志文件，可以发现 Zeek 仅生成了一条连接数据，如下所示。这条数据记录的 orig_pkts 字段值为 3，即该连接传送了 3 个数据包。

```
  9 1622628139.222531        CztzOu1r5getuDQ237        192.168.200.12   54321
192.    168.200.11  12345   udp      -         3.384353         6       0       S0
        -       -       0      D       3      90       0       0       -
```

这里仅有 1 条数据记录的原因是 UDP 协议中不存在任何表示数据传送结束的协议标志，故 Zeek 无法判断数据的传送是否已结束。拥有同样 IP 及端口信息的数据包会被认为全部是在一个流量连接内传送的。

延续上面的示例，如果把上面 UDP 环境下的 3 条 nc 命令执行间隔延长到 70s 左右，则此时再查看 standalone 主机上生成的 conn.log 日志文件，可以发现 Zeek 生成了 3 条不同的数据记录。这是由于 Zeek 为其监控到的每个连接都设置了超时机制，超过一定时间后的数据包就不会再被判断为属于上一个连接了。

> 连接超时时间的配置信息位于<PREFIX>/share/zeek/base/init-bare.zeek 文件中，在该文件第 1055 行、1061 行、1067 行的 tcp_inactivity_timeout = 5min、udp_inactivity_timeout = 1min、icmp_inactivity_timeout = 1min 等处。这 3 个值分别对应了 TCP、UDP、ICMP 等协议场景下单个连接数据传输空闲多久后会被超时处理。需要注意 Zeek 对连接超时的时间计算并不是很精确，即便 udp_inactivity_timeout 默认的超时时间为 60s，但要看到实际效果，差不多也需要 70s。

清楚地了解 uid 的生成机制是有效使用 Zeek 的基础。根据上面的示例可以总结出 Zeek 生成 uid 的基本逻辑：如果流量使用的网络协议中具备判断传输结束的明显标志则以该协议的规则为准，如果没有则通过 Zeek 加载的配置脚本中定义的超时机制来判断。

> 如果想了解 uid 的精确生成逻辑，可以将 Zeek 的源代码 src/util.cc 文件第 2089 行的 calculate_unique_id()函数作为入口点查看相关代码。

### 4.4.2 orig、resp 与 local 等字段

conn.log 日志中的 orig 字段代表连接的发起端（originator），resp 字段则代表连接的目的端（responder，即响应端）。Zeek 日志通过这两个概念来对流量的方向进行区分。在正常通信的情况下 orig 字段等同于连接的第一个数据包中的源地址及源端口，而 resp 字段则等同于该数据包的目的地址及目的端口。例如，TCP 协议中的第一个 SYN 数据包或是 UDP 协议中第一个数据包均可用于定义这两个字段。上述逻辑看似简单明了，但作为一个流量分析工具，Zeek 必须考虑更多的异常场景。如图 4.5 所示，以 TCP 协议握手过程为例，启动 Zeek 主程序进行抓包时如果第一个 TCP-SYN 数据包已经发送了，那么 Zeek 分析到的第一个数据包实际上是目的端 B 发送给发起端 A 的 TCP-SYN-ACK 数据包。虽然这种异常情况并不影响 Zeek 对 uid 字段的计算，但此时根据数据包中的源、目的信息来看，orig 字段为目的端 B 而 resp 字段为发起端 A，这显然是错误的。

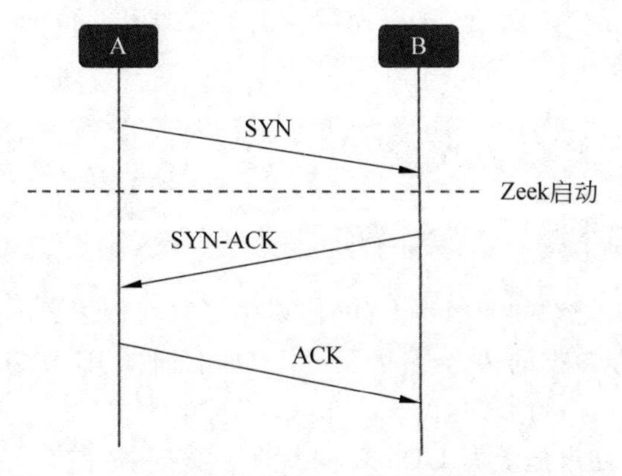


图 4.5 TCP 握手过程与 Zeek 启动顺序异常的场景

针对上述场景，Zeek 在代码逻辑上设计了纠错机制。继续上面的例子，如果在接下来的流量中 Zeek 又分析到这个连接中出现了对应上一个 TCP-SYN-ACK 标志的 TCP-ACK 数据包，则 Zeek 会自动将 orig 字段调整为发起端 A 且将 resp 字段调整为目的端 B，这样就纠正了之前的错误。在 Zeek 内部这种 orig 字段与 resp 字段的调整被称为“发生了翻转”，4.4.3 节介绍的 history 字段将会专门有一个标志位记录此事件的发生。

这种纠错机制并不能完全避免 Zeek 对于 orig 字段和 resp 字段的误判。例如，在 UDP 协议场景中就往往无法根据后续数据包的特征来推断之前的情况，所以 Zeek 也只能将观察到的第一个数据包作为填充 orig 字段及 resp 字段的依据。

conn.log 日志文件中的 local 字段代表“本地”，这也是 Zeek 日志中区分流量的一个维度。是否属于“本地”的实际含义为数据包中的源或目的 IP 地址是否包含在用户定义

的内部 IP 地址范围内。在 4.3 节中已经介绍过 zeekctl 命令会基于 networks.cfg 文件中的配置来识别 local 的地址范围，在使用 zeek 命令启动 Zeek 主程序时，用户可以通过在命令行中增加"Site::local_nets += { 10.0.0.0/8, 172.16.0.0/12, 192.168.0.0/16 }"参数来告知 Zeek 主程序本地网络的地址范围，如下所示。

```
zeek@standalone:~/tmp$
zeek@standalone:~/tmp$ sudo zeek -i enp0s3 -C "Site::local_nets += { 10.0.0.0/
8, 172.16.0.0/12, 192.168.0.0/16 }"
```

### 4.4.3 conn_state 与 history 字段

conn_state 与 history 这两个字段仅在 conn.log 文件中出现，其并不属于通用性的字段。但这两个字段极大地丰富了 conn.log 日志文件记录的内容，通过这两个字段 Zeek 可以掌握整个连接状态的变化与迁移，所以在这里对其重点介绍一下。

conn_state 字段表示网络连接在当前的状态，其内容与含义如表 4.6 所示。

**表 4.6 conn_state 字段**

| 内容 | 含　义 |
|---|---|
| S0 | 监测到属于新连接的数据包。当 Zeek 监测到一个数据包不属于任何已有连接，需要建立一个新的连接记录时使用此内容。这个包有可能是 TCP 三次握手中的第一个包，也有可能是 UDP 的一个数据包。S0 这个状态与具体协议无关，但是在具体协议下可以做参考 |
| S1 | 监测到连接建立，但未监测到结束。其表示 Zeek 至少监测到了一来一回两个数据包，但未监测到其结束的迹象 |
| SF | 监测到连接建立，且监测到连接结束 |
| REJ | 监测连接被拒绝。即监测到发起端发送的第一个数据包后，又监测到目的端发送了 TCP-RST 包 |
| S2 | 监测到连接建立，且监测到发起端发送的 TCP-FIN 包，但未监测到对应的目的端 TCP-ACK 包 |
| S3 | 监测到连接建立，且监测到目的端发送的 TCP-FIN 包，但未监测到对应的发起端 TCP-ACK 包 |
| RSTO | 监测到连接建立，且监测到发起端发送了 TCP-RST 包 |
| RSTR | 监测到连接建立，且监测到目的端发送了 TCP-RST 包 |
| RSTOS0 | 监测到发起端发送了 TCP-SYN 包，接着发送了 TCP-RST 包，但未监测到目的端回复的 TCP-SYN-ACK 包 |
| RSTRH | 监测到目的端发送了 TCP-SYN-ACK 包，接着发送了 TCP-RST 包，但未监测到发起端的 TCP-SYN 包 |
| SH | 监测到发起端发送了 TCP-SYN 包，接着发送了 TCP-FIN 包，但未监测到目的端的 TCP-SYN-ACK 包 |
| SHR | 监测到目的端发送了 TCP-SYN-ACK 包，接着发送了 TCP-FIN 包，但未监测到发起端的 TCP-SYN 包 |
| OTH | 未监测到任何 TCP-SYN 包和 TCP-SYN-ACK 包，且未监测到任何连接结束的迹象 |

conn_state 字段的内容及含义有些混杂，部分如 S0 这样与协议无关，而另外一部分如 S2、S3 又与 TCP 协议强相关，这在理解上可能会有困难，但如果将 conn_state 字段与 history 字段及 proto 字段的内容共同解读就比较清楚了。下面将先介绍 history 字段，然后再用几个实例结合 3 个字段一起进行解读。

conn.log 日志文件中的 history 字段表示连接的历史状态。该字段记录的内容与 conn_state 字段密切相关，conn_state 字段记录的是连接的当前状态，连接状态如发生改变则 Zeek 会更新覆盖之前字段的内容，而 history 字段记录的是连接状态的迁移过程，每当状态发生改变时 Zeek 会在之前状态的后面再新增一位记录新状态。例如，一个正常 TCP 连接的 history 字段记录是类似 ShADadFR 这样的字符串。history 字段的内容及含义如表 4.7 所示。

**表 4.7　history 字段**

| 内　容 | 含　义 |
|---|---|
| s | 监测到 TCP-SYN 包(不包含 TCP-SYN-ACK) |
| h | 监测到 TCP-SYN-ACK 包 |
| a | 监测到 TCP-ACK 包(不包含带有负载的 TCP-ACK) |
| d | 监测到带有负载的数据包 |
| f | 监测到 TCP-FIN 数据包 |
| r | 监测到 TCP-RST 数据包 |
| c | 监测到校验和不正确的数据包 |
| g | 监测到 TCP 数据包的 sequence 比期望值大 |
| t | 监测到重传的数据包 |
| w | 监测到 TCP Window Size 被设置为 0 的数据包 |
| i | 监测到 FIN、RST 等协议标志位同时被设置的数据包 |
| q | 监测到 SYN、FIN 或者 SYN、RST 等协议标志位同时被设置的数据包 |
| ^ | 发起端与目的端地址发生翻转，可参考 4.4.2 节的内容 |

除了上述表格中包含的内容外，history 字段本身还有一些使用规则，具体如下。

(1) 如果事件来自于发起端则字段内容使用大写字符标记，如果事件来自于响应端则字段内容使用小写字符进行标记。

(2) a、d、i、q 在流量的不同方向(指来自发起端或来自响应端)上仅会被记录一次，无论实际上发生了多少次。

(3) f、h、r、s 在不同流量方向上会被记录多次，只要数据包的 sequence 不一致就会被记录一次。

(4) c、g、t、w 在不同流量方向上会被记录多次，但记录间隔次数以 10 的指数倍增长。

例如，第一次记录间隔为 $10^0$，也即监测到 1 次就记录，第二次记录间隔为 $10^1$，第三次记录间隔为 $10^2$，以此类推。

下面通过 4 个实例来解读一下 conn_state 及 history 字段代表的意义，形成这些示例所需的网络流量在进行浏览网页等操作时都可以被捕获。

**1. 例 1**

```
proto:udp
service:dns
conn_state:SF
history:Dd
```

通过 history 字段可以看出发起端发送了 UDP 数据包，故 Zeek 将以 D 标记予以记录。紧接着的 d 标记代表目的端也发送了 UDP 数据包。需要注意的是，d 这个标记是仅会被记录一次的，所以出现 Dd 的标记组合说明发起端和目的端之间至少发送了一个数据包。因为 Dd 作为字段内容可以证明发起端和目的端之间至少有一来一回两个数据包，所以 Zeek 认为已建立了连接，根据 UDP 协议两端之间不需要明示连接结束的特点判断，可以认为连接正常结束，所以 conn_state 字段的内容为 SF 标记。

**2. 例 2**

```
proto:tcp
service:ssl
conn_state:RSTO
history:ShADadFR
```

这里还是需要首先解读 history 字段，ShA 标记代表发起端发送 TCP-SYN 数据包后目的端回应了 TCP-SYN-ACK 标志，然后发起端又回应了 TCP-ACK 标志，这是一个典型的 TCP 协议三次握手过程。Dad 标记代表发起端发送了数据包且目的端回复了 TCP-ACK 标志，然后目的端也发送了数据包。FR 标记代表发起端发送的 TCP-FIN 标志然后紧接着发送了一个 TCP-RST 标志。由于有流量交互所以判定连接已建立，同时观察到发起端发送了 TCP-RST 标志，所以 conn_state 字段的值为 RSTO。

**3. 例 3**

```
proto:tcp
service:ssl
conn_state:S1
history:ShADad
```

history 字段记录的 ShA 标记代表典型的三次握手过程，Dad 标记则代表两端进行了数据交互，但后续没有观察到任何与 TCP 协议有关的连接结束迹象，故 conn_state 字段的值为 S1。

**4. 例 4**

```
proto:udp
service:dns
conn_state:S0
history:D
```

history 字段记录的 D 标记代表仅观察到发起端发送了数据包，由于没有一来一回的流量，故判定 conn_state 字段的值为 S0。

> 更复杂的 conn_state 及 history 字段的组合在日常流量中可能比较难见到。如果读者感兴趣，可以通过 Nmap 扫描工具的--scanflags 参数定制 TCP 数据包中的标志位，从而构造出 history 字段中有 i、q 等标记的流量来。读者可以使用 4.4.1 节中的环境自行进行尝试，制造此类流量并对分析日志进行解读。当然，首先需要在主机 attacker 的终端上执行 sudo apt install nmap 命令安装 Nmap 工具。

## 4.5 加载脚本

脚本是 Zeek 的重要组成部分，Zeek 的许多特性及功能都是依靠脚本来实现的。在 4.1 节中介绍过 Zeek 会将其提供的内置脚本安装在<PREFIX>/share/zeek 目录下，并通过<PREFIX>/share/zeek/base/init-bare.zeek、<PREFIX>/share/zeek/base/init-frameworks-and-bifs.zeek 以及<PREFIX>/share/zeek/base/init-default.zeek 这 3 个脚本文件依次完成所有 Zeek 默认脚本的加载工作。除默认内置脚本之外，用户自行开发的脚本均需要在使用命令时明确指定路径进行载入，Zeek 也提供了<PREFIX>/share/zeek/site/local.zeek 脚本文件作为用户可自定义的脚本加载点。

有一点需要强调，在上述<PREFIX>/share/zeek/base/目录下存放内置脚本文件只是 Zeek 在工程上的一个约定，实际上 Zeek 本身没有对其进行任何限制。用户完全可以将自己编写的脚本存放在<PREFIX>/share/zeek/base/目录下，然后使用上述 3 个加载点之一实现脚本的加载。这种破坏约定的行为在 Zeek 升级或脚本共享时可能造成兼容性问题，所以在一般使用场景中建议保持 base 目录的默认状态，尽量避免对该目录中的内容进行改动。

如果需要加载其他脚本，以<PREFIX>/share/zeek/site/local.zeek 脚本文件为例，在本书运行环境中需要使用 sudo zeek -i enp0s3 -C /opt/zeek/share/zeek/site/local.zeek 命令。为避免每次启动 Zeek 主程序时都输入脚本的完整路径，Zeek 提供了 4 个默认的脚本搜索路径，分别是“.(即当前工作目录)”、<PREFIX>/share/zeek/、<PREFIX>/share/zeek/policy/以及<PREFIX>/share/zeek/site/。如果在命令中仅给出脚本名称，那么 Zeek 会在上述四个路径中搜索，并使用首个名称匹配的脚本文件作为加载目标。基于这个特性，上述命令可以被简化为 sudo zeek -i enp0s3 -C local.zeek。同时，Zeek 还支持对脚本默认后缀.zeek 的自动补齐，所以上述命令可被进一步简化为 sudo zeek -i enp0s3 -C local。

用户可通过操作系统环境变量 ZEEKPATH 来新增 Zeek 的脚本文件搜索目录。例如，在终端执行 export ZEEKPATH =.:/usr/local/zeek/share/zeek:/usr/local/zeek/share/zeek/policy:/usr/local/zeek/share/zeek/site:/home/zeek/命令可以将/home/zeek/目录扩展到 Zeek 的默认脚本搜索路径当中。需要注意的是，Zeek 并不支持目录递归搜索，所以如果默认脚本搜索路径中还包含有子目录，则这些子目录必须在命令中明确给出。例如，希望载入＜PREFIX＞/share/zeek/policy/protocols/ssh/目录下的 detect-bruteforcing.zeek 脚本文件，则必须使用 sudo zeek -i enp0s3 -C protocols/ssh/detect-bruteforcing 命令，只有明确给出子目录路径 protocols/ssh/后，Zeek 才能正确地找到对应脚本文件。

另外需要强调的一点是，init-bare. zeek、init-frameworks-and-bifs. zeek 以及 init-default.zeek 这三个脚本文件也都依赖默认搜索路径机制，包括将在第 6 章中介绍的脚本语法中@load 指令也依赖默认搜索路径。所以在通过环境变量 ZEEKPATH 调整默认搜索路径时，如非必要请保持“.”、＜PREFIX＞/share/zeek/、＜PREFIX＞/share/zeek/policy 以及＜PREFIX＞/share/zeek/site 这 4 个路径不变，否则将影响 Zeek 默认脚本的加载过程，并产生一些意想不到的问题。

## 4.6 zeek-cut 工具

zeek-cut 是 Zeek 提供用来快速格式化 Zeek 日志的命令行工具，其基本用法是 zeek-cut [options] [＜columns＞]，其中[＜columns＞]参数值代表需显示的字段，[optinos]参数值代表可使用的参数，参数的意义及使用示例如下。

> 熟悉 Linux 操作系统命令行工具的读者可以把 zeek-cut 工具理解为定制化的 awk 命令，专门用于快速处理 Zeek 日志。

**1. -c**

使用该参数可显示日志文件中头部以＃号开头的日志元数据部分。如下示例显示了 conn.log 文件中的日志元数据信息以及 ts 和 uid 两个字段。

```
zeek@standalone:~/tmp$
zeek@standalone:~/tmp$ zeek-cut -c ts uid < conn.log
#separator \x09
#set_separator    ,
#empty_field    (empty)
#unset_field    -
#path    conn
#open    2021-06-06-19-22-49
#fields    ts    uid
#types    time    string
```

```
1622632964.332372    CmvqZp1ZTDqJcOJnch
1622632965.702213    CDAt8RsZqreGuJhS1
1622632963.937475    CSYhSA2GWAOUtHgwuj
1622632963.937653    C5nhaD2RddZCM9lIy9
1622632964.259994    CDYXt23BRt7DSy3gy4
1622632964.260169    Cgd2eo3EVTFFjpivlj
...
...
```

**2. -C**

使用该参数可显示日志文件中所有以#号开头的日志元数据(日志中除了头部的日志元数据外,在文件结尾部分也会有以#号开头的行,用于辅助说明日志文件的状态信息)。

**3. -d**

使用该参数可将日志中的时间字段ts转换为易于阅读的格式并显示,使用示例如下。

```
zeek@standalone:~/tmp$
zeek@standalone:~/tmp$ zeek-cut -d ts uid < conn.log
2021-06-06T19:22:44+0800    CmvqZp1ZTDqJcOJnch
2021-06-06T19:22:45+0800    CDAt8RsZqreGuJhS1
2021-06-06T19:22:43+0800    CSYhSA2GWAOUtHgwuj
2021-06-06T19:22:43+0800    C5nhaD2RddZCM9lIy9
2021-06-06T19:22:44+0800    CDYXt23BRt7DSy3gy4
2021-06-06T19:22:44+0800    Cgd2eo3EVTFFjpivlj
2021-06-06T19:22:48+0800    CI0lDR254bmZDAkEx7
...
...
```

**4. -D<fmt>**

使用该参数可将日志中的时间字段ts转换为<fmt>参数值指定的格式并显示,具体格式可参考strftime()函数的格式标准。如下示例将时间显示成“年-月-日”的格式。

```
zeek@standalone:~/tmp$
zeek@standalone:~/tmp$ zeek-cut -D %Y-%m-%d ts uid < conn.log
2021-06-06    CmvqZp1ZTDqJcOJnch
2021-06-06    CDAt8RsZqreGuJhS1
2021-06-06    CSYhSA2GWAOUtHgwuj
2021-06-06    C5nhaD2RddZCM9lIy9
2021-06-06    CDYXt23BRt7DSy3gy4
```

```
2021-06-06    Cgd2eo3EVTFFjpivlj
2021-06-06    CI01DR254bmZDAkEx7
...
...
```

**5. -F<ofs>**

使用该参数可将日志中字段间的分隔符转换为<ofs>参数值给定的符号。需注意的是，zeek-cut 工具仅会根据参数转换日志格式并显示出来，并不会修改日志中的内容。如下示例将分隔符从默认的制表符(Tab)修改为逗号(,)。

```
zeek@standalone:~/tmp$
zeek@standalone:~/tmp$ zeek-cut -F , ts uid < conn.log
1622632964.332372,CmvqZp1ZTDqJcOJnch
1622632965.702213,CDAt8RsZqreGuJhS1
1622632963.937475,CSYhSA2GWAOUtHgwuj
1622632963.937653,C5nhaD2RddZCM91Iy9
1622632964.259994,CDYXt23BRt7DSy3gy4
1622632964.260169,Cgd2eo3EVTFFjpivlj
1622632968.403617,CI01DR254bmZDAkEx7
...
...
```

**6. -h**

使用该参数可显示 zeek-cut 工具的命令帮助信息。

**7. -n**

使用该参数可显示日志中除给定字段外的其他所有字段，例如，zeek-cut -n ts uid < conn.log 命令可显示除 ts 及 uid 字段外的日志中所有其他字段。

**8. -u**

该参数与-d 参数功能类似，但采用 UTC 时间。

**9. -U<fmt>**

该参数与-D 参数功能类似，但采用 UTC 时间。

利用 zeek-cut 工具格式化显示 Zeek 日志的功能，再配合其他如 grep、sort、uniq 等 Linux 操作系统内置的文本处理工具，可以对流量进行一些基础的统计分析。例如，使用 zeek-cut id.orig_h < conn.log | sort | uniq -c | sort -rn | head -n 10 命令可以统计相同源 IP 地址产生连接数量排名的前 10 名。实际场景下可根据需求灵活使用 zeek-cut 工具形成分析命令，这里不再赘述。另外还需要介绍的一点是，zeek-cut 工具支持直接读取存储在<PREFIX>/logs 目录下以.log.gz 为后缀的归档日志文件。

## 4.7 zeekygen 工具

zeekygen 是 Zeek 内置的一个可以用来生成与脚本代码相关技术文档的工具。该工具生成的文档使用了在 Python 项目中常见的 reST 文件格式，该文件格式与本书的主题关系不大，感兴趣的读者可以自行查找相关资料。本节重点介绍使用 Zeek 提供的 zeekygen 这一工具的方法。

4.2.1 节中介绍过，使用 zeek 命令的-X 参数并配合相应的 zeekygen 配置文件就可以生成文档。zeekygen 配置文件由范围、目标、输出 3 段内容组成，这 3 段内容之间使用制表符相互分隔。其中，范围部分必须是特定的关键字，目标部分则是需要生成文档的脚本文件或对象，输出部分则指定了输出文档的名称。一个典型的 zeekygen 配置文件如下所示。

```
script  zeekygen/example.zeek   example.rst
```

上面配置文件示例中范围关键字 script 代表输出脚本相关的文档，目标部分 zeekygen/example.zeek 指明了需要生成文档的目标脚本，输出部分 example.rst 则代表最终输出文档的名称。

> 4.5 节中介绍过 Zeek 的默认脚本搜索路径，zeekygen/example.zeek 文件实际上的路径是＜PREFIX＞/share/zeek/zeekygen/example.zeek，由于＜PREFIX＞/share/zeek 已经包含在默认搜索脚本路径之内，所以仅需要将之写为 zeekygen/example.zeek。

在当前工作目录创建 zeekygen.config 配置文件，并将上述内容写入该配置文件中。需要注意的一点是，必须使用制表符(Tab)进行配置文件中各部分之间的分隔，使用空格或其他分隔方式会导致程序报错。在终端上执行 zeek -b -X zeekygen.config zeekygen/example 命令启动 Zeek 主程序，该命令使用-X 参数告知 Zeek 程序使用后面的 zeekygen.config 作为配置文件输出技术文档。example.zeek 文件是 Zeek 内置的供用户了解 zeekygen 配置文档的脚本，由于其不在默认加载的脚本列表中，所以命令最后需要写明 zeekygen/example 参数值以告知 Zeek 主程序在启动时需要加载此脚本。命令执行后在当前工作目录会产生一个 example.rst 文件，如下所示。

```
1 :tocdepth: 3
2
3 zeekygen/example.zeek
4 =====================
5 .. zeek:namespace:: ZeekygenExample
6
7 This is an example script that demonstrates Zeekygen-style
```

```
  8 documentation.  It generally will make most sense when viewing
  9 the script's raw source code and comparing to the HTML-rendered
 10 version.
 11
 12 Comments in the from ``##!`` are meant to summarize the script's
 13 purpose.  They are transferred directly in to the generated
 14 `reStructuredText <http://docutils.sourceforge.net/rst.html>`_
 15 (reST) document associated with the script.
 16
 17 .. tip:: You can embed directives and roles within ``##``-stylized
comments.
 18
 19 There's also a custom role to reference any identifier node in
 20 the Zeek Sphinx domain that's good for "see alsos", e.g.
 21
 22 See also: :zeek:see:`ZeekygenExample::a_var`,
 23 :zeek:see:`ZeekygenExample::ONE`, :zeek:see:`SSH::Info`
                                                          1,1           Top
…
…
```

生成的技术文档内容在这里就不详细介绍了,读者可以通过比对阅读 example.zeek 及 example.rst 文件内容去了解脚本中哪些内容会被包含在输出的文档之中。

zeekygen 配置文件中范围关键字可以支持的选项及用途如表 4.8 所示。

**表 4.8 zeekygen 关键字及用途**

| 关 键 字 | 用 途 |
|---|---|
| script | 输出脚本相关的所有文档内容 |
| script_index | 输出脚本的文件名、路径等索引信息 |
| script_summary | 输出脚本的总结性信息 |
| identifier | 输出脚本代码中某个对象(包含常量、变量、函数等)的信息 |
| package | 输出 Zeek 包的整体信息 |
| package_index | 输出 Zeek 包的索引信息 |

另外还需要介绍的一点是,配置文件中的目标部分支持使用通配符的写法来表示多个目标,例如,script_index zeekygen/* example.rst 表示目标文档包含 zeekygen/目录下的所有脚本,而 identifier test_func_params* example.rst 则表示目标文档包含所有可以匹配 test_func_params* 的对象信息,读者可以根据实际的需求灵活搭配通配符使用。

## 4.8 btest 框架

btest 是一个基于 Bash 与 Python 的通用基线测试框架，其本身的功能与 Zeek 核心功能无关。但 Zeek 的开发团队使用 btest 框架编写了覆盖 Zeek 大部分功能的基线测试用例，而且这些用例是随着源代码一起发布的。对用户来说，这些测试用例是除官方文档外深入学习使用 Zeek 的一个重要信息来源，所以这里花一节的篇幅专门介绍 btest 框架，介绍的重点是阅读并理解 btest 测试用例，以便读者能够快速从测试用例中找到所需要的信息。

> Zeek 源代码包中所包含的 btest 测试用例在功能上的覆盖面要远远大于其官方文档。如在 4.7 节中介绍的 zeekygen 工具，Zeek 官方文档中的介绍内容非常少，对于其配置文件的写法及包含哪些关键字等内容更是只字未提。依据官方文档的介绍，用户可能都无法生成一个 zeekygen 文档。笔者在初期研究使用 Zeek 就碰到了这样的问题，直到从测试用例中了解到了相关信息才有所改观。这也是单独花篇幅介绍 btest 的原因。

先来看下 btest 框架的基本工作方式。btest 框架在工作时需要依赖两个文件，其一是记录 btest 框架配置属性的 btest.cfg 配置文件，其二是使用者编写的测试用例。btest.cfg 文件主要用于定义 btest 框架运行过程中所需的路径、存储目录等资源，为避免引入过多与本书主旨无关的内容，当前先通过以创建一个空文件的形式来绕过 btest 框架对 btest.cfg 文件的检查(在这种情况下 btest 框架实际使用的是默认配置)。在当前工作目录下执行 touch btest.cfg 命令即可生成一个空文件，接下来就可以开始编写测试用例 example-test，如下所示。

```
zeek@standalone:~/tmp$
zeek@standalone:~/tmp$ ls
btest.cfg  btest-example
zeek@standalone:~/tmp$
zeek@standalone:~/tmp$ cat btest-example
@TEST-EXEC: echo "Zeek" | grep "Zeek"
zeek@standalone:~/tmp$
```

上述示例中的测试用例内容只有一行“@TEST-EXEC: echo "Zeek" | grep "Zeek"”，其中@TEST-EXEC 是 btest 框架的关键字，代表需要在 Bash 环境中执行命令，冒号后面的内容则是需要执行的具体命令信息。执行 btest btest-example 命令就可以对该用例进行测试，如下所示。

```
zeek@standalone:~/tmp$
zeek@standalone:~/tmp$ btest btest-example
all 1 tests successful
zeek@standalone:~/tmp$
```

btest 框架的测试用例中支持任意多个@TEST-EXEC 关键字，可以在刚才的用例中再添加一行"@TEST-EXEC: echo "Zeek" | grep "zeek""，将搜索的字串由 Zeek 替换为 zeek。执行测试用例后可以看到测试失败，使用-d 参数重新执行后可以看到此次失败的详细信息是第二行命令执行失败，返回值为 1，如下所示。

```
zeek@standalone:~/tmp$
zeek@standalone:~/tmp$ cat btest-example
@TEST-EXEC: echo "Zeek" | grep "Zeek"
@TEST-EXEC: echo "Zeek" | grep "zeek"
zeek@standalone:~/tmp$
zeek@standalone:~/tmp$ btest btest-example
[  0%] btest-example ... failed
1 of 1 test failed
zeek@standalone:~/tmp$
zeek@standalone:~/tmp$ btest -d btest-example
[  0%] btest-example ... failed
  % 'echo "Zeek" | grep "zeek"' failed unexpectedly (exit code 1)
  % cat .stderr

1 of 1 test failed
zeek@standalone:~/tmp$
zeek@standalone:~/tmp$
```

上面的示例已经反映出 btest 框架运行的基本机制，其通过执行 Bash 环境下的命令并测试命令的返回值(也叫退出状态码)，如果返回值为 0 则认为执行成功，如果返回值为 1 则认为执行失败。当然，仅拥有如此简单的功能是不能够被称为一个测试框架的，实际上 btest 框架的核心功能在于测试用例的编写方式。下面通过引入测试用例中的%INPUT、@TEST-START-FILE 和@TEST-END-FILE 3 个关键字进行进一步介绍。

%INPUT 关键字用于指代除使用 btest 关键字开头或包裹内容外的测试用例内容，例如，下面所示的测试用例 btest-example-2。

```
  1 @TEST-EXEC: cat %INPUT | grep "Zeek"
  2 Zeek
~
~
~
"btest-example-2" 2L, 42C                              1,1           All
```

btest-example-2 用例的执行过程如下所示。

```
zeek@standalone:~/tmp$
zeek@standalone:~/tmp$ cat btest-example-2
@TEST-EXEC: cat %INPUT | grep "Zeek"
```

```
Zeek
zeek@standalone:~/tmp$
zeek@standalone:~/tmp$ btest -d btest-example-2
all 1 tests successful
zeek@standalone:~/tmp$
```

在测试用例 btest-example-2 中，“@TEST-EXEC：”后执行的 Bash 命令被修改成了“cat %INPUT | grep "Zeek"”，也即首先通过 cat 命令输出文件的内容，然后在其中搜索 Zeek 字串。而%INPUT 就代表 btest-example-2 文件中除掉 btest 关键字描述的部分，也就是除去第 1 行“@TEST-EXEC：cat %INPUT | grep "Zeek"”后文件的剩余部分，也即文件第 2 行中的字符串 Zeek。

上面的测试用例使用的@TEST-START-FILE 和@TEST-END-FILE 这两个关键字也可以改写，改写后的测试用例 btest-example-3 如下所示。

```
  1 @TEST-EXEC: cat test-file | grep "Zeek"
  2 @TEST-START-FILE test-file
  3 Zeek
  4 @TEST-END-FILE
~
~
~
~
~
"btest-example-3" 4L, 87C                                    1,1          All
```

btest 框架中@TEST-START-FILE 关键字代表一个文件的起始，该关键字后的 test-file 代表文件名，而@TEST-END-FILE 关键字则代表文件的结束。btest 框架会自动将两个关键字之间的部分作为一个文件独立出来并以给定文件名命名。所以在 btest-example-3 中，btest 测试框架实际上先根据@TEST-START-FILE 与@TEST-END-FILE 两个关键字之间的内容生成了一个名为 test-file 的文件，再将该文件作为@TEST-EXEC 后命令的输入。

了解了上述几个关键词后再结合另一个 btest 框架常用的基线对比工具 btest-diff 就可以写出完整的测试用例 test-example-4 了，如下所示。

```
  1 # @TEST-EXEC: cat %INPUT | grep "Zeek" > output
  2 # @TEST-EXEC: btest-diff output
  3 Beek
  4 Zeek is a passive network traffic tool.
  5 Feek, Geek, Heek
~
~
~
```

```
~
~
"btest-example-4" 5L, 150C                                  1,1           All
```

在测试用例 test-example-4 中，第 1 行"# @TEST-EXEC：cat %INPUT | grep "Zeek" > output"代表将测试用例中的 3、4、5 三行作为文件输入并搜索其中带有 Zeek 字符串的一行，然后将结果输出到 output 文件中。需要注意的是本行中 # @的写法，该写法代表 btest 不再以此行命令的返回值作为测试是否通过的标志，而改为使用 btest 框架相关工具的返回值作为判断标准。test-example-4 第 2 行"# @TEST-EXEC：btest-diff output"使用 btest-diff 工具对比 output 文件，如果与测试基线相同则返回成功，如不同则返回失败。btest-diff 工具使用的测试基线可以由 btest 命令的-U 参数生成，具体过程如下所示。

```
zeek@standalone:~/tmp$
zeek@standalone:~/tmp$ ls
btest.cfg  btest-example-4
zeek@standalone:~/tmp$ btest -U btest-example-4
all 1 tests successful
zeek@standalone:~/tmp$
zeek@standalone:~/tmp$ ls
Baseline  btest.cfg  btest-example-4
zeek@standalone:~/tmp$ cat Baseline/btest-example-4/output
### BTest baseline data generated by btest-diff. Do not edit. Use "btest -U/-
u" to update. Requires BTest >= 0.63.
# @TEST-EXEC: cat %INPUT | grep "Zeek" > output
Zeek is a passive network traffic tool.
zeek@standalone:~/tmp$
zeek@standalone:~/tmp$
zeek@standalone:~/tmp$ btest btest-example-4
all 1 tests successful
zeek@standalone:~/tmp$
```

上面操作过程中先通过执行 btest -U btest-example-4 命令在当前工作目录下生成此测试用例的结果基线，命令执行后在当前工作目录下生成了 Baseline 目录，并在此目录下生成了与测试用例文件同名的子目录，子目录中的文件 output 即为此测试用例的测试基线。后续只要测试用例的输出经过 btest-diff 工具与基线的比对一致则认为测试成功。编辑 test-example-4 的第 3 行内容，将 Beek 替换为 Zeek，然后使用-d 参数重新执行测试，如下所示。

```
zeek@standalone:~/tmp$
zeek@standalone:~/tmp$ cat btest-example-4
# @TEST-EXEC: cat %INPUT | grep "Zeek" > output
```

```
# @TEST-EXEC: btest-diff output
Zeek
Zeek is a passive network traffic tool.
Feek, Geek, Heek
zeek@standalone:~/tmp$
zeek@standalone:~/tmp$ btest -d btest-example-4
[  0%] btest-example-4 ... failed
  % 'btest-diff output' failed unexpectedly (exit code 1)
  % cat .diag
  == File ===============================
  # @TEST-EXEC: cat %INPUT | grep "Zeek" > output
  Zeek
  Zeek is a passive network traffic tool.
  == Diff ===============================
  --- /tmp/test-diff.4520.output.baseline.tmp    2021-06-06 19:25:35.
950115254 +0800
  +++ /tmp/test-diff.4520.output.tmp    2021-06-06 19:25:35.942115272 +0800
  @@ -1,2 +1,3 @@
   # @TEST-EXEC: cat %INPUT | grep "Zeek" > output
  +Zeek
   Zeek is a passive network traffic tool.
  =======================================

  % cat .stderr

1 of 1 test failed
zeek@standalone:~/tmp$
```

从执行 test-example-4 的结果可以看到该测试用例执行失败，而且错误提示中的+Zeek 也说明了其比基线多了一行 Zeek。

清楚上述 btest 框架的基础内容后就可以开始阅读 Zeek 源代码包中的测试用例了。Zeek 的测试用例存放在源代码包中 testing/btest 目录下，例如，testing/btest/doc/zeekygen 目录下存放的就是针对 zeekygen 工具功能的测试用例，而对应的测试基线则存放在 testing/btest/Baseline 目录下，Baseline 目录下的子目录命名规则与 btest-diff 工具的生成规则一致。如果在学习 Zeek 的过程中对于某个特性的用法或输入输出内容感到疑惑，而且在官方文档上得不到任何帮助，那么可以尝试在 Zeek 自带的测试用例中寻找对应功能的测试用例，通过阅读测试用例内容并比对基线输出了解此项功能的运作方式。

btest 框架实际包含的关键字及相关用法还有很多，如果感兴趣的话可以参考源代码目录下的 auxil/btest/README 文件以便深入了解。

## 4.9 经验与总结

本章介绍了使用 Zeek 所需具备的一些基础知识。阅读完本章的内容后，读者对 Zeek 应该不再感到陌生，并可以动手进行一些探索工作。此外本章还花了一定篇幅介绍 conn.log 日志文件的相关内容。Zeek 的官方文档也对 conn.log 日志文件进行了介绍，与本书内容不同的是，官方的介绍侧重于该日志文件的基础字段，并未包含一些重要字段的产生机制及实际含义。例如，官方文档仅介绍了 uid 字段能够关联不同日志，但未介绍 uid 的计算方法以及新 uid 的产生条件。实际上这些内容才是 Zeek 的精华所在，能体现 Zeek 在流量分析领域的特点。本书期望达到的效果就是将这些 Zeek 隐含在内的精华部分尽量完整地呈现给读者。当然，这并不是在否定官方文档，也不是说本书可以替代官方文档。官方文档始终是 Zeek 入门的第一手权威材料，本书所包含的内容中也有相当一部分是参照了官方文档，只是在其基础之上进行了扩充与深入。

受篇幅所限，本书不可能对 Zeek 目前所有支持的日志类型中的每一个字段逐一进行介绍。读者如果对某些特定协议的日志感兴趣，可以首先阅读协议分析相关的脚本代码(存放在＜PREFIX＞/share/zeek/目录下)并理清脉络。当然，阅读脚本代码的前提是熟悉 Zeek 的脚本编程以及协议本身，然后采用流量生成工具模拟生成对应的场景，从而达到进一步分析与理解的目的。笔者对 conn.log 日志文件的认识过程也是如此步骤。

另外请一定不要忽略 4.8 节介绍的 btest 框架。虽然 btest 框架与 Zeek 的功能本身没有任何直接关系，但从笔者的经验看，以官方文档为引、以测试用例为主是学习 Zeek 的一个好方法。Zeek 的测试用例基本覆盖了 Zeek 的所有主要功能，有些测试用例还自带了一个 pcap 文件作为分析的输入样例，对于不熟悉网络协议或者不懂如何制造特定网络流量的读者来说，这些 pcap 文件也可以作为学习的切入点。

# 第5章　基础应用示例

本章将会通过6个流量分析示例展示Zeek的实际能力。通过这6个示例的具体过程，读者也可以进一步熟悉Zeek的操作与使用方法。由于还未介绍Zeek脚本编程，所以本章所选取的例子全部都是通过Zeek内置脚本实现的，涉及脚本代码的修改也仅限于调整某个变量的初始值，不会涉及修改代码逻辑的过程。

本章最后一个示例会结合目前比较流行的可视化数据分析套件，搭建一套简单的可视化分析系统，以便读者能够参照并快速构建自己的流量分析体系雏形。

## 5.1　发现网络资产

流量分析的第一步往往就是发现网络资产，通过流量找出组织中有哪些IP地址、通过哪些服务正在经由网络与外部进行数据交换。从信息安全的角度来说，这些能够与外部进行数据交换的资产也就意味着弱点和风险。信息安全中有相当大的一部分工作就是日常识别有漏洞的资产并予以修补。

本节示例的网络架构如图5.1所示，在主机standalone上运行Zeek主程序，并监听enp0s3接口，通过流量发现进行网络通信的IP地址以及服务接口。

Zeek内置脚本中提供了对于网络资产发现需求的支持，主要有以下两个脚本。

（1）<PREFIX>/share/zeek/policy/protocols/conn/known-hosts.zeek。

（2）<PREFIX>/share/zeek/policy/protocols/conn/known-services.zeek。

首先来看一下known-hosts.zeek文件，这个脚本可以记录流量中出现过的IP地址，并以日志的形式记录下来。在主机当前工作目录下执行“sudo zeek -b -i enp0s3 -C protocols/conn/known-hosts -e 'redef Known::host_tracking = ALL_HOSTS; '”命令启动Zeek主程序，通过网页浏览或其他方式产生一定的外部流量后，可以看到在当前工作目录下生成了一个名为known_hosts.log的日志文件，如下所示。

> redef是Zeek脚本语法中的一个保留关键字，具体功能在第6章中将会介绍。当前读者可以简单将之理解为其可以对后面的变量进行赋值。

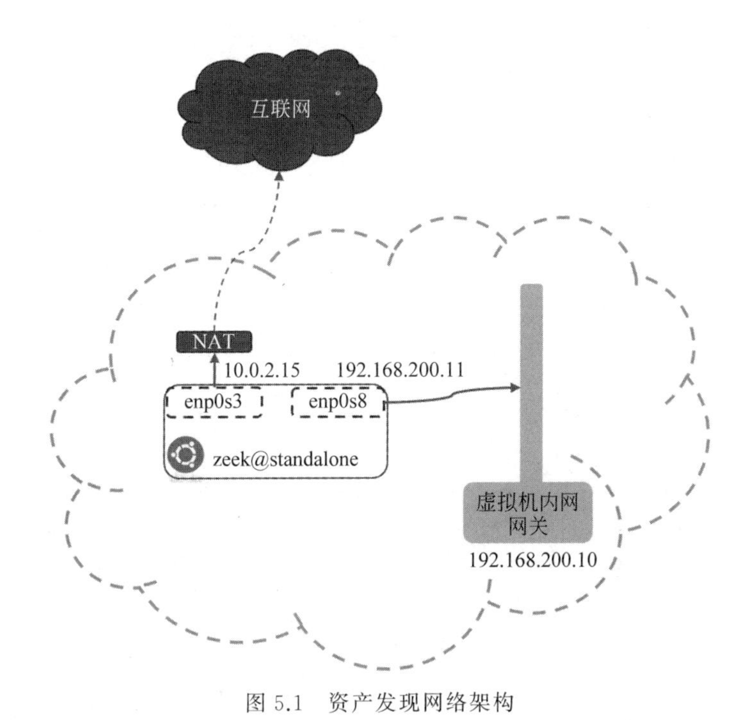


图 5.1 资产发现网络架构

```
 1 #separator \x09
 2 #set_separator  ,
 3 #empty_field    (empty)
 4 #unset_field    -
 5 #path   known_hosts
 6 #open   2021-06-06-11-07-43
 7 #fields ts      host
 8 #types  time    addr
 9 1622689663.900624       34.107.221.82
10 1622689663.900624       10.0.2.15
11 1622689664.650806       180.163.151.33
12 1622689665.014015       203.208.50.162
13 1622689665.072476       52.13.70.243
14 1622689665.173224       13.226.120.123
15 1622689665.657842       117.18.237.29
16 1622689666.174051       99.84.224.200
17 1622689666.249861       54.70.190.152
18 1622689667.145322       14.215.177.38
19 1622689667.338276       34.216.113.46
20 1622689667.412633       117.25.156.174
21 1622689667.589226       54.192.22.38
22 1622689669.405972       14.215.89.33
```

```
 23 1622689669.646625      14.215.89.32
"known_hosts.log" [readonly] 75L, 2299C                    1,1          Top
```

日志文件中仅有 ts、host 两个字段，分别对应发现的主机地址以及第一次发现的时间。可以通过 4.6 节中介绍的 zeek-cut 工具对日志进行处理以便阅读，具体内容如下所示。

```
zeek@standalone:~/tmp$
zeek@standalone:~/tmp$ cat known_hosts.log | zeek-cut -d ts host
2021-06-06T11:07:43+0800    34.107.221.82
2021-06-06T11:07:43+0800    10.0.2.15
2021-06-06T11:07:44+0800    180.163.151.33
2021-06-06T11:07:45+0800    203.208.50.162
2021-06-06T11:07:45+0800    52.13.70.243
2021-06-06T11:07:45+0800    13.226.120.123
2021-06-06T11:07:45+0800    117.18.237.29
2021-06-06T11:07:46+0800    99.84.224.200
2021-06-06T11:07:46+0800    54.70.190.152
2021-06-06T11:07:47+0800    14.215.177.38
2021-06-06T11:07:47+0800    34.216.113.46
2021-06-06T11:07:47+0800    117.25.156.174
2021-06-06T11:07:47+0800    54.192.22.38
2021-06-06T11:07:49+0800    14.215.89.33
2021-06-06T11:07:49+0800    14.215.89.32
2021-06-06T11:07:49+0800    121.32.228.38
2021-06-06T11:07:50+0800    14.215.177.39
2021-06-06T11:07:55+0800    183.6.248.88
...
...
```

上述过程执行的命令比较长，下面通过分段的形式分别介绍各段命令的含义。首先 sudo zeek -b -i enp0s3 -C 这一段读者应该比较熟悉了，表示启动 Zeek 主程序并开始对 enp0s3 接口进行监听。这里使用-b 参数停止加载其他分析脚本，这样在当前工作目录仅会产生 known_hosts.log 这一个日志文件。sudo zeek -b -i enp0s3 -C protocols/conn/known-hosts 这一段告知 Zeek 主程序在启动时需要加载的脚本。Zeek 支持默认脚本搜索路径并且支持自动补齐脚本的“.zeek”后缀，所以路径 protocols/conn/known-hosts 已经足够 Zeek 主程序定位到<PREFIX>/share/zeek/policy/protocols/conn/known-hosts.zeek 了。最后一段“-e 'redef Known::host_tracking = ALL_HOSTS; '”则表示 Zeek 主程序在启动后需要执行使用-e 参数后给出的脚本代码，这行代码对脚本中的一个变量进行了赋值。这行代码实际上是将 known-hosts.zeek 脚本文件第 35 行的“option host_tracking = LOCAL_HOSTS;”重新赋值为“option host_tracking = ALL_HOSTS;”，如下所示。

```
27          ## Toggles between different implementations of this script.
28          ## When true, use a Broker data store, else use a regular Zeek set
29          ## with keys uniformly distributed over proxy nodes in cluster
30          ## operation.
31          const use_host_store = T &redef;
32
33          ## The hosts whose existence should be logged and tracked.
34          ## See :zeek:type:`Host` for possible choices.
35          option host_tracking = LOCAL_HOSTS;
36
37          ## Holds the set of all known hosts.  Keys in the store are addresse    s
38          ## and their associated value will always be the "true" boolean.
39          global host_store: Cluster::StoreInfo;
40
41          ## The Broker topic name to use for :zeek:see:`Known::host_store`.
42          const host_store_name = "zeek/known/hosts" &redef;
43
```

通过修改脚本可以达到同样的效果。为避免修改到原始脚本，可以先将此脚本复制到当前工作目录，使用文本编辑器对第 35 行进行调整，保存并退出文本编辑器后，在当前目录下执行“sudo zeek -b -i enp0s3 -C ./known-host”命令启动 Zeek，运行结果与之前过程的结果相同。

Zeek 脚本将主机地址分为 ALL_HOSTS、LOCAL_HOSTS、REMOTE_HOSTS 这 3 类(代码中实际上还有一个 NO_HOSTS 类)。其中 ALL_HOSTS 代表所有地址；LOCAL_HOST 代表本地地址；REMOTE_HOSTS 代表除 LOCAL_HOSTS 外的所有地址，即外部地址。通过在命令行中添加“Site::local_nets += { 10.0.0.0/8, 172.16.0.0/12, 192.168.0.0/16 }”的方式可以自定义 LOCAL_HOSTS。使用 zeekctl 命令时，该命令会通过配置文件<PREFIX>/etc/networks.cfg 的内容自动设置 LOCAL_HOSTS。在 known-hosts.zeek 这个脚本中，如果将 host_tracking 字段设置为 ALL_HOSTS 则脚本的功能为发现流量中的所有地址，如果设置为 LOCAL_HOSTS 则脚本功能为发现流量中的本地地址。上述分类在<PREFIX>/share/zeek/base/utils/directions-and-hosts.zeek 中定义，有兴趣的读者可以通过阅读源码了解更多细节。

known-services.zeek 文件的功能与上面介绍的 known-hosts.zeek 脚本文件类似，在使用前同样需要先将脚本中的“option service_tracking = LOCAL_HOSTS;”修改为“option service_tracking = ALL_HOSTS;”。使用 sudo zeek -b -i enp0s3 -C ./known-services 命令启动 Zeek 主程序后会在当前工作目录生成 known_services.log 日志文件，该日志文件中包含 ts、host、port、port_proto、service 等字段，分别对应在流量中记录的时间、地址、端口号、协议类型、服务类型等数据，具体内容如下。

```
1 #separator \x09
2 #set_separator  ,
```

```
 3 #empty_field    (empty)
 4 #unset_field    -
 5 #path   known_services
 6 #open   2021-06-06-11-25-25
 7 #fields ts       host     port_num       port_proto      service
 8 #types  time     addr     port     enum     set[string]
 9 1622690444.194689       34.216.113.46   443      tcp      (empty)
10 1622690508.660319       202.96.134.133  53       udp      (empty)
11 1622690705.601234       140.207.198.246 80       tcp      (empty)
12 1622690702.927815       114.114.114.114 53       udp      (empty)
13 1622690701.029562       221.228.208.3   443      tcp      (empty)
14 1622690700.789075       113.96.164.35   443      tcp      (empty)
15 1622690700.768828       113.113.73.35   443      tcp      (empty)
16 1622690700.766248       113.96.164.35   443      tcp      (empty)
17 1622690700.745513       113.96.164.35   443      tcp      (empty)
18 1622690700.745513       113.113.73.35   443      tcp      (empty)
19 1622690700.721423       113.113.73.35   443      tcp      (empty)
20 1622690698.994811       113.113.73.35   443      tcp      (empty)
21 1622690698.506931       113.113.73.35   443      tcp      (empty)
22 1622690698.500953       113.113.73.35   443      tcp      (empty)
23 1622690698.458406       113.96.164.35   443      tcp      (empty)
"known_services.log" [readonly] 682L, 32658C                  1,1          Top
```

日志中的 service 字段为"(empty)"是由于 known-services.zeek 脚本文件依赖其他脚本提供接口与服务的对应关系。如果使用 sudo zeek -i enp0s3 -C ./known-services 命令启动 Zeek 主程序则可以看到 service 字段能够显示出具体的服务名称，如下所示。这是由于去掉-b 参数后，Zeek 主程序会默认自动加载绝大多数内置的功能和脚本。

```
 1 #separator \x09
 2 #set_separator  ,
 3 #empty_field    (empty)
 4 #unset_field    -
 5 #path   known_services
 6 #open   2021-06-06-15-11-05
 7 #fields ts       host     port_num       port_proto      service
 8 #types  time     addr     port     enum     set[string]
 9 1622704265.883821       34.107.221.82   80       tcp      HTTP
10 1622704266.172208       180.163.150.161 443      tcp      SSL
11 1622704266.522133       203.208.50.98   80       tcp      HTTP
12 1622704266.645472       13.226.120.123  443      tcp      SSL
13 1622704266.867928       44.237.239.70   443      tcp      SSL
14 1622704267.269307       49.7.36.166     443      tcp      SSL
15 1622704267.508721       113.96.109.121  80       tcp      HTTP
```

```
16 1622704267.539459      35.155.6.125    443    tcp    SSL
17 1622704267.707316      117.18.237.29   80     tcp    HTTP
18 1622704268.053219      14.215.177.39   443    tcp    SSL
19 1622704268.253188      59.37.142.226   80     tcp    HTTP
20 1622704268.922519      121.32.228.38   443    tcp    SSL
21 1622704269.061419      14.215.89.32    443    tcp    SSL
22 1622704269.326629      14.215.177.38   443    tcp    SSL
23 1622704269.674522      113.105.172.33  443    tcp    SSL
"known_services.log" [readonly] 113L, 4861C                1,1          Top
```

对网络资产的发现不仅需要识别网络中进行通信的 IP 地址与端口，还需要识别网络中运行服务的版本、主机操作系统类型等其他的相关信息。Zeek 也提供了相关脚本予以支持，例如＜PREFIX＞share/zeek/policy/protocols/ssl/known-certs.zeek 脚本可以分析并记录流量中传递的证书，而＜PREFIX＞/share/zeek/policy/protocols/modbus/known-masters-slaves.zeek 可以分析并记录 Modbus 协议中的 Master 结点及 Slave 结点。读者可以浏览＜PREFIX＞/share/zeek/policy/目录下以 known 开头的脚本，根据需要选择使用。

## 5.2 网络扫描

网络扫描是分析网络的重要手段之一。对于恶意攻击者来说，网络扫描是网络入侵的序曲，是收集信息的重要手段之一。网络扫描主要分为主机扫描和端口扫描，主机扫描主要用于识别网络中可达的 IP 地址，端口扫描则主要用于识别特定主机开启的端口。从流量特征上讲，主机扫描的基本特征是特定 IP 地址一段时间内同时访问多个 IP 地址，端口扫描的基本特征是特定 IP 地址一段时间内同时访问某一 IP 地址的多个端口。

Zeek 提供了＜PREFIX＞/share/zeek/policy/misc/scan.zeek 脚本对流量中的网络扫描行为进行分析。本节示例采用如图 5.2 所示的网络结构，该网络架构与之前示例相比的一点变化是两台虚拟机均关闭了 enp0s3 接口，这主要是由于未经授权的网络扫描属于恶意行为，为了避免因操作不当而对互联网上的目标进行扫描动作，所以关闭了虚拟机到互联网的网络通路。当然，在关闭之前需要先在 attacker 主机上通过终端执行 sudo apt install nmap 命令安装 Nmap 工具，本节将使用 Nmap 工具对主机 standalone 发起扫描。

> 在可控环境下进行网络安全实验，是所有信息安全从业人员的基本职业道德准则，后续不再提醒。

与 5.1 节操作相似，首先在主机 standalone 终端上执行 sudo zeek -b -i enp0s8 -C misc/scan.zeek 命令启动 Zeek 主程序。然后切换至主机 attacker，在其终端使用 nmap -sT 192.168.200.11 命令开始对主机 standalone 进行端口扫描。

扫描进行一段时间后，查看主机 standalone 上的当前工作目录，可以看到已生成了一个名为 notice.log 的日志文件，如下所示。

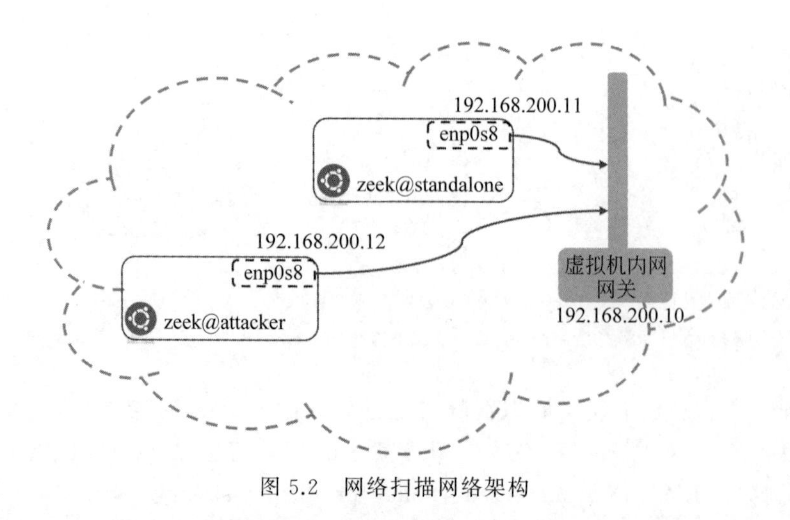


图 5.2 网络扫描网络架构

```
  1 #separator \x09
  2 #set_separator  ,
  3 #empty_field    (empty)
  4 #unset_field    -
  5 #path   notice
  6 #open   2021-06-06-15-42-14
  7 #fields ts      uid     id.orig_h       id.orig_p       id.resp_h       id.r
    esp_p     fuid    file_mime_type  file_desc       proto   note    msg
    sub     src     dst     p       n       peer_descr      actions suppress_for
        remote_location.country_code    remote_location.region  remote_
location.       city        remote _ location. latitude             remote _
location.longitude
  8 #types  time    string  addr    port    addr    port    string  string
stri    ng enum   enum    string  string  addr    addr    port    count
string      set[enum]       interval        string  string  string  double
  double
  9 1622706134.573806       -       -       -       -       -       -       -
    -       -       Scan::Port_Scan 192.168.200.12 scanned at least 15 unique
ports of host 192.168.200.11 in 0m0s   remote  192.168.200.12  192.168.200.11
-       -       -       Notice::ACTION_LOG      3600.000000     -       -
    -       -       -
 10 #close  2021-06-06-15-42-21
~
~
~
"notice.log" [readonly] 10L, 788C                               10,1          All
```

日志中除去日志元数据行外仅有一条数据记录，其报告了 IP 地址为 192.168.200.12 的主机在短时间内至少扫描了 IP 地址为 192.168.200.3 的主机上的 15 个不同的端口。

与5.1节中示例不同的是，这次生成的日志文件名称为notice.log而不是scan.log，这是因为scan.zeek脚本采用Zeek脚本提供的一个名为通知框架(notice framework)的框架特性。这个框架提供了在特定事件发生时执行特定行为的功能。本例中特定事件指的是识别到网络扫描，特定行为是Notice::ACTION_LOG，也就是写入日志。可以通过这个框架自定义所需的行为，如告警或调用其他程序等。在7.5节将会详细介绍通知框架的用法。

通过4.4节重点介绍的conn.log日志文件中conn_state及history两个字段也可以辅助识别端口扫描行为。在主机standalone的终端上执行sudo zeek -i enp0s8 -C命令启动Zeek主程序，然后在主机attacker的终端上重新执行之前的扫描命令。在standalone主机生成的conn.log日志文件中可以看到存在大量的conn_state字段为REJ的连接，如下所示。

```
  1 #separator \x09
  2 #set_separator  ,
  3 #empty_field    (empty)
  4 #unset_field    -
  5 #path   conn
  6 #open   2021-06-06-16-31-28
  7 #fields ts      uid     id.orig_h       id.orig_p       id.resp_h       id.
   resp_p       proto   service duration        orig_bytes      resp_bytes
        conn_state      local_orig      local_resp      missed_bytes
history o     rig_pkts        orig_ip_bytes   resp_pkts       resp_ip_bytes
tunnel_paren     ts
  8 #types  time    string  addr    port    addr    port    enum    string
int     erval           count   count   string  bool    bool    count   string
count           count   count   count   set[string]
  9 1622709083.785068       CKzXCQ3Q6gc6KJCNok      192.168.200.12  40006
192     .168.200.11  80      tcp     -       0.000050        0       0       REJ
        -       -       0       Sr      1       60      1       40      -
 10 1622709083.785069       CLFNST3hxLN6n5jFYf      192.168.200.12  39496
192     .168.200.11  443     tcp     -       0.000083        0       0       REJ
        -       -       0       Sr      1       60      1       40      -
 11 1622709089.106151       Co88k43hEBNzIHPOHa      192.168.200.12  37552
192     .168.200.11  1       tcp     -       0.000004        0       0       REJ
        -       -       0       Sr      1       60      1       40      -
"conn.log" [readonly] 1011L, 122466C                            1,1          Top
```

执行cat conn.log | zeek-cut -d ts id.orig_h id.orig_p id.resp_h id.resp_p conn_state history | uniq -c命令，如下所示。可以看到conn_state字段为REJ连接记录的目的端口具有一定随机性且分布在一个很短的时间间隔内，从这一特征上也可以判断是否存在扫描行为。

```
zeek@standalone:~/tmp$
zeek@standalone:~/tmp$ cat conn.log | zeek-cut -d ts id.orig_h id.orig_p id.
resp_h id.resp_p conn_state history | uniq -c
    1 2021-06-06T16:31:23+0800    192.168.200.12    40006    192.168.200.11
80    REJ    Sr
    1 2021-06-06T16:31:23+0800    192.168.200.12    39496    192.168.200.11
443    REJ    Sr
    1 2021-06-06T16:31:29+0800    192.168.200.12    37552    192.168.200.11
1REJ    Sr
    1 2021-06-06T16:31:29+0800    192.168.200.12    34540    192.168.200.11
3REJ    Sr
    1 2021-06-06T16:31:29+0800    192.168.200.12    41730    192.168.200.11
4REJ    Sr
    1 2021-06-06T16:31:29+0800    192.168.200.12    33580    192.168.200.11
6REJ    Sr
    1 2021-06-06T16:31:29+0800    192.168.200.12    47696    192.168.200.11
7REJ    Sr
    1 2021-06-06T16:31:29+0800    192.168.200.12    36580    192.168.200.11
9REJ    Sr
```

地址扫描示例可采用与端口扫描一样的网络架构，操作步骤也基本相同。但由于地址扫描的流量特性，standalone 主机只是地址扫描中的一个目的地址，通过监控 standalone 主机上的流量无法发现对大范围地址的访问行为。可以采用在 attacker 主机上监听 enp0s8 接口的方式来进行分析。读者可以自行尝试，这里不再详细介绍。

## 5.3 SSH 暴力破解

暴力破解是 SSH 服务经常面临的攻击手段之一，攻击者通过不断更换用户名与密码的组合尝试获得可登录的用户名和密码。本节介绍 Zeek 提供的关于侦测 SSH 暴力破解的脚本：<PREFIX>/share/zeek/policy/protocols/ssh/detect-bruteforcing.zeek。

示例网络环境与 5.2 节相同，由于采用的是 Ubuntu Linux 桌面系统，在默认安装的情况下系统未提供 SSH 服务端的功能，需要在 standalone 主机的终端上通过执行 sudo apt install openssh-server 命令来安装 SSH 服务。服务安装完成后其会自动启动，如未启动则可以在终端执行 sudo service ssh start 命令手动启动之。

在 attacker 主机的终端上通过 ssh 192.168.200.11 命令验证 standalone 主机上的 SSH 服务可用后，执行 sudo apt install hydra crunch 命令安装所需的暴力破解工具 crunch 和 hydra。其中，crunch 工具用于产生暴力破解所需的字典文件，hydra 工具则用于执行暴力破解的任务。

> 5.2 节中关闭了虚拟机的 enp0s3 网络接口，切断了虚拟机与互联网的通路。执行 apt 安装过程需要恢复互联网连接，安装完成后请注意将其关闭。

为避免字典的体积过大，假设攻击者已知 standalone 主机的 SSH 服务登录用户名为 zeek，密码则为正整数 1～6 中 6 位数字的任意组合。在 attacker 主机的终端上执行 crunch 6 6 123456 -o passwd.txt 命令即可在当前工作目录下生成基于上述规则的密码字典文件 passwd.txt，如下所示。

```
zeek@attacker:~/tmp$
zeek@attacker:~/tmp$ crunch 6 6 123456 -o passwd.txt
Crunch will now generate the following amount of data: 326592 bytes
0 MB
0 GB
0 TB
0 PB
Crunch will now generate the following number of lines: 46656

crunch: 100% completed generating output
zeek@attacker:~/tmp$
```

在 standalone 主机的终端上执行 sudo zeek -b -i enp0s8 -C protocols/ssh/detect-bruteforcing 命令启动 Zeek 主程序并对 enp0s8 接口进行监听，然后在 attacker 主机的终端上执行“hydra 192.168.200.11 ssh -l zeek -P ./passwd.txt -V -f”命令启动对 standalone 主机上 SSH 服务的暴力破解任务。

破解任务启动后不久即可看到 standalone 主机当前工作目录中生成了日志文件 notice.log 与 ssh.log，在 notice.log 日志文件中可以看到 IP 地址为 192.168.200.12 的主机在 30 个不同的连接中有 SSH 登录失败的表现，所以判定其为密码猜测（password_guessing）行为，如下所示。

```
1 #separator \x09
2 #set_separator ,
3 #empty_field (empty)
4 #unset_field -
5 #path notice
6 #open 2021-06-06-16-50-12
7 #fields ts uid id.orig_h id.orig_p id.resp_h id.
resp_p fuid file_mime_type file_desc proto note msg
 sub src dst p n peer_descractions suppress_for
remote_location.country_code remote_location.region remote_location.
city remote_location.latitude remote_location.longitude
8 #types time string addr port addr port string string
stri ng enum enum string string addr addr port count
string set[enum] interval string string string double
 double
9 1622710212.252118 - - - - - - -
 - - SSH::Password_Guessing 192.168.200.12 appears to be
```

```
guessing SSH passwords (seen in 30 connections).   Sampled servers:  192.168.
200.11, 192.168.200.11, 192.168.200.11, 192.168.200.11, 192.168.200.11
    192.168.200.12  -       -       -       -       Notice::ACTION_LOG
3600.000000     -       -       -       -       -
10 #close  2021-06-06-16-51-55
~
~
"notice.log" [readonly] 10L, 871C                                1,1          All
```

也可以通过 cat ssh.log | zeek-cut -d ts id.orig_h auth_success auth_attempts 命令来对 ssh.log 日志文件进行进一步分析，从如下输出中可以看到，短时间内 IP 地址为 192.168.200.12 的主机进行了大量 SSH 登录尝试，每组登录信息尝试了 5 次，登录结果均为失败。

```
zeek@standalone:~/tmp$
zeek@standalone:~/tmp$ cat ssh.log | zeek-cut -d ts id.orig_h auth_success
auth_attempts
2021-06-06T16:49:01+0800    192.168.200.12    -    0
2021-06-06T16:49:01+0800    192.168.200.12    -    0
2021-06-06T16:49:01+0800    192.168.200.12    F    5
2021-06-06T16:49:01+0800    192.168.200.12    F    5
2021-06-06T16:49:01+0800    192.168.200.12    F    5
2021-06-06T16:49:01+0800    192.168.200.12    F    5
2021-06-06T16:49:01+0800    192.168.200.12    F    5
2021-06-06T16:49:01+0800    192.168.200.12    F    5
2021-06-06T16:49:01+0800    192.168.200.12    F    5
2021-06-06T16:49:01+0800    192.168.200.12    F    5
2021-06-06T16:49:01+0800    192.168.200.12    F    5
…
…
```

另外需要提到的是 detect-bruteforcing.zeek 脚本代码中第 30 行及 34 行定义的两个关键变量，如下所示。其中 password_guesses_limit 变量代表的是观察到 SSH 登录失败连接的阈值，guessing_timeout 变量则代表记录时间的阈值。例如，password_guesses_limit = 30 而 guessing_timeout = 30min，则代表在 30min 内有 30 个连接出现登录失败，则可将之判定为密码猜测行为。读者可以自行调整这两个值，使其符合自己的实际需求。

```
23    redef enum Intel::Where += {
24            ## An indicator of the login for the intel framework.
25            SSH::SUCCESSFUL_LOGIN,
26    };
27
```

```
28    ## The number of failed SSH connections before a host is designated as
29    ## guessing passwords.
30    const password_guesses_limit: double = 30 &redef;
31
32    ## The amount of time to remember presumed non-successful logins to
33    ## build a model of a password guesser.
34    const guessing_timeout = 30 mins &redef;
35
36    ## This value can be used to exclude hosts or entire networks from being
37    ## tracked as potential "guessers". The index represents
38    ## client subnets and the yield value represents server subnets.
39    const ignore_guessers: table[subnet] of subnet &redef;
40 }
                                                        20,1-8          27%
```

当然，也可以通过“sudo zeek -b -i enp0s8 -C protocols/ssh/detect-bruteforcing -e 'redef SSH::password_guesses_limit = 10; redef SSH::guessing_timeout = 10 mins;'”命令在 Zeek 主程序启动时对这两个变量进行调整。

## 5.4 SQL 注入

SQL 注入是常见的攻击形式之一，按照注入的提交方式可以将其大致分为 GET、POST、COOKIE 及 HTTP 请求头 4 种类型。其中 GET 类型的注入攻击绝大多数情况下可以通过请求的 URI 是否包含某些注入特征来进行分析。Zeek 内置的<PREFIX>/share/zeek/policy/protocols/http/detect-sqli.zeek 脚本文件提供了这个功能，该脚本通过对 URI 进行正则匹配来识别其是否包含有注入攻击。具体的正则表达式由脚本第 48 行声明的变量 match_sql_injection_uri 进行定义，有兴趣的读者可以自行查看源代码。

考虑到 detect-sqli.zeek 脚本对注入攻击的识别是基于单个 GET 请求，实际并不需要请求必须有回应，所以本节的示例不需要搭建一个实际存在注入漏洞的 HTTP 服务，只需要在流量中制造出包含注入 URI 的 HTTP 请求即可。基于这一特点，可以继续使用 5.2 节中的网络结构。

首先在 standalone 主机的终端上执行 sudo nc -l 192.168.200.11 80 & 命令监听 80 号端口，使用此命令是让主机 standalone 的 80 号端口能够顺利完成 TCP 握手过程，从而建立 TCP 连接。如果 TCP 连接不能建立，那么后面发送的 HTTP 请求也会失败。“&”参数让监听命令在后台执行，这样可以继续使用当前的终端环境，接着在 standalone 主机的终端上执行 sudo zeek -b -i enp0s8 -C protocols/http/detect-sqli 命令启动 Zeek 主程序。

在 attacker 主机的终端上执行“curl http://192.168.200.11/login.asp? pass = admin&name=admin' select -”命令发送包含疑似注入内容的 HTTP 请求。请求发送后在 standalone 主机的当前工作目录下可以看到生成了 http.log 日志文件，如下所示。

```
  1 #separator \x09
  2 #set_separator  ,
  3 #empty_field    (empty)
  4 #unset_field    -
  5 #path   http
  6 #open   2021-06-06-09-38-46
  7 #fields ts      uid     id.orig_h       id.orig_p       id.resp_h       id.
resp_p      trans_depth     method  host    uri     referrer        version
  user_agent      origin  request_body_len        response_body_len
status_code     status_msg      info_code       info_msg        tags
username        password        proxied orig_fuids      orig_filenames
orig_mime_types resp_fuids      resp_filenames  resp_mime_types
  8 #types  time    string  addr    port    addr    port    count   string
string  string  string  string  string  string  count   count   count
string      count   string  set[enum]       string  string  set[string]
vector[string]  vector[string]  vector[string]  vector[string]  vector
[string]  vector[string]
  9 1622770716.615710       CMtjpLAuzcVE7VRf9       192.168.200.12  51592
192.    168.200.11  80      1       GET     192.168.200.11  /login.asp?pass=
admin&name=admin' select --     -       -       curl/7.68.0     -       0       0
        -       -       -       -       HTTP::URI_SQLI  -       -       -
    -       -       -       -       -       -
 10 #close  2021-06-06-09-38-46
"http.log" [readonly] 10L, 904C                                 10,1          All
```

日志文件中记录了此次 HTTP 请求的 URI，并在 tags 字段记录 HTTP::URI_SQLI，即 SQL 注入。同时由于前述命令使用 curl 工具发送 HTTP 请求，所以在 user_agent 字段记录的是 curl/7.68.0。

> “http://192.168.200.11/login.asp? pass＝admin&name＝admin' select --”命令在这里仅用于触发 Zeek 的 SQL 注入判断条件，并无实质的注入作用。

detect-sqli.zeek 脚本也使用了在 5.2 节中提到过的通知框架，发生注入事件时同样也会生成 notice.log 日志文件。但 detect-sqli.zeek 脚本通过两个变量 sqli_requests_interval 与 sqli_requests_threshold 对触发条件进行了约束。默认情况下 sqli_requests_interval＝5min，sqli_requests_threshold ＝ 50，即在 5min 内观察到 50 次注入才触发事件的上报。可以通过“sudo zeek -b -i enp0s8 -C protocols/http/detect-sqli -e "redef HTTP::sqli_requests_threshold ＝ 1"”命令在启动 Zeek 主程序时调整这个值。重复上面示例的操作步骤，即可看到在生成 http.log 日志文件的同时也生成了如下的 notice.log 日志文件。

```
 1 #separator \x09
 2 #set_separator ,
 3 #empty_field   (empty)
 4 #unset_field   -
 5 #path  notice
 6 #open  2021-06-06-10-02-39
 7 #fields ts     uid    id.orig_h      id.orig_p      id.resp_h       id.
resp_p      fuid     file_mime_type  file_desc       proto    note     msg
   sub     src     dst     p       n       peer_descr      actions suppress_for
       remote_location.country_code      remote_location.region     remote_
location.city    remote_location.latitude        remote_location.longitude
 8 #types  time    string  addr    port    addr    port    string  string
string  enum    enum    string  string  addr    addr    port    count
string      set[enum]       interval        string  string  string  double
  double
 9 1622772159.482662       -       -       -       -       -       -       -
       -       -       HTTP::SQL_Injection_Attacker     An SQL injection
attacker was discovered!       -       192.168.200.12  -       -       -
-          Notice::ACTION_LOG      3600.000000     -       -       -       -
       -
10 1622772159.482662       -       -       -       -       -       -       -
       -       -       HTTP::SQL_Injection_Victim      An SQL injection victim
was discovered! -       192.168.200.11  -       -       -       -       Noti
ce::ACTION_LOG      3600.000000     -       -       -       -       -
11 #close  2021-06-06-10-02-44
~
"notice.log" [readonly] 11L, 915C                               1,1          All
```

与http.log日志文件的维度不同，notice.log日志文件中没有记录承载攻击的URI，但从SQL注入的攻击者及受害者两个维度记录了相关信息。

现实场景中的SQL注入手段复杂且多变，注入点也是多种多样的，实际应用中Zeek程序完全可以实现通过检查HTTP请求头、请求体等多种形式来对SQL注入进行监测。但受限于目前并未介绍Zeek脚本编程，所以只能基于其已有的脚本进行示例。

阅读detect-sql.zeek脚本的源代码可以看出，该脚本的基本逻辑就是提取出HTTP请求的URI内容，然后与定义好的一个正则表达式进行匹配。实际应用中可以修改这个正则表达式，使其用于匹配URL中出现的任意特定字符串。如识别URI中是否有password字符串等，以实现其他分析目标。更进一步地说，也可以去匹配payload中是否有身份证或电话号码等个人数据从而对敏感数据进行识别。总的来说，Zeek提供的内置脚本非常丰富，用户不仅可以使用这些脚本已经实现的功能，还能通过对这些脚本稍加调整，扩展完成其他更多的流量分析的需求目标。当然，这种扩展是建立在对Zeek脚本编程有一定了解的基础之上。

## 5.5 文件解析

对网络流量中传输的文件进行分析及监控也是信息安全人员经常面临的工作之一。一方面组织内人员有可能因为钓鱼或误操作等原因从外部下载了恶意程序，另一方面组织内人员也有可能将内部保密的文件通过网络传递至外部，从而造成泄密。无论使用何种解决方案处理这些问题，从本质上讲都必须先将网络流量中传输的文件提取出来。而Zeek就提供了这种功能，且在提取文件的同时还可以对文件进行基本的分析。

本节将通过示例介绍Zeek针对文件的解析功能。整体来说Zeek通过一个文件框架(file analysis)提供文件提取及分析的能力，该框架本身封装了具体的文件传输协议，也就是说用户不必关心文件是否通过HTTP、FTP或其他网络协议传输，只需要关注文件本身即可。为了更好地说明Zeek的能力，本节采用构建一个HTTP文件下载服务的方式来进行示例。

示例继续沿用图5.2所示的网络结构，但在本节中attacker主机不再是攻击者，而是承担起运行HTTP服务端的任务。首先，在attacker主机的终端上执行sudo apt install apache2命令安装HTTP服务端，安装完成后使用文本编辑器打开/etc/apache2/ports.conf配置文件，调整监听端口号为80，如下列内容第5行所示。然后在终端执行sudo /etc/init.d/apache2 restart命令重启apache2服务使修改的配置生效。

```
 1 # If you just change the port or add more ports here, you will likely also
 2 # have to change the VirtualHost statement in
 3 # /etc/apache2/sites-enabled/000-default.conf
 4
 5 Listen 80
 6
 7 <IfModule ssl_module>
 8         Listen 443
 9 </IfModule>
10
11 <IfModule mod_gnutls.c>
12         Listen 443
13 </IfModule>
14
15 # vim: syntax=apache ts=4 sw=4 sts=4 sr noet
~
~
"/etc/apache2/ports.conf" 15L, 320C                          1,1           All
```

apache2服务的静态网页文件默认存放在/var/www/html/目录下。要实现一个简单的文件下载功能可以先删除此目录下的index.html文件，然后将准备进行下载示例的文件放入这个目录中。这里准备了pdf-example.pdf与pe-example.exe两个文件，为了进行分析，需要确保这两个文件都是真实有内容的，另外为了保证文件能够下载，需要确保两个文件对所有用户都保留有读权限。如果权限不对，可执行 sudo chmod 444 pdf-example.pdf pe-example.exe 命令对文件权限进行修改，如下所示。

```
zeek@attacker:/var/www/html$
zeek@attacker:/var/www/html$ pwd
/var/www/html
zeek@attacker:/var/www/html$ ls -al
total 3188
drwxr-xr-x 2 root root     4096 6月   23 18:01 .
drwxr-xr-x 3 root root     4096 6月   23 10:27 ..
-r--r--r-- 1 root root   966908 3月    2 17:35 pdf-example.pdf
-r--r--r-- 1 root root 2282696 5月    6 18:01 pe-example.exe
zeek@attacker:/var/www/html$
```

上述 HTTP 服务搭建完成后，在 standalone 主机上通过浏览器访问 URL 地址 http://192.168.200.12 即可打开如图 5.3 所示的页面，单击对应的文件名可以下载。

图 5.3　简单 HTTP 下载服务

在 standalone 主机终端当前工作目录下执行 sudo zeek -i enp0s8 -C 命令启动 Zeek 主程序，打开上述页面并分别下载两个文件，在当前工作目录下即可看到系统已经生成 files.log 日志文件，其内容如下所示。

```
 1 #separator \x09
 2 #set_separator  ,
 3 #empty_field    (empty)
 4 #unset_field    -
 5 #path   files
 6 #open   2021-06-06-18-36-22
 7 #fields ts      fuid    tx_hosts        rx_hosts        conn_uids
source  depth   analyzers       mime_type       filename        duration
    local_orig      is_orig seen_bytes      total_bytes     missing_bytes
over    flow_bytes  timedout        parent_fuid     md5     sha1    sha256
extracted       extracted_cutoff        extracted_size
```

```
  8 #types  time    string  set[addr]       set[addr]       set[string]
stri    ng  count   set[string]     string  string  interval        bool
bool        count   count   count   count   bool    string  string  string
string  stri    ng  bool    count
  9 1624444582.318241       FrlZ882UvopC2kBJ04      192.168.200.12  192.168.
200.    11  CtU3xKcF3eozUrqwd       HTTP    0       (empty) text/html       -
        0.000000        -       F       974     -       0       0       F       -
        -       -       -       -       -       -
10 1624444588.427757        F8ex3z3Ow0rVp722di      192.168.200.12  192.168.
200.    11  CHFRVy3xuD2fJj5G4c      HTTP    0       (empty) application/pdf -
        0.006720        -       F       106856  966908  860052  0       F
-       -       -       -       -       -       -
11 1624444593.710418        Fw5s4DpnrtoMZx81c       192.168.200.12  192.168.
200.    11  CMpqIg4OvkSwhIeAL1      HTTP    0       PE      application/x-
dosexec     -       0.021676        -       F       227496  2282696 2055200 0
    F       -       -       -       -       -       -       -
12 #close  2021-06-06-18-37-00
~
~
"files.log" [readonly] 12L, 1058C                               12,1            All
```

从 files.log 日志文件中可以看到监听时间段内共传输了 3 个文件，文件的 MIME 类型分别为 test/html、application/pdf 及 application/x-dosexec。其中 test/html 是打开网页服务时获取到的静态网页文件，而 application/pdf 及 application/x-dosexec 就是操作中下载的两个文件。Zeek 主程序对每个解析出的文件都会生成一个 fuid，以之用作唯一标识，同时在日志数据中也会记录解析出这个文件的连接 uid。例如，本示例 files.log 日志文件记录中解析出的 exe 文件 fuid 是 Fw5s4DpnrtoMZx81c，而对应解析出这个文件的连接 uid 则是 CMpqIg4OvkSwhIeAL1。通过连接 uid，可以在同时生成的 conn.log 日志文件中第 11 行找到相应的连接信息，如下所示。

```
  1 #separator \x09
  2 #set_separator  ,
  3 #empty_field    (empty)
  4 #unset_field    -
  5 #path   conn
  6 #open   2021-06-06-18-36-32
  7 #fields ts      uid     id.orig_h       id.orig_p       id.resp_h       id.
resp_p      proto   service duration        orig_bytes      resp_bytes
  conn_state        local_orig      local_resp      missed_bytes    history
orig_pkts       orig_ip_bytes   resp_pkts       resp_ip_bytes   tunnel_parents
  8 #types  time    string  addr    port    addr    port    enum    string
inte    rval        count   count   string  bool    bool    count   string
count       count   count   count   set[string]
```

```
  9 1624444582.315133       CtU3xKcF3eozUrqwd       192.168.200.11  48394
192.    168.200.12  80      tcp     http    5.011635        1568    1246    SF
        -       -       0       ShADadfF        11      2148    11      1826
 -
10 1624444588.425878        CHFRVy3xuD2fJj5G4c      192.168.200.11  48398
192.    168.200.12  80      tcp     http    5.011700        323     967204  SF
        -       -       860052  ShADadggfF      57      3295    76      971164
-
11 1624444593.708874        CMpqIg4OvkSwhIeAL1      192.168.200.11  48404
192.    168.200.12  80      tcp     http    5.015786        322     2283006 SF
        -       -       2055200 ShADadggfF      90      5010    135     2290034 -
12 #close   2021-06-06-18-37-00
~
~
"conn.log" [readonly] 12L, 931C                                 1,1           All
```

通过 uid 也可以在同时生成的 http.log 日志文件中找到相应的 HTTP 协议分析日志，同时在 http.log 日志文件中也记录了此条 HTTP 连接过程中解析出的文件 fuid，如下所示。Zeek 通过 uid、fuid 两个标识将不同层面的分析结果关联了起来。

```
13 1624444588.426920        CHFRVy3xuD2fJj5G4c      192.168.200.11  48398
192.    168.200.12  80      1       GET     192.168.200.12  /pdf-example.pdf
        http://192.168.200.12/  1.1     Mozilla/5.0 (X11; Ubuntu; Linux x86_
64; rv:8    9.0) Gecko/20100101 Firefox/89.0    -       0       966908  200
OK      -       -       (empty) -       -       -       -       -       -
  F8ex3z3Ow0rVp722di        -       application/pdf
14 1624444593.709713        CMpqIg4OvkSwhIeAL1      192.168.200.11  48404
192.    168.200.12  80      1       GET     192.168.200.12  /pe-example.exe
http://192.168.200.12/  1.1     Mozilla/5.0 (X11; Ubuntu; Linux x86_64; rv:89.
0) Gecko/20100101 Firefox/89.0      -       0       2282696 200     OK      -
    -       (empty) -       -       -       -       -       -
Fw5s4DpnrtoMZx81c       -       application/x-dosexec
15 #close   2021-06-06-18-37-00
                                                                15,1          Bot
```

除了以上几个日志外，在 standalone 主机当前工作目录中还会生成一个 pe.log 日志文件，如下所示。这是 Zeek 提供的专门针对 PE 类型文件的分析日志。在 pe.log 日志文件中可以看到 Zeek 已经对下载的 exe 文件内容进行了初步解析，对 PE 文件的头信息以及节区头信息都进行了记录。

```
  1 #separator \x09
  2 #set_separator  ,
  3 #empty_field    (empty)
```

```
  4 #unset_field    -
  5 #path   pe
  6 #open   2021-06-06-18-36-33
  7 #fields ts      id      machine compile_ts      os      subsystem       is_
exe  is_64bit        uses_aslr       uses_dep        uses_code_integrity
  uses_seh        has_import_table        has_export_table        has_cert_
table  has_debug_data  section_names
  8 #types  time    string  string  time    string  string  bool    bool
bool        bool    bool    bool    bool    bool    bool    bool    vector
[string]
  9 1624444593.710418       Fw5s4DpnrtoMZx81c       I386    1614679740.000000
       Windows XP      WINDOWS_GUI     T       F       T       T       F
  T       T       T       T       F       .text,.rsrc,.reloc
10 #close  2021-06-06-18-37-00
~
~
"pe.log" [readonly] 10L, 550C                                    1,1           All
```

在信息安全场景中，仅对 PE 文件的头信息进行解析是不够的，此类可执行文件还需要导入专业的病毒查杀软件进行分析。针对这个场景，Zeek 提供了提取文件到特定目录的功能，可以先将文件提取出来然后通过 Zeek 脚本或其他脚本工具提交给病毒查杀软件进行分析。

Zeek 提取网络流量中的文件并存放到特定目录也是通过框架功能实现的，要使用这个功能必须先将需要提取的文件类型注册到框架当中。在 standalone 主机的终端上执行"sudo zeek -i enp0s8 -C -e 'const pe_mime_types = { "application/x-dosexec" }; event zeek_init(){Files::register_for_mime_types(Files::ANALYZER_EXTRACT, pe_mime_types);}'"命令启动 Zeek 主程序，然后重复上面示例的操作过程。进行文件下载后可以观察到在 standalone 主机当前工作目录下生成了一个叫作 extract_files 的目录，该目录当中存放的是提取出来的文件，文件名以"extract-<提取时间>-<传输协议>-fuid"的形式命名，如下所示。通过系统自带的 file 命令也可以查看该文件的基本信息。

```
zeek@standalone:~/tmp$
zeek@standalone:~/tmp$ ls
zeek@standalone:~/tmp$
zeek@standalone:~/tmp$ sudo zeek -i enp0s8 -C -e 'const pe_mime_types = { "
application/x-dosexec" }; event zeek_init(){Files::register_for_mime_types
(Files::ANALYZER_EXTRACT, pe_mime_types);}'
<command line>, line 3: listening on enp0s8

^C1624500869.212767 <command line>, line 3: received termination signal
1624500869.212767 <command line>, line 3: 318 packets received on interface
enp0s8, 0 (0.00%) dropped
```

```
zeek@standalone:~/tmp$
zeek@standalone:~/tmp$ ls
conn.log  extract_files  ntlm.log           reporter.log
dhcp.log  files.log      packet_filter.log  smb_mapping.log
dns.log   http.log       pe.log             weird.log
zeek@standalone:~/tmp$
zeek@standalone:~/tmp$ cd extract_files/
zeek@standalone:~/tmp/extract_files$
zeek@standalone:~/tmp/extract_files$ ls
extract-1624500843.594938-HTTP-FMOwCn1RN11xKS8ul3
zeek@standalone:~/tmp/extract_files$
zeek@standalone:~/tmp/extract_files$ file extract-1624500843.594938-HTTP-
FMOwCn1RN11xKS8ul3
extract-1624500843.594938-HTTP-FMOwCn1RN11xKS8ul3: PE32 executable (GUI)
Intel 80386, for MS Windows, PECompact2 compressed
zeek@standalone:~/tmp/extract_files$
```

上面提取文件到目录时执行的 zeek 命令，前半部分 sudo zeek -i enp0s8 -C 命令读者应该相当熟悉了，后半部分"-e 'const pe_mime_types = { "application/x-dosexec" }; event zeek_init(){Files::register_for_mime_types(Files::ANALYZER_EXTRACT, pe_mime_types);}'"是通过-e 参数使 Zeek 主程序在启动后执行了一段脚本代码，此段代码的主要功能是将 MIME 类型 application/x-dosexec 与 Files::ANALYZER_EXTRACT 这个功能关联起来。这样文件框架在流量中如果发现了类型为 application/x-dosexec 的文件，便会执行 Files::ANALYZER_EXTRACT 所代表的功能，即提取文件到本地目录。

> Zeek 所支持的文件类型定义在 base/frameworks/files/magic 目录下可以查找到。

在信息安全工作中针对文件分析还有一个较常用的场景是计算文件的散列(Hash)值，然后与已知的黑白名单进行比较，Zeek 同样也提供了这种功能。实际上，如果仔细观察刚才 files.log 日志文件的字段，会发现该日志中本身就包含了 md5、sha1、sha256 三个散列字段，但当前的值都是"-"。用户可以通过载入 policy\frameworks\files\hash-all-files.zeek 脚本启用这项功能。此功能留给读者自行实践，这里就不再花篇幅进行介绍了。

> 有条件的读者可以阅读 hash-all-files.zeek 脚本执行的代码，并与上面启用文件提取到目录功能时使用的命令作比较。在启用文件提取到目录时是将 Files::ANALYZER_EXTRACT 功能与特定的 MIME 类型绑定起来，即给特定的 MIME 类型注册一个钩子函数。而在 hash-all-files.zeek 脚本文件中则是将 ANALYZER_MD5 和 ANALYZER_SHA1 这两个功能与文件绑定起来，也就是每解析出一个文件就会执行相应的功能。这种机制不是文件框架独有的，Zeek 脚本整体也是由 Zeek 核心提供事件(如刚才解析出新文件，发现特定的 MIME 类型文件等)，然后执行用户

通过脚本代码注册的具体执行方法这种模式运作的。读者可以先形成印象，这样在阅读本书后半部分关于 Zeek 脚本编程的内容时更容易理解其背后的逻辑。

## 5.6 可视化分析

2.1 节中曾经介绍过，在一个完整的流量分析体系中 Zeek 在高级分析及数据存储这两个方面相对比较薄弱。Zeek 提供的脚本编程能力虽然可以实现任意分析逻辑，但其运行机制是构建在流量不断流过 Zeek 这一基础原则之上的。对于已经流过的流量而言，除非保留有 pcap 文件，否则就失去了二次分析的可能。简单来说，Zeek 可以对组织中一整年的流量进行分析，但前提是 Zeek 持续一整年运行监听流量或组织拥有一年的流量备份，其中任何一个前提条件在绝大多数组织中都很难做到。同样地，Zeek 自身提供的日志存储能力也仅限于本地文件存储，所以 Zeek 更适合对于流量的实时分析或是基于 pcap 文件的离线专家分析。随着大数据技术的不断进步，对于大量历史数据的分析技术越来越普及，很多新的分析方法和分析思路都建立在大数据分析理论基础之上。在这种环境下将 Zeek 的输出与数据分析系统结合起来就成为用好 Zeek 的必经之路。

Zeek 的这种短板并不是其能力不足，而是其专注的领域不在于此。阅读完本节后读者就可以发现，Zeek 在功能上已经考虑了数据分析系统的可集成性，并提供了对应的功能。只不过相较于专业的数据分析系统来说，Zeek 更聚焦在网络流量流域。

本节通过引入 Elastic 来介绍如何基于 Zeek 构建一个可视化的数据分析系统。选用 Elastic 一方面是由于其本身的开源属性，系统安装包及源代码都可以免费在线获取，而且 Elastic 对应的开源社区非常活跃，有关的问题较容易找到答案并且相关学习资料也较为丰富；另一方面 Elastic 已经将 Zeek 作为其标准数据源之一进行了集成，提供了使用 Zeek 的模块及可视化模板。在不用深入了解 Elastic 的基础上就可以先快速地将系统构建起来。

本节的示例由 Elastic 中的 Filebeat、Elasticsearch、Kibana 这 3 个组件构成。其中 Filebeat 组件提供将 Zeek 日志持续导入到 Elasticsearch 组件的功能，Elasticsearch 组件起到数据存储及检索分析的作用，而 Kibana 组件则用于提供可视化的前端显示界面。示例的具体网络架构如图 5.4 所示，在安装 Zeek 的主机上安装 Filebeat 组件形成 Zeek-with-Filebeat 主机，在另一台虚拟机上安装 Elasticsearch 及 Kibana 组件形成 Elasticsearch-with-Kibana 主机，两台主机通过内部网络相互通信。需要注意的是由于 Elastisearch 以及 Kibana 组件对虚拟机性能要求较高，建议给 Elasticsearch-with-Kibana 主机配置 4 个处理器核心以及 8192MB 内存。

安装过程首先需要在 Elasticsearch-with-Kibana 主机上安装 Elasticsearch 组件，通过终端执行 curl -L -O https://artifacts.elastic.co/downloads/elasticsearch/elasticsearch-7.13.2-amd64.deb 命令下载安装包到当前工作目录（在编写此书时的最新版本是 7.13.2），然后

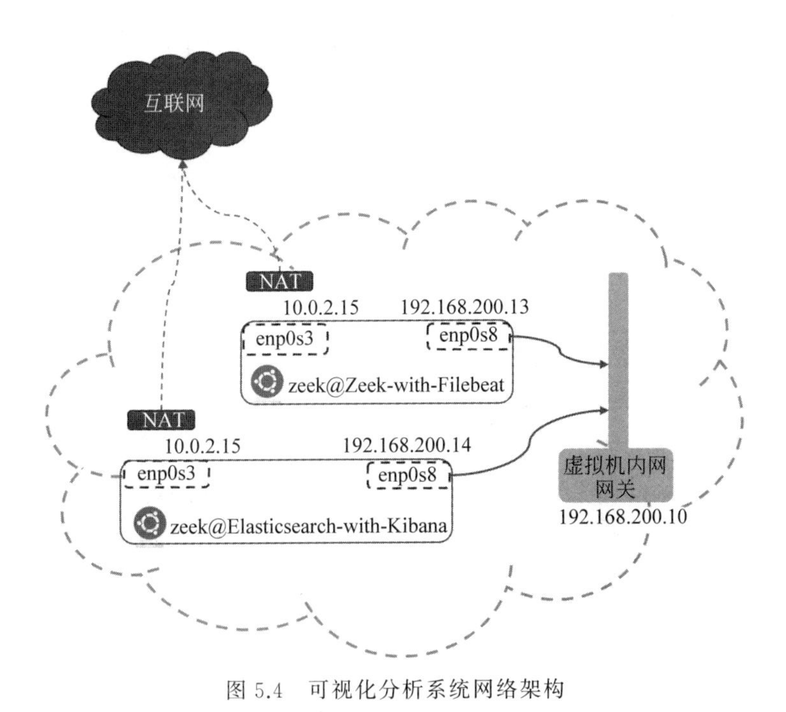


图 5.4 可视化分析系统网络架构

执行 sudo dpkg -i elasticsearch-7.13.2-amd64.deb 命令进行安装，过程如下所示。

```
zeek@Elasticsearch-with-Kibana:~$
zeek@Elasticsearch-with-Kibana:~$ curl -L -O https://artifacts.elastic.co/
downloads/elasticsearch/elasticsearch-7.13.2-amd64.deb
  % Total    % Received % Xferd  Average Speed   Time    Time     Time
  Current
                                 Dload  Upload   Total   Spent    Left  Speed
100  312M  100  312M    0     0  7065k      0  0:00:45  0:00:45 --:--:-- 10.5M
zeek@Elasticsearch-with-Kibana:~$
zeek@Elasticsearch-with-Kibana:~$ ls
Desktop    Downloads                         Music     Public     Videos
Documents  elasticsearch-7.13.2-amd64.deb  Pictures  Templates
zeek@Elasticsearch-with-Kibana:~$
zeek@Elasticsearch-with-Kibana:~$ sudo dpkg -i elasticsearch-7.13.2-
amd64.deb
[sudo] password for zeek:
Selecting previously unselected package elasticsearch.
(Reading database ... 166898 files and directories currently installed.)
Preparing to unpack elasticsearch-7.13.2-amd64.deb ...
Creating elasticsearch group... OK
Creating elasticsearch user... OK
Unpacking elasticsearch (7.13.2) ...
```

```
Setting up elasticsearch (7.13.2) ...
Created elasticsearch keystore in /etc/elasticsearch/elasticsearch.keystore
Processing triggers for systemd (245.4-4ubuntu3.6) ...
zeek@Elasticsearch-with-Kibana:~$
```

安装完成 Elasticsearch 组件后编辑其配置文件/etc/elasticsearch/elasticsearch.yml，调整以下几个配置项。

```
cluster.name: ZEEK
node.name: zeek-1
node.attr.rack: r1
network.host: 0.0.0.0
http.port: 9200
cluster.initial_master_nodes: ["zeek-1"]
```

这里将 network.host 修改为 0.0.0.0 可以使 Elasticsearch 组件接受所有外部的连接请求。在正式系统中上述配置可能带来安全性风险，故建议在正式系统中将其修改为实际需要连接的主机 IP 地址。配置文件修改完成后执行 sudo /etc/init.d/elasticsearch start 命令启动 Elasticsearch 服务。若启动后通过浏览器访问 http://127.0.0.1:9200 可打开如图 5.5 所示的页面，则表示安装启动成功。

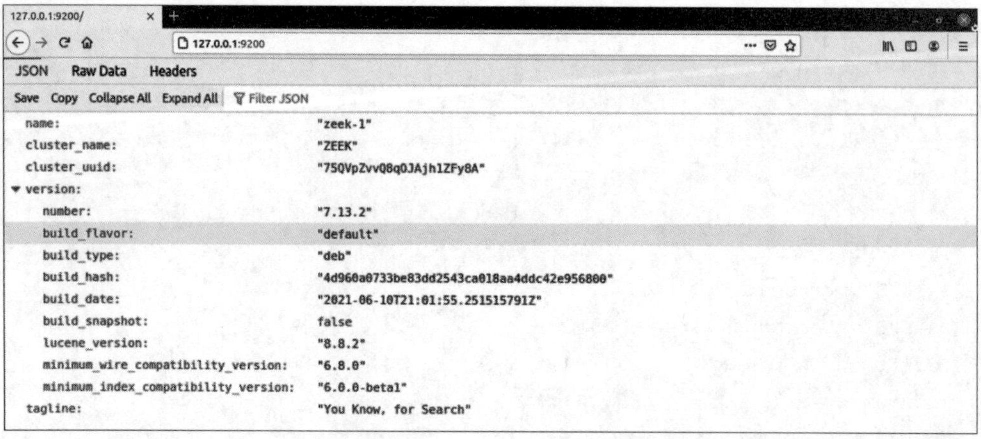

图 5.5 验证 Elasticsearch 安装

接下来在 Elasticsearch-with-Kibana 主机上安装 Kibana 组件，在终端执行 curl -L -O https://artifacts.elastic.co/downloads/kibana/kibana-7.13.2-linux-x86_64.tar.gz 命令下载程序包到当前工作目录。解压缩后修改配置文件./kibana-7.13.2-linux-x86_64/config/kibana.yml，调整以下两个配置项。

```
server.host: 0.0.0.0
server.port: 5601
```

需注意这里的 server.host 配置项为方便依然填写 0.0.0.0，正式环境下需要与刚才 Elasticsearch 组件的 network.host 配置项配置一样修改为真正需要连接的 IP 地址。

配置修改完成后在终端执行./kibana-7.13.2-linux-x86_64/bin/kibana 命令启动 Kibana 服务，若启动后通过浏览器访问 http://127.0.0.1:5601 可打开如图 5.6 所示的 Kibana 欢迎页面，说明安装启动成功。

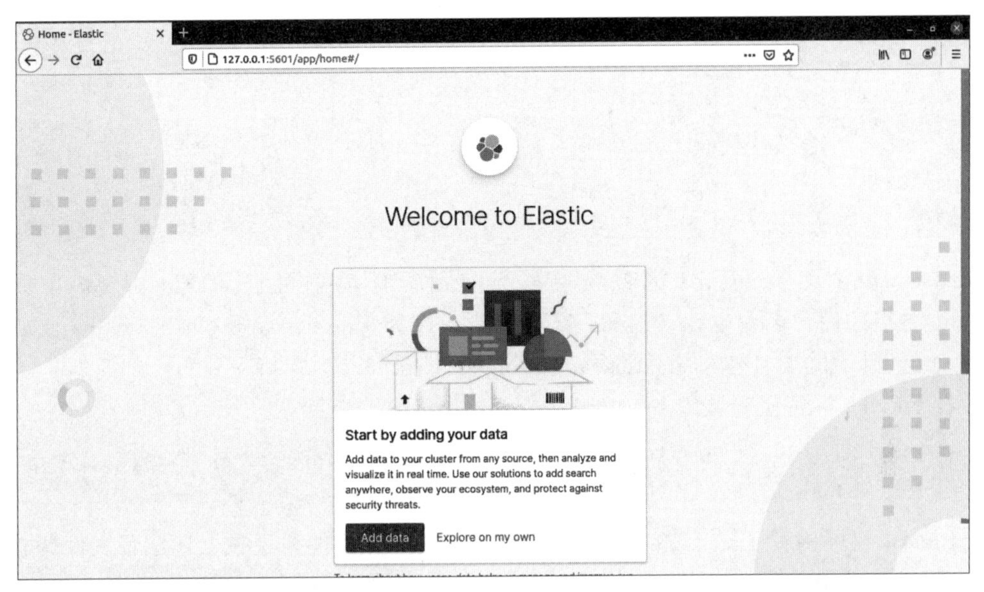


图 5.6 验证 Kibana 安装

最后在 Zeek-with-Filebeat 主机上安装 Filebeat 组件。在终端执行 curl -L -O https://artifacts.elastic.co/downloads/beats/filebeat/filebeat-7.13.2-amd64.deb 命令下载安装包，然后执行 sudo dpkg -i filebeat-7.13.2-amd64.deb 命令进行安装，具体过程如下所示。

```
zeek@Zeek-with-Filebeat:~$ curl -L -O https://artifacts.elastic.co/
downloads/beats/filebeat/filebeat-7.13.2-amd64.deb
  % Total    % Received % Xferd  Average Speed   Time    Time     Time
  Current
                                 Dload  Upload   Total   Spent    Left  Speed
100 34.6M  100 34.6M    0     0  4881k      0  0:00:07  0:00:07 --:--:-- 8172k
zeek@Zeek-with-Filebeat:~$
zeek@Zeek-with-Filebeat:~$ ls
Desktop    Downloads                    Music     Public     tmp
Documents  filebeat-7.13.2-amd64.deb  Pictures  Templates  Videos
zeek@Zeek-with-Filebeat:~$ sudo dpkg -i filebeat-7.13.2-amd64.deb
[sudo] password for zeek:
Selecting previously unselected package filebeat.
(Reading database ... 173720 files and directories currently installed.)
```

```
Preparing to unpack filebeat-7.13.2-amd64.deb ...
Unpacking filebeat (7.13.2) ...
Setting up filebeat (7.13.2) ...
Processing triggers for systemd (245.4-4ubuntu3.6) ...
zeek@Zeek-with-Filebeat:~$
```

修改 Filebeat 组件的配置文件/etc/filebeat/filebeat.yml，在 Elasticsearch Output 配置段调整以下配置项。

```
hosts: ["192.168.200.14:9200"]
username: "zeek"
password: "123456"
```

其中 username 及 password 配置项填写当前运行环境下可登录 Elasticsearch-with-Kibana 主机的用户名及密码。hosts 配置项则调整为 Elasticsearch-with-Kibana 主机的 IP 地址与端口号(端口号与 elasticsearch.yml 中 http.port 应保持一致)。

在 Kibana 配置段中调整 host 配置项。

```
host: 192.168.200.14:5601
```

Elastic 已经内置了对于 Zeek 的支持，对于 Filebeat 组件来说在上述配置文件调整完成后，在终端执行 sudo filebeat modules enable zeek 命令就可以启用其对于 Zeek 的支持。启用后调整/etc/filebeat/modules.d/zeek.yml 配置文件，将常见日志类型的 enabled 字段调整为 true，如下所示。

```
 1 # Module: zeek
 2 # Docs: https://www.elastic.co/guide/en/beats/filebeat/7.13/filebeat-
  module-zeek.html
 3
 4 - module: zeek
 5   capture_loss:
 6     enabled: true
 7   connection:
 8     enabled: true
 9   dce_rpc:
10     enabled: false
11   dhcp:
12     enabled: true
13   dnp3:
14     enabled: false
15   dns:
16     enabled: true
17   dpd:
```

```
18      enabled: false
19    files:
20      enabled: true
21    ftp:
22      enabled: true
23    http:
24      enabled: true
25    intel:
26      enabled: false
27    irc:
28      enabled: false
29    kerberos:
30      enabled: false
31    modbus:
32      enabled: false
33    mysql:
34      enabled: false
35    notice:
36      enabled: true
37    ntp:
38      enabled: false
39    ntlm:
40      enabled: false
41    ocsp:
42      enabled: false
43    pe:
44      enabled: true
45    radius:
46      enabled: false
47    rdp:
48      enabled: false
49    rfb:
50      enabled: false
51    signature:
52      enabled: false
53    sip:
54      enabled: false
55    smb_cmd:
56      enabled: false
57    smb_files:
58      enabled: false
59    smb_mapping:
60      enabled: false
```

```
61  smtp:
62    enabled: false
63  snmp:
64    enabled: false
65  socks:
66    enabled: false
67  ssh:
68    enabled: true
69  ssl:
70    enabled: true
71  stats:
72    enabled: true
73  syslog:
74    enabled: false
75  traceroute:
76    enabled: false
77  tunnel:
78    enabled: false
79  weird:
80    enabled: true
81  x509:
82    enabled: true
83
84    # Set custom paths for the log files. If left empty,
85    # Filebeat will choose the paths depending on your OS.
86    #var.paths:
```

这里选择只将部分常见日志类型调整为 true，具体选择标准用户可根据分析的流量情况自行调整。zeek.yml 配置文件调整完成后还需要执行 sudo ln -s /home/zeek/tmp/ /var/log/bro/current 命令将当前环境下 Zeek 实际生成日志的目录与/var/log/bro/current 目录建立一个连接，这个操作的目的是兼容老版本的 Zeek。Elastic 官方说明中提到其内置的 Zeek 模块支持是基于 Zeek 2.6 版本开发的，所以日志文件也都是基于老版本 Zeek 程序的路径读取的。在这里建立连接就可以解决当前使用的 4.0 版本与 2.6 版本的路径差异问题。

上述步骤完成后在终端执行 sudo filebeat setup 命令启动 Filebeat 组件的自动配置工作，然后执行 sudo service filebeat start 命令启动 Filebeat 组件，过程如下所示。

```
zeek@Zeek-with-Filebeat:~$
zeek@Zeek-with-Filebeat:~$ sudo filebeat setup
Overwriting ILM policy is disabled. Set `setup.ilm.overwrite: true` for
enabling.
```

```
Index setup finished.
Loading dashboards (Kibana must be running and reachable)
Loaded dashboards
Setting up ML using setup --machine-learning is going to be removed in 8.0.0.
Please use the ML app instead.
See more: https://www. elastic. co/guide/en/machine - learning/current/
index.html
Loaded machine learning job configurations
Loaded Ingest pipelines
zeek@Zeek-with-Filebeat:~$ sudo service filebeat start
zeek@Zeek-with-Filebeat:~$
```

Filebeat 组件成功启动后整个示例环境基本就构建完成了。最后只需要在设定的工作目录/home/zeek/tmp 下执行 sudo zeek -i enp0s3 -C policy/tuning/json-logs 命令启动 Zeek 主程序，并通过浏览器访问外部网页制造网络流量。这里启动 Zeek 时指定加载 policy/tuning/json-logs.zeek 脚本，该脚本的功能是将 Zeek 输出的日志格式调整为 JSON 格式以适配 Elastic 系统。一条 JSON 格式的 conn.log 日志如下所示。


```
{ "ts":1624876089.299965,
"uid":"CojoaR2yqwfudh0eg7",
"id.orig_h":"10.0.2.15",
"id.orig_p":38390,
"id.resp_h":"113.105.172.33",
"id.resp_p":443,
"proto":"tcp",
"duration":0.04484915733337402,
"orig_bytes":0,
"resp_bytes":0,
"conn_state":"RSTO",
"local_orig":true,
"local_resp":false,
"missed_bytes":0,
"history":"ShR",
"orig_pkts":2,
"orig_ip_bytes":100,
"resp_pkts":1,
"resp_ip_bytes":44 }
```


Zeek 主程序启动并产生日志之后打开如图 5.6 所示的 Kibana 主页，选择 Add data 选项，然后在数据源中选择 Zeek logs 选项，在接下来页面的 Module status 中单击右侧的 Check data 按钮，如果前述步骤一切正常此时可以看到提示，即已经收到数据，如图 5.7 所示。

接下来单击 Zeek Overview 按钮即可打开 Kibana 组件已经配置好的数据分析视图，如图 5.8 所示。整个视图中包含了 IP 地理位置、网络协议分布、域名解析及访问排名、实

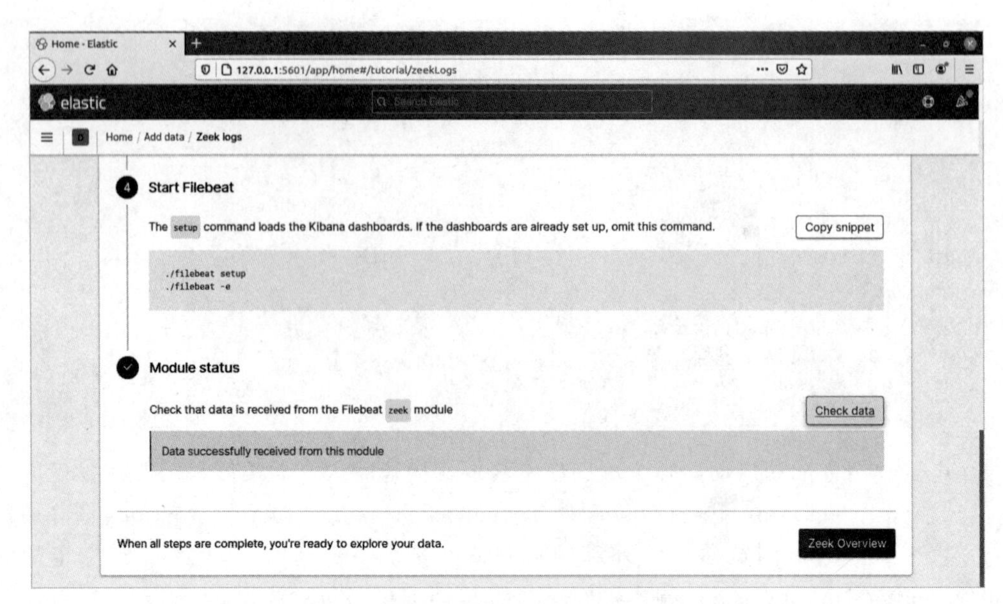


图 5.7　数据接收成功

时流量峰值等多种信息。但此时视图中的 Network Application 以及 Network Traffic Direction 这两个图表还无法正常显示，还需要对系统做微调。

Network Application 图表显示不正常是由于 Zeek 版本差异所致，新版本 Zeek 日志中取消了对应的 application 字段，需要将其替换为其他字段。单击视图中右上角的 Edit 按钮进入编辑模式，然后单击待编辑图表右上角的齿轮按钮，并选择 Edit Visualization 菜单项，如图 5.9 所示。接下来在页面中选择需要调整的字段，这里把 network.application 替换为 network.protocol。替换字段后图表即可正常展示应用层协议相关分布数据，如图 5.10 所示。

读者也可以通过上述方式对其他图表的名称、字段等进行调整，以使其满足不同的需求。

Network Traffic Direction 展示的是流量方向相关的数据。4.4.2 节及 5.1 节中都介绍了 Zeek 中流量方向的概念以及使用方法，读者可以自行尝试解决。

微调完成后，一个基于网络流量的数据分析体系雏形就构建起来了。在此基础上读者一方面可以选择继续深入研究 Zeek，使其能够输出更详细、更有针对性的分析日志；另一方面也可以选择先学习了解 Elastic 系统，使其能对已有日志进行更深入的分析及更直观的展示。无论哪个方面这些知识对于打造一个完整有效的网络流量分析体系来说都是必不可少的。

Elastic 系统作为业界流行的数据分析方案之一，其提供的能力和用法非常丰富，在这里就不详细介绍了。读者可以自行查阅互联网上的相关主题或是访问 Elastic 系统的官网 https://www.elastic.co/查看相关内容。

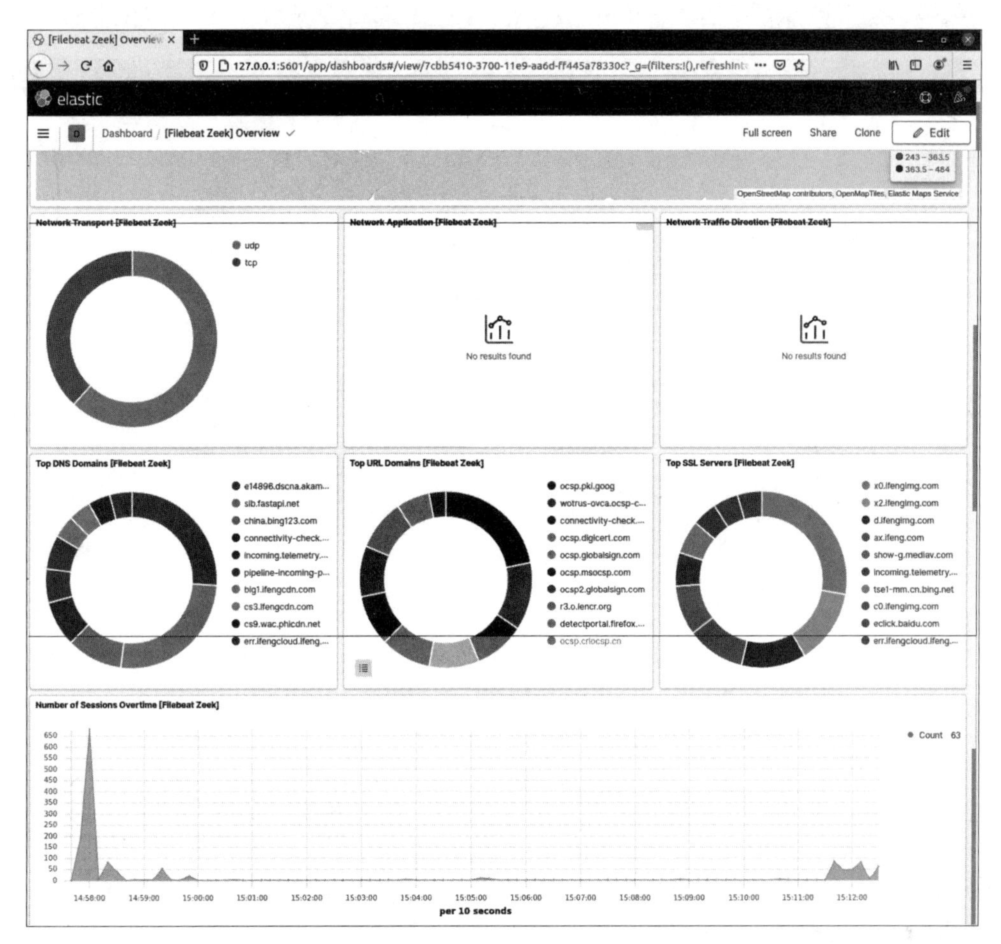

图 5.8 Zeek 数据分析 Dashboard

图 5.9 编辑图例

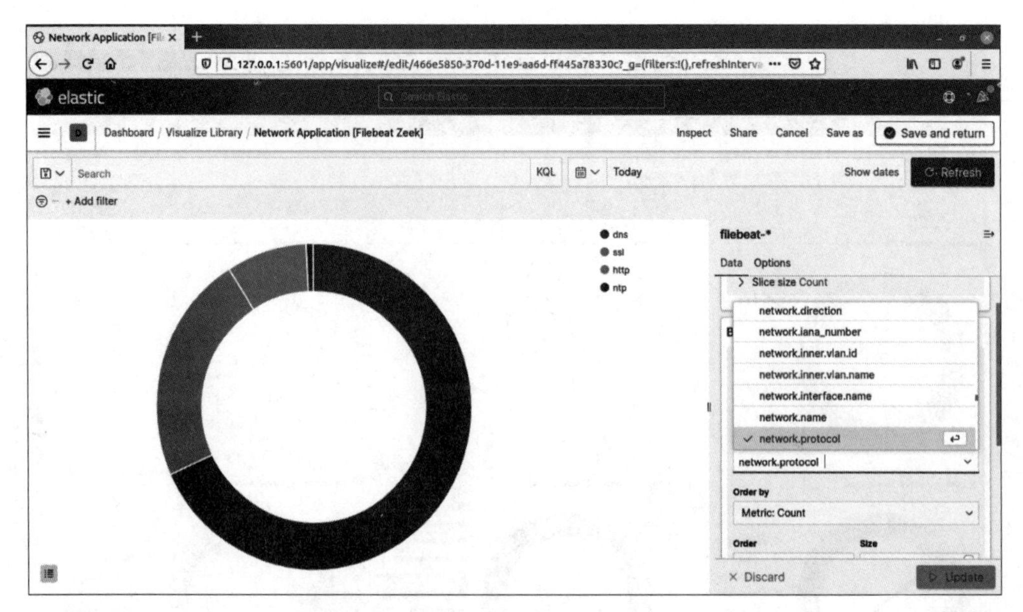


图 5.10　调整统计字段

## 5.7　经验与总结

本章通过 6 个不同的示例向读者展示了 Zeek 的基本能力。当然，正如在本章开头提到的那样，这些示例均基于 Zeek 提供的内置脚本，读者在仅熟悉 Zeek 基础使用方法的前提下就可以理解并实现。实际上 Zeek 提供的内置脚本仅代表了其功能的极小一部分，绝大多数的功能都需要用户自行编写脚本实现。本书后半部分的重点也在于此。

另外需要提到的是，5.6 节可视化分析系统示例中之所以选取 Elastic，其中一个非常重要的原因是其 Kibana 组件能够快速提供可视化的功能。在绝大多数组织中，信息安全都是处于只花钱不挣钱的状态。那么如何向非专业的组织高层进行工作汇报，从而避免被打上“吃干饭”的标签，就成为了信息安全工作的一个重要组成部分。在这种情况下可视化的重要性就凸显出来了，通过图形化的展示可以让非专业人员更容易接受需要表达的内容。这完全不需要什么理论证明，读者只需要比对 5.1 节和 5.6 节，即便是专业人员也会觉得 5.6 节中的图表比 5.1 节中 zeek-cut 工具的输出看起来要更“亲民”一些。从纯粹的技术角度来说，可视化图表解决不了信息安全问题，但可以让信息安全工作获得更多支持，使工作更顺畅。信息安全从业者应该知道信息安全工作是一场持久的非对称战争，在这场战争中安全从业者不仅要考虑如何获得一次胜利，还要考虑如何获得必要的资源和支持以保持长久的胜利。

# 进 阶 篇

知者行之始，行者知之成。

——《传习录》

# 第 6 章　Zeek 脚本

从本章开始会详细介绍 Zeek 脚本的语法及相关编程内容。Zeek 脚本实际上是一种建立在 C++ 语言基础上的解释性语言，即编写的 Zeek 脚本代码在执行时会被 Zeek 主程序以文本的形式读取，然后翻译成对应的 C++ 代码逻辑并执行。正因为 Zeek 脚本最终会解释为 C++ 代码逻辑，所以其书写格式及语法基本上是从 C++ 语言演化出来的，学习过 C++ 语言的读者相对比较容易掌握和使用 Zeek 脚本。另外由于 Zeek 脚本并非一种通用性编程语言，所以其不适合作为学习编程的入门语言。因此本章在介绍 Zeek 脚本时，默认读者有至少一种编程语言的知识储备，不再展开介绍很多编程语言上通用的概念及方法，并且在介绍 Zeek 脚本语言时会采用代码示例为主、文字解释为辅的方式。没有任何编程基础的读者在阅读本章时建议先学习一门编程语言或自学这些概念。

## 6.1　"Hello World!"程序

与其他编程语言的介绍过程相似，本节也先以一个"Hello World!"程序作为了解学习 Zeek 脚本的开始。使用任意文本编辑器创建文件 HelloWorld.zeek 并写入如下代码。

```
1.  #打印 Hello World!
2.  event zeek_init()
3.  {
4.      local str : string = "Hello World!";
5.      print str;
6.  }
```

保存脚本文件退出文本编辑器后，在终端下使用 zeek 命令执行脚本，即可看到打印输出如下内容。

```
zeek@standalone:~/tmp$
zeek@standalone:~/tmp$ ls
HelloWorld.zeek
zeek@standalone:~/tmp$
zeek@standalone:~/tmp$ zeek HelloWorld.zeek
Hello World!
zeek@standalone:~/tmp$
```

Zeek脚本与其他许多编程语言的第一个不同点就是没有类似main()函数这样的入口函数，这与Zeek脚本的特定用途有关。在第2章介绍Zeek功能架构时提到过，Zeek脚本的执行是与事件联系在一起的，这点在脚本编程上的体现就是Zeek脚本不需要入口函数，所有代码逻辑的唯一目的是为Zeek产生的各种事件提供分析逻辑。以上述"Hello World!"程序为例，通用类编程语言的基本编程逻辑是"运行后打印Hello World！字符串"，而Zeek脚本的编程逻辑则是"当特定事件发生时打印Hello World！字符串"。上述代码监听的特定事件就是zeek_init，也就是Zeek的启动事件。

同样上述代码也可以写成下面的形式，将zeek_init事件替换为zeek_done事件，这样就变成了在Zeek主程序结束退出时，打印"Hello World!"字符串，读者可以自行尝试两种方式。

```
1. #打印 Hello World!
2. event zeek_done()
3. {
4.     local str : string = "Hello World!";
5.     print str;
6. }
```

读者在尝试zeek_done事件打印"Hello World!"时可能无法看出zeek_init与zeek_done这两个事件的区别。这是因为使用zeek HelloWorld.zeek命令启动Zeek主程序时并没有指定监听的接口，Zeek主程序载入脚本后就马上进入结束退出状态了，所以从打印效果看其与使用zeek_init事件没有区别。但如果改用zeek -i enp0s3 -C HelloWorld.zeek命令，那么就很容易可以看出两者的区别了。

## 6.2 基本语法

接下来对6.1节的"Hello World!"脚本代码进行逐行解读，首先是第1行"#打印Hello World!"。Zeek脚本语法中#号后的所有本行内容属于注释，在脚本被实际解释执行时注释内容会被忽略掉。如果注释内容需要多行，则每行都必须以#号开头。

接下来一行"event zeek_init()"使用event关键字定义了一个针对zeek_init事件的处理函数。需要注意的是zeek_init并不是事件处理函数的名字，而是事件的名字。zeek_init事件是Zeek内置的几种与协议无关的事件之一。顾名思义，zeek_init事件在每次启动Zeek主程序时都会触发。

接下来使用"{ }"包裹起来的代码块，是对zeek_init事件的具体处理逻辑。代码第4行通过local关键字定义了一个名称为str、类型为string(字符串)的局部变量，并通过"="将字符串"Hello World!"赋值给变量str，分号表示该语句的结束。代码第5行中使用了关键字print将变量str的值打印输出。这里需要注意的是print关键字在Zeek脚本中属于语句(statements)而不是函数(function)。

上述"Hello World!"程序中使用了event、local以及string这3个关键字。这些关键字在 Zeek 脚本中属于保留关键字，代码中的变量或函数名等标识符不得与保留关键字相同，否则会出现语法错误。Zeek 脚本中的保留关键字如下所示。

| int | count | double | bool | string | enum |
|---|---|---|---|---|---|
| table | set | vector | record | time | interval |
| pattern | port | addr | subnet | file | opaque |
| function | event | hook | any | module | export |
| global | const | option | type | redef | local |
| add | delete | copy | print | for | while |
| next | if | switch | break | fallthrough | when |
| schedule | return | （所有内置事件名称） | | | |

Zeek 脚本的语法也在随着版本更迭不断地演进当中。笔者之前使用的 Zeek 3.x 版本中所有的内置事件名称并未被作为保留关键字，开发者可以定义名称为 zeek_init 的变量，但是 4.x 版本新增了将内置事件作为保留关键字的特性，上述行为会导致运行报错。为避免编写的脚本出现此类问题，建议在编写 Zeek 脚本时尽量遵循一个标准编程语言的编程规范，不要利用一些 Zeek 脚本解析器的缺陷或漏洞，这样编写出来的脚本才能更好地兼容不同版本的 Zeek 主程序。这也是在本章开篇提醒读者先有一门通用编程语言的经验后再来看 Zeek 脚本编程的原因，Zeek 脚本语法设计得非常有针对性，这使其很适合做流量分析，但却少了很多通用型语言的一般性限制。

除不能与保留关键字相同外，Zeek 脚本中的标识符命名还需要以字母 A-Z 或 a-z 或下画线“_”作为开始，后跟零个或多个字母、下画线或数字(0～9)。另外 Zeek 脚本中的标识符是区分大小写的，如 xyz 与 xYz 是两个不同的标识符。

除了每条语句必须以分号结束外，Zeek 脚本对于代码的缩进及其他格式并没有特别严格的要求，另外除了空格及制表之外，换行同样能被视为一条语句的缩进，这点在其他编程语言中非常少见。例如，如下代码是可以正常运行的。

```
1.  event
2.  zeek_init
3.  ()
4.  {local str
5.  : string =
6.  "Hello World!";print str;}
```

在实际编写 Zeek 脚本代码时建议仿照其内置脚本的缩进及习惯写法，避免给脚本的后续开发及阅读制造障碍。

## 6.3 运算符(operator)

Zeek脚本作为一种图灵完备的编程语言，其内置的运算符与绝大多数通用编程语言类似。但需要注意的是，Zeek脚本对于运算符所适用的数据类型另有特殊的规则，特别是针对pattern、addr、port等Zeek脚本特有的数据类型，部分运算符的意义及使用方式会发生变化。例如，在Zeek脚本中“| |”作为算术运算符的意义是取绝对值，但如果操作数为set时则其变为了取其中的元素个数，如果操作数为string类型时则其变为取字符串中的字符个数。

本节仅介绍Zeek脚本语言中运算符在一般意义上的作用，至于针对特定数据类型时特定运算符的特殊作用则会放到介绍该数据类型时再进行说明。

### 6.3.1 算术运算符

如表6.1所示为Zeek脚本支持的算术运算符。表中假设有“local x : int = 20; local y : int = −10;”。

表6.1 Zeek脚本支持的算术运算符

| 名称 | 运算符 | 示例 |
|---|---|---|
| 加 | + | “print x + y;”结果为10<br>“print +x;”结果为20<br>“print +y;”结果为−10 |
| 减 | − | “print x − y;”结果为30<br>“print −x;”结果为−20<br>“print −y;”结果为10 |
| 乘 | * | “print x * y;”结果为−200 |
| 除 | / | “print x / y;”结果为−2 |
| 取余 | % | “print x % y;”结果为0 |
| 自加 | ++ | “print ++x;”结果为21<br>“print ++y;”结果为−9 |
| 自减 | −− | “print −−x;”结果为19<br>“print −−y;”结果为−11 |
| 绝对值 | \| \| | “print \|x\|;”结果为20<br>“print \|y\|;”结果为10 |

Zeek脚本中的++与−−运算符仅支持++x或−−x的写法，x++或x−−的写法会触发语法错误。另外需要注意的是，Zeek脚本在表达式解析方面并未采取常用的“贪心法”，即如++x+++y的写法会产生语法错误，而++x+(++y)则可以正常执行。

### 6.3.2 逻辑运算符

如表6.2所示为Zeek脚本支持的逻辑运算符。Zeek脚本使用常量T代表真，使用常量 F 代表不为真(假)。表中假设有“local b1 : bool = T; local b2 : bool = F;”。

表 6.2 Zeek 脚本支持的逻辑运算符

| 名称 | 运算符 | 示例 |
|---|---|---|
| 逻辑与 | && | “print b1 && b2;”结果为 F |
| 逻辑或 | \|\| | “print b1 \|\| b2;”结果为 T |
| 逻辑非 | ! | “print ! b1;”结果为 F<br>“print ! b2;”结果为 T |

需要注意的是逻辑运算符的操作数类型必须是 bool(boolean,布尔)类型,使用其他类型在运行时会触发错误。

### 6.3.3 关系运算符

如表 6.3 所示为 Zeek 脚本支持的关系运算符,表中假设有“local x : int = 20; local y : int = -10;”。

表 6.3 Zeek 脚本支持的关系运算符

| 名称 | 运算符 | 示例 |
|---|---|---|
| 判等于 | == | “print x == y;”结果为 F |
| 判不等于 | != | “print x ! = y;”结果为 T |
| 小于 | < | “print x < y;”结果为 F |
| 小于或等于 | <= | “print x <= y;”结果为 F |
| 大于 | > | “print x > y;”结果为 T |
| 大于或等于 | >= | “print x >= y;”结果为 T |

所有关系运算符的计算结果均为 bool 类型。除典型的如整型、浮点型等数字类型可使用关系运算符以外,Zeek 脚本特有的 interval、time、port、addr、set 等类型也都适用关系运算符,在介绍相关类型时会对此进行详细说明。

### 6.3.4 位运算符

如表 6.4 所示为 Zeek 脚本支持的位运算符,Zeek 脚本中位运算符仅适用于 count 类型或 vector of count(但 vector of count 不支持下表中的“~”运算符)。表中假设有“local x : count = 0x55; local y : count = 0xAA;”。

表 6.4 Zeek 脚本支持的位运算符

| 名称 | 运算符 | 示例 |
|---|---|---|
| 与 | & | “print x & y;”结果为 0,也即 0x00 |
| 或 | \| | “print x \| y;”结果为 255,也即 0xFF |

续表

| 名　称 | 运 算 符 | 示　例 |
| --- | --- | --- |
| 异或 | ^ | “print x ^ y;”结果为 255,也即 0xFF |
| 取反 | ～ | “print fmt(“0x%x”, ～x);”结果为 0xffffffffffffffaa<br>“print fmt(“0x%y”, ～y);”结果为 0xffffffffffffff55 |

表 6.4 中引入的 fmt()函数是 Zeek 脚本提供的内置函数之一,其主要用于格式化字符串。由于位运算符的计算结果为 count 类型,此时如果直接使用“print ～x;”或“print ～y;”则实际输出结果将为一个很长的十进制数字,不容易说明位运算的作用,所以这里使用 fmt()函数将输出结果格式化为十六进制表示。

另外从“print fmt(“0x%x”, ～x);”语句的输出结果也可以看到 count 类型的长度为 64 位。

### 6.3.5 赋值运算符

如表 6.5 所示为 Zeek 脚本支持的赋值运算符,表中假设有“local x : int = 20; local y : int = －10;”。

**表 6.5 Zeek 脚本支持的赋值运算符**

| 名　称 | 运 算 符 | 示　例 |
| --- | --- | --- |
| 等于 | = | “x = y; print x;”结果为－10 |
| 加等于 | += | “x+=y; print x;”结果为 10 |
| 减等于 | -= | “x-=y; print x;”结果为 30 |

需要注意的是,Zeek 脚本中仅有+=以及-=两种用法,其他编程语言中还有的*=、/=、&=等写法均不被支持,如果使用会触发运行时错误。

### 6.3.6 其他运算符

如表 6.6 所示为 Zeek 脚本支持的其他运算符,这些运算符基本上都与特定的数据类型相关。在这里先简要描述这些运算符的功能,待介绍到具体数据类型时再详细进行说明。

**表 6.6 Zeek 脚本支持的其他运算符**

| 名　称 | 运算符 | 示　例 |
| --- | --- | --- |
| record 成员访问 | $ | 假设有“local r1 : record{x: count;y: count;}; r1$x = 10;”则“print r1$x;”结果为 10 |
| record 成员测试 | ?$ | “print r1?$x;”结果为 T,代表成员 x 已经赋值<br>“print r1?$y;”结果为 F,代表成员 y 还未赋值 |

续表

| 名　　称 | 运算符 | 示　　例 |
|---|---|---|
| 成员存在测试 | in | 假设有“local s1 : string = "Hello World!";”<br>则“print "h" in s1;”结果为 F<br>“print "H" in s1;”结果为 T<br>“print "h"!in s1;”结果为 T |
| 成员不存在测试 | !in | |
| table 或 vector 成员访问 | [ ] | 假设有“local s1 : string = "Hello World!";”<br>则“print s1[0], s1[1];”结果为 H, e<br>(string 类型可以看作是由单个字符组成的 vector) |
| 数据类型转换 | as | 假设有“local x : count = 10; local y : any = 20;”<br>则“print x is count;”结果为 T<br>“print y is count;”结果为 T<br>“x = y as count; print x;”结果为 20<br>注意此时如果直接写 x = y 则会触发语法错误 |
| 数据类型转换测试 | is | |
| 命名空间访问 | :: | “print GLOBAL::mime_segment_length;”结果为 1024 |
| 三目条件运算 | ?: | “print 20 > 10?20-10: 10-20;”结果为 10 |

表 6.6 中“print GLOBAL::mime_segment_length;”的 GLOBAL 关键字为 Zeek 默认命名空间。命名空间相关内容将在 6.9 节详细介绍。mime_segment_length 是定义在 init-bare.zeek 中的变量。

## 6.4 数据类型(types)

### 6.4.1 int、count、double 数据类型

int、count、double 是 Zeek 脚本提供的 3 种数字类型。其中 int 表示 64 位有符号整数，其常量的典型样式是以+或-开头的一串数字，如-32，+16。int 常量也可以写作以 0x 作为前缀的十六进制形式，如+0x55、-0xAA。在上述写法中+号可以被省略。

int 类型变量的声明、使用方式及常用运算的示例代码如下。

```
1.  event zeek_init()
2.  {
3.      local x = +8;
4.      local y = -8;
5.      local z : int;
6.
7.      print x + y, x - y, x * y, x/y, x%y, |y|, ++x, --y;
8.      print x == y, x != y, x < y, x <= y, x > y, x >= y;
9.
10.     z = x;
```

```
11.     print z, z += y, z -= y;
12. }
```

上述代码中需要注意以下两点。

(1) 代码第 3～4 行中"local x = +8; local y = -6;"语句分别定义了两个 int 类型变量 x 以及 y,并分别将其赋值为+8 及-8。Zeek 脚本支持类型推定特性,故可以根据后续赋值的情况来推测变量类型,上述定义形式等效于"local x : int = +8; local y : int = -6;"。

(2) 代码第 7 行中 int 类型在进行绝对值操作后会被隐式转换成 count 类型,也即有"print |-8| is int;"的结果为 F,而"print |-8| is count;"的结果为 T。

上述代码运行结果如下。

```
zeek@standalone:~/zeek-type$ zeek type-int.zeek
0, 16, -64, -1, 0, 8, 9, -9
F, T, F, F, T, T
9, 0, 9
zeek@standalone:~/zeek-type$
```

count 类型表示 64 位无符号整数,其常量的典型样式是一串数字,如 32、16。与 int 类型常量的不同之处在于 count 常量不需要+或-的前缀。同样 count 常量也可以写为以 0x 作为前缀的十六进制形式,如 0xAA。

count 类型变量的声明、使用方式及常用运算如下面代码示例所示。

```
1.  event zeek_init()
2.  {
3.      local x = 0x55;
4.      local y = 0xaa;
5.
6.      print fmt("0x%x, 0x%x, 0x%x, 0x%x", x&y, x|y, x^y, ~x);
7.  }
```

上述代码中需要注意以下两点。

(1) 代码第 3～4 行中 count 变量的声明形式与 int 变量一样,但需要注意不同常量的写法在使用类型推定时得出的变量类型是有区别的,例如,"local x = 8;"中 x 为 count 类型,而"local x = +8;"中 x 则为 int 类型。

(2) 代码第 6 行中对变量 x 的赋值是 0x55,但实际上存储的是 64 位长度的二进制数字,也即 0x0000000000000055。所以 x 取反操作后得到的并不是 0xaa,而是 0xffffffffffffffaa。

上述代码运行结果如下所示。

```
zeek@standalone:~/zeek-type$ zeek type-count.zeek
0x0, 0xff, 0xff, 0xffffffffffffffaa
zeek@standalone:~/zeek-type$
```

double 类型表示 64 位的浮点数，其常量的典型样式是一串带有小数点或使用科学计数法表示的数字，如 3.1415、－1234e0。与 int 类型以及 count 类型相同，通过类型推定也可以直接声明 double 类型的变量，如“local x = 3.14;”中 x 为 double 类型。

double 类型除不支持%、++及--运算符外，其他可用的运算符与 int 类型数据相同。

> 官方文档中将－1234 也作为了 double 类型常量的例子，但实际上“print (－1234) is double;”得到的结果为 F，这点请读者注意。

在一个表达式中同时涉及 int、count 以及 double 三种数据类型或其中两种时，同样也涉及通用型语言中的隐式类型转换问题。Zeek 脚本中隐式类型转换策略遵循 double 类型优先级大于 int 类型，而 int 类型优先级大于 count 类型的规则。即如果 count 类型与 int 类型同时出现则默认将其转换为 int 类型，int 类型与 double 类型同时出现时则默认将其转换为 double 类型。赋值语句的情况类似，如果出现 int 类型赋值给 count 类型则 Zeek 脚本会产生告警，提示有使用风险，而将 count 类型赋值给 int 类型则默认没有问题。下面代码显示了在隐式类型转换时 Zeek 脚本的一些行为。

```
1.  event zeek_init()
2.  {
3.
4.      local x = 8;
5.      local y = -8;
6.      local z = 8.0;
7.
8.      print x is count, y is int, z is double;
9.      print (x/y) is int, (x/z) is double, (y/z) is double;
10.     print (x - y) is int, (x - z) is double, (y - z) is double;
11.     print (x + y + z) is double, (x + y) is int, (x + x) is count;
12.
13.     x = y; print x is count;
14.     z = y; print z is double;
15. }
```

上述代码中需要注意的是，代码第 13 行中 int 类型赋值给 count 类型会造成运行时告警。

上述代码运行结果如下所示。

```
zeek@standalone:~/zeek-type$ zeek type-double.zeek
warning in ./type-double.zeek, line 13: dangerous assignment of integer to
count (x = y)
T, T, T
T, T, T
```

```
T, T, T
T, T, T
T
T
zeek@standalone:~/zeek-type$
```

还需要说明的一点是，对于数字类型都存在的溢出问题，Zeek脚本并未明确定义任何规则，也就是说用户不能假定任何发生溢出后的默认行为。例如“print 1－2;”的结果为18 446 744 073 709 551 615，而不是预期的－1，但“print (+1)－(+2);”的结果则是－1。针对这一点，在编程中应该提前考虑以预防发生溢出。

### 6.4.2 bool数据类型

Zeek脚本中的bool类型用来表达逻辑上的真与非真，如前所述其使用常量T代表真，常量F代表非真(假)。bool类型变量的声明、使用方式及常用运算如下面代码示例所示。

```
1.  event zeek_init()
2.  {
3.      local b1 : bool = T;
4.      local b2 = F;
5.
6.      print b1 == b2, b1 != b2;
7.      print b1 && b2, b1 || b2, !b1, !b2;
8.      print |b1|, |b2|;
9.
10.     print |b1| is count, |b2| is count;
11. }
```

上述代码中需要注意的是，代码第8行中bool类型变量可以使用绝对值| |操作，|T|的值为1而|F|的值为0，且为count类型。

上述代码运行结果如下所示。

```
zeek@standalone:~/zeek-type$ zeek type-bool.zeek
F, T
F, T, F, T
1, 0
T, T
zeek@standalone:~/zeek-type$
```

### 6.4.3 enum数据类型

Zeek脚本中的enum类型即枚举类型，枚举类型中的枚举值代表该枚举类型变量的可能取值。enum 类型变量的声明、使用方式及常用运算如下面代码示例所示。

```
1.  type COLOR: enum {BLACK, WHITE, BLUE};
2.
3.  event zeek_init()
4.  {
5.      local e1: COLOR = BLACK;
6.      local e2: COLOR = WHITE;
7.
8.      print |BLACK|, |WHITE|, |BLUE|;
9.      print e1, e2;
10.     print e1 == e2, e1 != e2;
11.     print |e1| is int, |e2| is int;
12. }
```

上述代码中需要注意以下两点。

(1) 代码第 1 行中 enum 关键字必须配合 type 关键字先定义具体枚举类型以及名称,然后再定义对应的枚举值并使用。6.5 节将会介绍到 type 关键字不能出现在 event、function、hook 定义的代码块内,所以 enum 关键字也必须符合 type 关键字的语法要求。

(2) 代码第 8 行中 enum 类型的每个枚举值实际上代表了其在初始化时的位置,例如,上述代码中 BLACK 作为第一个枚举值,|BLACK|的结果为 0。同理|WHITE|的结果为 1,|BLUE|的结果为 2。

> 需要注意的是,Zeek 官方文档中并未说明此特性,建议在编程时谨慎使用,不然有可能造成兼容性问题。

(3) 代码第 11 行中枚举值取绝对值后的结果为 int 类型。

上述代码运行结果如下所示。

```
zeek@standalone:~/zeek-type$ zeek type-enum.zeek
0, 1, 2
BLACK, WHITE
F, T
T, T
zeek@standalone:~/zeek-type$
```

enum 类型在 Zeek 脚本中还有两种特别用法,这两种用法在 Zeek 内置脚本的代码中频繁出现,所以有必要在此进行专门说明。第一个特殊用法是使用 redef 关键字可以向已定义的 enum 类型数据中添加枚举值,示例代码如下所示。

```
1.  type COLOR: enum {BLACK, WHITE, BLUE};
2.  redef enum COLOR += {RED};
```

```
3.
4.  event zeek_init()
5.  {
6.      local e : COLOR = RED;
7.
8.      print |RED|;
9.      print e;
10. }
```

上述代码中需要注意的是,代码第 2 行中使用 redef 关键字给已经定义的 COLOR 枚举数据中添加了一个枚举值 RED。这种针对枚举类型的用法在通用型编程语言中比较少见,但在 Zeek 脚本中其是作为标准用法出现的。关于 redef 关键字将在 6.8 节中详细介绍。

上述代码运行结果如下所示。

```
zeek@standalone:~/zeek-type$ zeek type-enum.zeek
3
RED
zeek@standalone:~/zeek-type$
```

> Zeek 脚本是一门专用的编程语言,其某些语法特性可能与通用型编程语言相悖。读者需要注意,一方面不要把 Zeek 脚本的特殊用法扩展到其他编程语言当中,另一方面也不必花时间深究 Zeek 脚本的语法特性是否合理。

enum 类型在 Zeek 中的第 2 个特别用法与 module 关键字有关,下面的代码对这个用法进行了展示。module 关键字在 6.5 节中会详细介绍,其主要作用为声明后面代码所属的模块,示例如下。

```
1.  module mymodule;
2.  type COLOR : enum {BLACK, WHITE, BLUE};
3.
4.  event zeek_init()
5.  {
6.      local e : COLOR = BLACK;
7.
8.      print e;
9.      print e == mymodule::BLACK;
10. }
```

从上述代码中可以看到,在模块中定义的 enum 类型中的枚举值实际上是带有模块名称前缀的。基于此特性,可以在不同模块中定义名称及枚举值均相同的枚举类型,之后使用时只需要给出模块前缀即可。代码运行结果如下所示。

```
zeek@standalone:~/zeek-type$ zeek type-enum-2.zeek
mymodule::BLACK
T
zeek@standalone:~/zeek-type$
```

### 6.4.4 string 数据类型

Zeek 脚本中的 string 类型即字符串类型，其常见的常量形式是用双引号包裹起来的一串 ASCII 字符，例如，"abc" "123"等。需要注意的是 Zeek 脚本中 string 常量并不支持分行书写，即一个字符串必须在同一行之内。

string 类型还可以用于表示二进制序列，例如，"\x8F\x9F\xAF"表示分别由 8F、9F、AF 这 3 个字节组成的二进制序列，\x 表示后续两位数字需要被转义为十六进制。在使用 print 语句输出 string 类型数据时，如果二进制序列在 ASCII 编码表中属于可打印字符，则输出对应字符，否则输出十六进制信息，如“print "\x61\x62\x63";”的输出为 abc，而“print "\x61\x62\xAF";”的输出则为 ab\xaf。除\x 外，string 类型数据支持的转义形式如表 6.7 所示。

表 6.7 string 类型数据支持的转义形式

| 写　法 | 意　义 |
|---|---|
| \xhh | \x 后 2 位为十六进制数字，“print "\xFF";”结果为 0xff |
| \ooo | \后为 1～3 位八进制数字，“print "\7";”结果为 0x07 |
| \n | 换行，“print "\n";”结果为 0x0a |
| \t | 横向制表符，“print "\t";”结果为 0x09 |
| \v | 纵向制表符，“print "\v";”结果为 0x0b |
| \b | 退格，“print "\b";”结果为 0x08 |
| \r | 回车，“print "\r";”结果为 0x0d |
| \f | 换页，“print "\f";”结果为 0x0c |
| \a | 响铃，“print "\a";”结果为 0x07 |
| \\ | 反斜杠，“print "\\";”结果为\ |

Zeek 脚本中 string 类型变量的声明、使用方式及常用运算示例代码如下所示。

```
1.  event zeek_init()
2.  {
3.      local s1 = "Hello";
4.      local s2 = "World!";
5.      local s3 : string;
6.  
7.      s3 = s1;
```

```
8.     print s3 += s2, s3 + s2;
9.     print s1 == s2, s1 != s2, s1 < s2, s1 <= s2, s1 > s2, s1 >= s2;
10.    print |s1|, |s2|;
11.    print "He" in s1, "He" !in s2;
12.
13.    print s1[0], s2[0], s1[-1], s2[-1];
14.    print s1[:2], s1[1:], s1[1:4];
15.    print s1[:], s1[-5:3];
16. }
```

上述代码中需要注意以下5点。

(1) 代码第3～4行中string类型变量声明同样支持类型推定。

(2) 代码第8行中string类型支持使用+或+=运算符进行字符串拼接操作。

(3) 代码第9行中string类型适用于所有关系运算。在使用关系运算符对比string类型变量时，比对基准为字符串的长度，也就是第10行中使用绝对值进行运算的结果。

(4) 代码第11行中string类型还可以使用in以及!in运算符来判断字符串中是否存在某个子串。

(5) 代码第13～15行中string类型变量支持切片式访问，通过[start:end]的形式可访问其中一段字符串。字符串有正负两套下标，其具体标识的位置如图6.1所示。在使用下标访问字符串的内容时，一方面需要注意仅能使用下标读取字符串中的某一段但不能对字符串进行修改，如"s1[0] = "h";"语句会触发运行时错误，另一方面需要注意的是使用两个下标定位一段子字符串时，左下标对应的位置一定要比右下标更靠近字符串头部，否则输出为空。例如，"print "Hello" [0:3];"结果为Hel，但"print "Hello" [3:0];"结果为空。另外在下标中有负值的情况时Zeek的处理逻辑比较特别，采用将下标中负值与字符串长度相加的方式来决定其实际代表的位置，例如，"print "Hello" [-5:-3];"结果与"print "Hello" [0:2];"的结果同样为He。而"print "Hello" [-3:-5];"等效于"print "Hello" [2:0];"，不符合上面说到的左下标必须更靠近字符串头部的规则，所以结果为空。

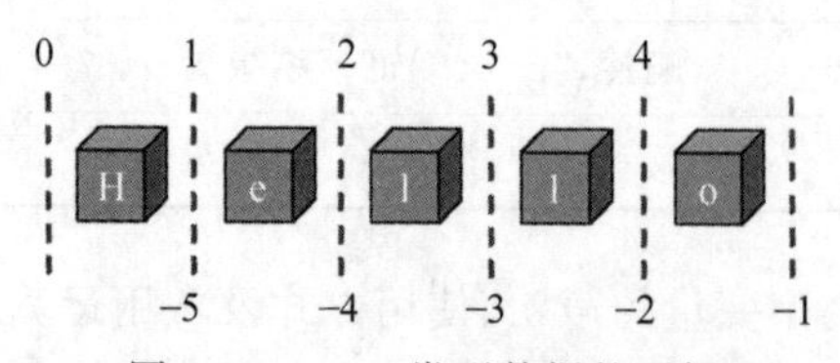


图6.1 string类型数据的下标

上述代码运行结果如下所示。

```
zeek@standalone:~/zeek-type$ zeek type-string.zeek
HelloWorld!, HelloWorld!World!
F, T, T, T, F, F
5, 6
```

```
T, T
H, W, o, !
He, ello, ell
Hello, Hel
zeek@standalone:~/zeek-type$
```

在使用时还需要注意的是，Zeek 脚本对 string 类型数据的下标访问超出实际边界这一情况并未做任何检测，例如，"print "Hello" [7];"的结果是一个空行，程序可正常启动并结束。这种默认行为在编写脚本代码时需要格外注意。

### 6.4.5 time、interval 数据类型

Zeek 脚本中 time 与 interval 数据类型用于表达和处理时间。time 数据类型没有常量形式，其变量的声明、使用方式及常用运算如下面代码示例所示。

```
1.  event zeek_init()
2.  {
3.      local t1 = current_time();
4.      local t2 = network_time();
5.      local t3 : time;
6.
7.      t3 = double_to_time(359683200);
8.
9.      print t1, t2, t3;
10.     print fmt("%DT", t1), fmt("%DT", t2), fmt("%DT", t3);
11.
12.     print t1 == t3, t1 != t3, t1 < t3, t1 <= t3, t1 > t3, t1 >= t3;
13.     print |t1|, |t2|, |t3|;
14.     print |t1| is double;
15. }
```

上述代码中需要注意以下两点。

（1）代码第 3、第 4、第 7 行中初始化 time 类型变量需要使用 Zeek 脚本的内置函数 double_to_time()、current_time()或 network_time()。

（2）代码第 9 行中 time 类型变量基于的是 UNIX 时间戳。

上述代码运行结果如下所示。

```
zeek@standalone:~/zeek-type$ zeek type-time.zeek
1626418914.916945, 1626418914.897527, 359683200.0
2021-06-06-15:01:54T, 2021-06-06-15:01:54T, 1981-05-26-08:00:00T
F, T, F, F, T, T
1626418914.916945, 1626418914.897527, 359683200.0
T
zeek@standalone:~/zeek-type$
```

interval 数据类型代表一段时间间隔，在 Zeek 脚本中其典型的常量形式是数字后接 usec、msec、sec、min、hr、day 等关键字代表的时间单位，数字与时间单位间允许有空格。例如，1.5 min 代表“1.5 分钟”，90sec 代表“90 秒”。interval 类型常量中的数字可以为负值，例如，－1day 代表一天之前，－24hr 代表 24h 之前。interval 类型常量中的时间单位也可以使用复数写法，例如，－24hr 与－24hrs 相同。interval 类型变量的声明、使用方式及常用运算示例代码如下所示。

```
1.  event zeek_init()
2.  {
3.      local i1 = 1.5 min;
4.      local i2 = -90secs;
5.      local i3 : interval;
6.
7.      print i1, i2;
8.
9.      print i1 == i2, i1 != i2, i1 < i2, i1 <= i2, i1 > i2, i1 >= i2;
10.
11.     i3 = i1 + i2;
12.     print i3, i3 += i1, i3 -= i2, -i2, +i2;
13.
14.     print i1/i2, (i1/i2) is double;
15.     print i1 * (-2), i1/3, i2 * (2.0), i2/(-3.0);
16.     print |i1|, |i1| is double, |50msec|, |100usec|;
17.
18. }
```

上述代码中需要注意以下 3 点。

(1) 代码第 14 行中 interval 类型数据之间相互支持除法运算，且运算结果为 double 类型数据。

(2) 代码第 15 行中 interval 类型数据可以和 count、int、double 等类型数据进行乘除运算，运算结果为 interval 类型数据。

(3) 代码第 16 行中 interval 类型数据的绝对值操作可得到其代表的秒数，不足 1s 的情况下其将以小数的形式显示，且结果的数据类型为 double。

上述代码运行结果如下所示。

```
zeek@standalone:~/zeek-type$ zeek type-interval.zeek
1.0 min 30.0 secs, -1.0 min -30.0 secs
F, T, F, F, T, T
0 secs, 1.0 min 30.0 secs, 3.0 mins, 1.0 min 30.0 secs, -1.0 min -30.0 secs
-1.0, T
-3.0 mins, 30.0 secs, -3.0 mins, 30.0 secs
```

```
90.0, T, 0.05, 0.0001
zeek@standalone:~/zeek-type$
```

### 6.4.6 pattern 数据类型

Zeek 脚本中 pattern 类型数据用于表示正则表达式,多适用于对流量内容进行快速正则匹配的场景,其典型的常量形式为由斜线包裹的一段正则表达式,如/foo|bar/。pattern 类型变量的声明、使用方式及常用运算示例代码如下所示。

```
1.  event zeek_init()
2.  {
3.      local p1 = /foo/;
4.      local p2 = /bar/;
5.      local p3 : pattern;
6.      local s1 = "foobar";
7.
8.      print p1 == s1, p1 != s1;
9.      print p1 in s1, p1 !in s1;
10.
11.     print p1 | p2 in s1, p1 & p2 in s1;
12.
13.     print /foobar/i == "Foobar", /"f"oobar/i == "Foobar", /(?i:f)oobar/ ==
        "Foobar";
14. }
```

上述代码中需要注意以下 4 点。

(1) 代码第 8 行中 pattern 类型数据可以使用==或!=运算符判断其是否与给定的字符串相匹配。

(2) 代码第 9 行中使用 in 或!in 运算符判断其是否与给定字符串的一部分相匹配。

(3) 代码第 11 行中 pattern 类型数据可以使用|以及 & 运算符来形成包含逻辑关系的判断形式。

(4) 代码第 13 行中/foobar/i 正则表达式表示匹配时忽略大小写,如果其中某一部分需要识别大小写则可以使用双引号包裹起来,例如/"f"oobar/i 表示表达式中 f 依然严格按照小写匹配,但 oobar 部分则忽略大小匹配。

上述代码运行结果如下所示。

```
zeek@standalone:~/zeek-type$ zeek type-pattern.zeek
F, T
T, F
T, T
T, F, T
zeek@standalone:~/zeek-type$
```

### 6.4.7 port、addr、subnet 数据类型

Zeek 脚本中 port、addr、subnet 类型数据专门用于表达网络信息。其中 port 类型的典型常量形式是由无符号整数后接后缀构成，有/tcp、/udp、/icmp 以及/unknown 这 4 种，例如，23/tcp 或 23/udp。port 类型变量的声明，使用方式及常用运算示例代码如下所示。

```
1.  event zeek_init()
2.  {
3.      local p1 = 23/tcp;
4.      local p2 = 23/udp;
5.
6.      print p1 == p2, p1 != p2, p1 < p2, p1 <= p2, p1 > p2, p1 >= p2;
7.
8.  }
```

上述代码中需要注意以下两点。

(1) 代码第 3、第 4 行中 Zeek 脚本会对 port 类型常量的赋值范围进行检查，例如，65536/udp 这样的超出正常端口范围的写法会触发运行时错误。

(2) 代码第 6 行中判断 port 类型数据大小的依据的是优先判断其后缀，后缀的大小关系为 unknown < tcp < udp < icmp，在后缀相同的情况下再比对前面数字的大小。例如，"print 65535/tcp < 0/udp;"结果为 T，而"print 23/udp > 22/udp;"结果也为 T。

上述代码的运行结果如下所示。

```
zeek@standalone:~/zeek-type$ zeek type-port.zeek
F, T, T, T, F, F
zeek@standalone:~/zeek-type$
```

addr 类型数据的典型常量形式是采用点分法书写的 IPv4 地址，如 192.168.1.1。或者是用中括号包裹的采用冒号分隔十六进制写法的 IPv6 地址，如[aaaa:bbbb:cccc:dddd:eeee:ffff:1111:2222]。addr 类型变量的声明、使用方式及常用运算示例代码如下所示。

```
1.  event zeek_init()
2.  {
3.      local a1 = 192.168.100.1;
4.      local a2 = 10.0.1.1;
5.      local a3 = [::ffff:192.168.100.1];
6.
7.      print a1, a2, a3;
8.      print a1 == a2, a1 != a2, a1 < a2, a1 <= a2, a1 > a2, a1 >= a2;
9.  }
```

上述代码中需要注意以下两点。

(1) 代码第5、第7行中使用IPv6兼容IPv4的写法时,其会被自动转换为IPv4地址。

(2) 代码第8行中判断addr类型的大小依据是其实际二进制数据的大小。

上述代码运行结果如下所示。

```
zeek@standalone:~/zeek-type$ zeek type-addr.zeek
192.168.100.1, 10.0.1.1, 192.168.100.1
F, T, F, F, T, T
zeek@standalone:~/zeek-type$
```

subnet数据类型的典型常量形式遵循CIDR要求的写法,例如,192.168.100.1/24或[fe80::]/64。subnet类型变量的声明、使用方式及常用运算示例代码如下所示。

```
1.  event zeek_init()
2.  {
3.      local a1 = 192.168.100.1;
4.      local s1 = a1/24;
5.      local s2 = 10.0.0.1/8;
6.
7.      print s1, s2;
8.      print s1 == s2, s1 != s2;
9.
10.     print a1 in s1, a1 in s2, a1 !in s2;
11. }
```

上述代码中需要注意以下两点。

(1) 代码第4行中subnet类型变量可以由addr类型变量与子网表述直接构成。

(2) 代码第10行中addr类型变量可通过in与!in运算符操作判断其是否在一个subnet类型范围之内。

上述代码运行结果如下所示。

```
zeek@standalone:~/zeek-type$ zeek type-subnet.zeek
192.168.100.0/24, 10.0.0.0/8
F, T
T, F, T
zeek@standalone:~/zeek-type$
```

### 6.4.8 set、vector、table数据类型

Zeek脚本中set数据类型代表具有共同特征的数据集合,集合内每个成员不重复。可以把set类型想象为一个如图6.2所示的数据容器,只要是相同类型的数据都可以置入这个容器当中。容器可保证其内的成员不出现重复,但不提供访问具体某个成员的方式。除pattern、table、set、vector、file、opaque、any数据类型外,其余数据类型均可形成一个

set 数据结构。

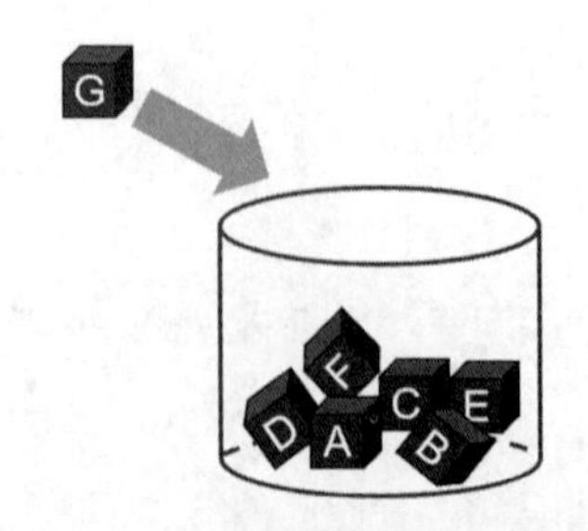


图 6.2　set 类型数据结构示意

set 类型变量的声明、使用方式及常用运算示例代码如下所示。

```
1.  type myset : set[count, string];
2.
3.  event zeek_init()
4.  {
5.      local s1 : set[count] = {1, 2, 3, 4, 4};
6.      local s2 = set(3, 4, 5);
7.      local s3 : myset = {[1, "a"], [2, "b"], [3, "c"]};
8.      local s4 = myset([4, "d"], [5, "e"], [6, "f"]);
9.
10.     print s1, s4 is set[count, string], 4 in s1, [3, "c"] !in s3;
11.
12.     print s3;
13.     add s3[0, "x"];
14.     print s3;
15.     delete s3[1, "x"];
16.
17.     add s1[5];
18.     print s1 & s2, s1 | s2, s1 - s2;
19.
20.     print s1 == s2, s1 != s2, s1 < s2, s1 <= s2, s1 > s2, s1 >= s2;
21.
22.     print |s1|, |s2|, |s3|, |s4|;
23.
24. }
```

上述代码中需要注意以下 6 点。

(1) 代码第 5、第 6 行中 set 类型数据可以由两种构造方式生成。

(2) 代码第 1、第 7、第 8 行中为避免每次都要完整地给出复杂的 set 类型定义，可以先通过 type 关键字定义其别名，然后使用别名构造 set 类型变量。

(3) 代码第 5、第 10 行中初始化变量 s1 时给出了两个相同的成员 4，但实际打印出的内容中只有一个 4，set 类型变量会忽略重复的成员。

(4) 代码第12～15行中使用add或delete语句向set中添加或删除成员时，如果添加的成员与已有的成员重复则仅会保留其中一个。如果删除的成员并不存在，Zeek脚本也不会触发任何错误。

(5) 代码第18行中set类型变量通过&、|以及－运算符可以进行数据集合层面上的交集、并集以及差集的计算。

(6) 代码第17、第20行中set类型变量被应用在关系运算中时，判断的标准为是否构成子集关系。代码第17行通过add语句给s1新增了5这个成员，所以在进行关系运算时s1由1、2、3、4、5这5个数字构成，s2由3、4、5这3个数字构成。由于3、4、5是1、2、3、4、5的子集，所以s1 > s2以及s1 >= s2的结果为T。

还需要注意的是，使用print语句打印的set类型数据是无序的，即每个成员打印的先后与构造时的成员顺序无关，而且每次打印时set类型数据的成员顺序都可能发生变化。上述代码运行结果如下所示。

```
zeek@standalone:~/zeek-type$ zeek type-set.zeek
{
3,
1,
4,
2
}, T, T, F
{
[1, a],
[2, b],
[3, c]
}
{
[1, a],
[0, x],
[3, c],
[2, b]
}
{
3,
5,
4
}, {
3,
5,
1,
2,
4
```

```
}, {
1,
2
}
F, T, F, F, T, T
5, 3, 4, 3
zeek@standalone:~/zeek-type$
```

vector 数据类型可以被理解为一种比 set 数据类型更高级的容器，被放入其中的每个成员都会被赋予一个从 0 开始的正整数下标，如图 6.3 所示。使用下标可以直接访问 vector 数据中对应的成员。除 pattern、table、set、vector、file、opaque 以及 any 数据类型外，其余数据类型均可形成一个 vector 数据结构。

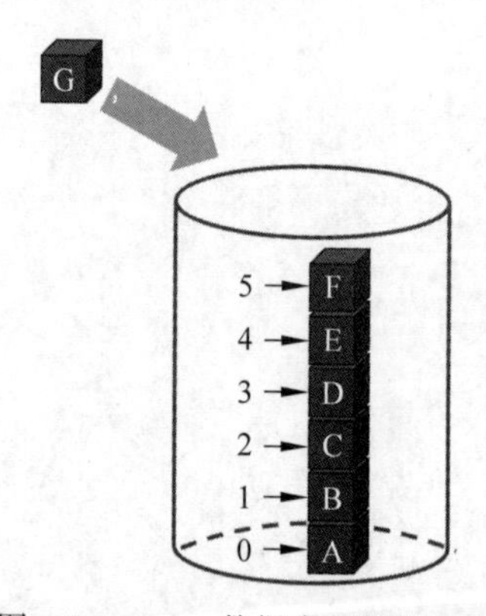


图 6.3 vector 数据类型结构示意

vector 类型变量的声明、使用方式及常用运算示例代码如下所示。

```
1.  type myvector : vector of count;
2.
3.  event zeek_init()
4.  {
5.      local v1 : vector of count = {0, 1, 2, 3, 4};
6.      local v2 = vector("a", "b", "c");
7.      local v3 = myvector(5, 6, 7, 8, 9);
8.      local v4 : vector of bool = {T, F, T, F};
9.
10.     print v1, v2 is vector of string;
11.
12.     print v2[0], v2[1], v2[2];
13.     print v2[0:2], v2[-2:-1], v2[-1:-2];
14.
15.     v2+="d";
16.     print v2;
```

```
17.
18.     v2[0:2] = vector("d", "e");
19.     print v2;
20.
21.     v2[0:2] = vector("a", "b", "c", "d", "e");
22.     print v2;
23.
24.     v2[32] = "x";
25.     print v2;
26.
27.     print 3 in v2, 30 !in v2;
28.
29.     print v1 + v3, v3 - v1, v1 * v3, v1/v3, v1%v3;
30.     print v1 & v1, v1 ^ v1, v1 | v1;
31.     print v4 && v4, v4 || v4;
32.
33.     print |v1|, |v2|, |v3|, |v4|;
34. }
```

上述代码中需要注意以下 8 点。

(1) 代码第 1～8 行中 vector 数据类型的定义形式为 vector of [data type]，其构造方式与 set 数据类型相同。

(2) 代码第 12 行中由于每个成员都拥有下标，所以可以通过下标单独访问某个特定成员。

(3) 代码第 13 行中 vector 数据类型也支持切片式访问，并且当边界下标为负值时遵循与 string 数据类型切片访问同样的规则。

(4) 代码第 15、第 16 行中 vector 数据类型可以使用＋＝运算符按序添加一个成员。

(5) 代码第 18～22 行中 vector 数据类型不仅支持通过下标访问特定成员，还可以据此修改这个成员，甚至可以通过切片的方式一次修改多个成员。在使用切片替换这一特性的时候需要特别注意，Zeek 脚本没有要求替换双方的长度必须相等，所以如第 21 行代码中待替换的只有 2 个成员，但是却可以替换进去 5 个成员，反之亦然。

(6) 代码第 24～27 行中通过下标修改 vector 数据类型中的成员时，Zeek 脚本不会对下标的位置做限制，所以可以出现如第 24 行中这样的不连续赋值。此时如果打印整个 vector 结构数据则间断部分的成员输出将为空，如果使用“print v2[30];”单独访问间断部分某个成员，则会触发运行时错误。为避免这一情况，可以使用 in 及!in 运算符来判断 vector 数据类型中某个下标代表的位置是否已经有值。

在前面介绍的 set 数据类型中，in 及!in 运算符的作用是判断某个成员是否已经在 set 结构中，这与用在 vector 数据类型时的意义完全不同。所以如果有类似“print 3 in v1;”的语句时要先看 v1 到底是什么类型的变量，如果 v1 是 set 类型则语句代表的意思是 3 是否出现在已有的成员中，如果 v1 是 vector 类型则语句代表的意思是下标或索引为 3 的位置是否已经被赋值。当然，还有 string 类型等多种情况，读者在阅读代码时要格外注意。

(7) 在代码第 29～31 行中表现的是 Zeek 脚本的又一项特点，如果某个数据类型支持某种计算，那么由这种数据类型构成的 vector 数据也可以支持对应的计算，前提是计算中的两个 vector 类型数据长度需要一致。这种计算的本质是两个 vector 结构中对应位置的成员之间进行计算。需要注意这种特性仅适用于双目计算的情况，例如，代码中 v4 是 vector of bool 类型的变量，Zeek 脚本支持“v4 && v4;”以及“v4 || v4;”运算，但并不支持“!v4;”。

(8) 代码第 33 行中使用| |运算符可以获取 vector 类型的长度，但需要注意的是代码中“|v2|”的长度为 33，其包含了中断部分的长度。

从编程语言上讲，Zeek 脚本中对于 vector 类型长度的判断以及可不连续进行赋值的特性有可能制造比较大的编程障碍，读者在阅读代码或编写代码时需要注意。

上述代码运行结果如下所示。

```
zeek@standalone:~/zeek-type$ zeek type-vector.zeek
[0, 1, 2, 3, 4], T
a, b, c
[a, b], [b], []
[a, b, c, d]
[d, e, c, d]
[a, b, c, d, e, c, d]
[a, b, c, d, e, c, d, , , , , , , , , , , , , , , , , , , , , , , , , , x]
T, T
[5, 7, 9, 11, 13], [5, 5, 5, 5, 5], [0, 6, 14, 24, 36], [0, 0, 0, 0, 0], [0, 1, 2, 3, 4]
[0, 1, 2, 3, 4], [0, 0, 0, 0, 0], [0, 1, 2, 3, 4]
[T, F, T, F], [T, F, T, F]
5, 33, 5, 4
zeek@standalone:~/zeek-type$
```

table 数据类型比 vector 数据类型更进一步，可以允许用户自行定义成员的索引(table 中的索引与 vector 中的下标作用类似)。如图 6.4 所示，使用索引可以直接访问对应的成员。除 pattern、table、set、vector、file、opaque 以及 any 类型外，其余数据类型均可作为 table 的索引。需要提到的是，table 类型的索引在 Zeek 内部的实现方面采用的是散列表的形式，所以检索的速度相当快。

table 类型变量的声明、使用方式及常用运算示例代码如下所示。

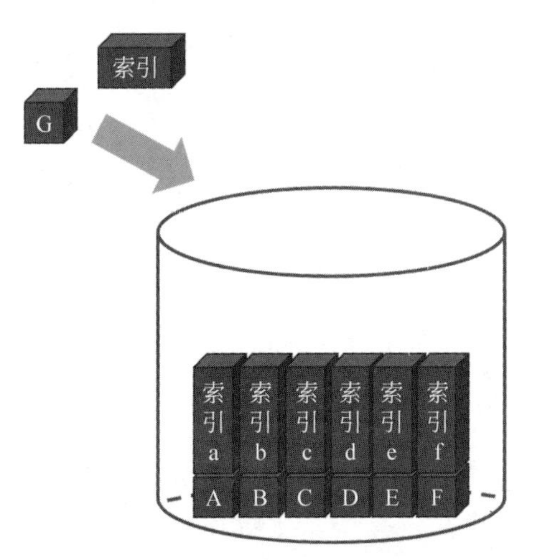


图 6.4　table 类型索引

```
1.  type mytable : table[addr, string] of table[port] of string;
2.  type my_port_string_table : table[port] of string;
3.  type mytable_1 : table[addr, string] of my_port_string_table;
4.
5.  event zeek_init()
6.  {
7.      local t1 : table[count] of string = {[1] = "one",
8.                                           [2] = "two",
9.                                           [3] = "three"};
10.
11.     local t2 = table([192.168.1.100, 22/tcp] = "ssh",
12.                      [192.168.1.100, 23/tcp] = "telnet");
13.
14.     local t3 = mytable([192.168.1.100, "hostname-a"] = table([22/tcp] = "ssh",
15.                                                     [23/tcp] = "telnet",
16.                                                     [80/tcp] = "http"),
17.                  [192.168.1.101, "hostname-b"] = table([22/tcp] = "ssh"));
18.
19.     local t4 : table[count] of vector of string = {[1] = vector("one", "yi"),
20.                                                    [2] = vector("two", "er"),
21.                                                    [3] = vector("three", "san")};
22.
23.
24.     print t1, t2, t3, t4;
25.     print t2 is table[addr, port] of string, t3 is mytable;
26.
27.     print t1[1], t2[192.168.1.100, 23/tcp],
28.           t3[192.168.1.100, "hostname-a"][23/tcp], t4[2][0:1];
```

```
29.
30.     print 1 in t1, [192.168.1.100, 23/tcp] in t2;
31.
32.     t1[4] = "four";
33.     print t1;
34.     delete t1[4];
35.     print t1;
36.
37.     print |t1|, |t2|, |t3|, |t4|;
38.
39. }
```

上述代码中需要注意以下 5 点。

(1) 代码第 1～21 行中 table 数据类型的定义形式为 table[index] of [data type]，Zeek 脚本虽然对索引的类型做出了限制，但并未限制后面的数据类型，所以 table 数据类型的定义可以形成相当复杂的写法，如代码中的“type mytable : table[addr, string] of table[port] of string;”就定义了一个嵌套的 table 数据类型，其索引及数据部分均由一个 table 类型构成。代码中第 1 行声明的形式与第 2～3 行代码最终的结果是一致的，建议在实际编程中声明复杂的 table 类型时参考使用后一种方式。

(2) 代码第 27～28 行中的 table 类型数据可以使用索引访问其中的成员，如果[data type]部分支持分片访问形式的话，那么同样可以使用索引访问。

(3) 代码第 30 行中使用 in 及!in 运算符测试某个索引是否已经赋值，这里与在 vector 类型中测试的用法相同。

(4) 代码第 32～35 行中使用给出索引并同时赋值的方式在 table 中新增成员，当然也可以通过这种方法修改已有成员的内容。使用 delete 关键字可以从 table 中删除对应的索引。

(5) 代码第 37 行中使用绝对值操作可以得到 table 当前的长度，即已有索引的个数。但对 t3 这种复杂的 table 类型数据来说，可以看到绝对值操作后给出的是定义中最左侧 table 的长度(也可以说是最外层)，这点需要注意。

上述代码的运行结果如下所示。

```
zeek@standalone:~/zeek-type$ zeek type-table.zeek
{
[2] = two,
[3] = three,
[1] = one
}, {
[192.168.1.100, 23/tcp] = telnet,
[192.168.1.100, 22/tcp] = ssh
}, {
```

```
[192.168.1.100, hostname-a] = {
[23/tcp] = telnet,
[80/tcp] = http,
[22/tcp] = ssh
},
[192.168.1.101, hostname-b] = {
[22/tcp] = ssh
}
}, {
[2] = [two, er],
[3] = [three, san],
[1] = [one, yi]
}
T, T
one, telnet, telnet, [two]
T, T
{
[2] = two,
[3] = three,
[1] = one,
[4] = four
}
{
[2] = two,
[3] = three,
[1] = one
}
3, 2, 2, 3
zeek@standalone:~/zeek-type$
```

### 6.4.9 record 数据类型

Zeek 脚本中 record 类型数据是最为灵活的一种数据集合，其内部成员的数据类型无任何限制，可由用户自由定义。record 类型变量的声明、使用方式及常用运算示例代码如下所示。

```
1.  type myrecord : record {
2.      c : count;
3.      s : string;
4.
5.  };
6.
```

```
7.  event zeek_init()
8.  {
9.      local r1 : myrecord = [$c = 1, $s = "a"];
10.     local r2 : myrecord = record($c = 2, $s = "b");
11.     local r3 = myrecord($c = 3, $s = "c");
12.
13.     local r4 : record{p : port; a : addr;} = [$p = 22/tcp, $a = 192.168.100.1];
14.
15.     print r1, r2, r3, r4;
16.
17.     r1$s = "x";
18.     print r1;
19.
20.     print r1?$c, r3?$c;
21.
22.     print r1$c + r2$c - r3$c;
23. }
```

上述代码中需要注意以下 4 点。

(1) 代码第 1～13 行中 record 类型数据的声明及初始化的方式比较灵活。

(2) 代码第 17～18 行中通过 $ 运算符可以访问并修改 record 类型数据中成员的值。

(3) 代码第 20 行中通过?$ 运算符可以测试某个成员是否已经赋值。

> 在 6.7 节中将会介绍 &optional 属性，record 成员在定义时如果有这个属性则可以不进行初始化，?$ 运算符的意义正在于此。

(4) 代码第 22 行中 record 类型数据中的成员可使用其类型所支持的所有运算。

上述代码运行结果如下所示。

```
zeek@standalone:~/zeek-type$ zeek type-record.zeek
[c=1, s=a], [c=2, s=b], [c=3, s=c], [p=22/tcp, a=192.168.100.1]
[c=1, s=x]
T, T
0
zeek@standalone:~/zeek-type$
```

### 6.4.10 file 数据类型

Zeek 脚本支持从文件中读取内容，file 是用来代表文件的数据类型。file 类型没有常量形式，初始化 file 类型变量时必须使用如 open()或 open_for_append()等 Zeek 脚本内置函数。file 类型数据支持的用法和适用的运算示例代码如下所示。

```
1.  event zeek_init()
2.  {
3.      local f1 = open("./test.txt");
4.
5.      print f1;
6.      print f1, "Hello World!";
7.
8.      close(f1);
9.
10. }
```

上述代码中需要注意的是，代码第5～6行中使用 print 语句时，如果 print 语句的第一个参数是 file 变量，则其会输出到文件中而不是默认的标准输出。

上述代码运行后在当前目录生成的文件内容如下所示。

```
  1
  2 Hello World!
~
~
~
"test.txt" 2L, 14C
1,0-1          All
```

### 6.4.11 opaque 数据类型

Zeek 脚本中 opaque 类型即不透明类型，这种类型的特点是编程者不必了解（也可以理解为不必关心）其具体的数据结构，通过特定的处理函数使用即可。opaque 类型支持的用法和适用的运算示例代码如下所示。

相对于 opaque 这种不透明类型，前面介绍过的 record 就属于透明类型，因其具体的结构形式是可见的。在一种编程语言中 opaque 类型可以起到的作用主要有两个方面，第一是有意隐藏细节，使用者不知道详细的数据结构，更不要提具体实现方式了。第二是起到 void * 即空类型指针的作用，提供一定程度的编程灵活性以及兼容性，通过 opaque 类型来传递一段内存空间，在使用时再来解释其中的结构。

在 Zeek 脚本中主要是因为后一种原因需要 opaque 类型。对 Zeek 核心的设计者来说，核心功能和脚本特性必须尽量解耦合，避免出现核心功能一变化就需要重写所有相关脚本的情况。在这种场景中使用不透明类型，对脚本隐藏数据结构实例的生成及最后具体功能的实现，脚本仅控制使用特定功能的时机。此时 opaque 类型的优势就表现出来了，通过 opaque 类型传递数据，其具体实现的变化不会影响脚本。

关于 opaque 类型的理论解释和介绍，感兴趣的读者可参考相关资料。

```
1.  event zeek_init()
2.  {
3.      local handler_1 : opaque of md5 = md5_hash_init();
4.      local handler_2 : opaque of sha1;
5.
6.      local v = vector("*", "d?g", "*og", "d?");
7.      local handler_3 = paraglob_init(v);
8.
9.      md5_hash_update(handler_1, "test");
10.     print md5_hash_finish(handler_1);
11.
12.     print paraglob_match(handler_3, "dog");
13. }
```

上述代码中需要注意以下 3 点。

(1) 代码第 1～6 行中 opaque 类型变量的初始化与 file 类型一样,必须使用特定的 Zeek 脚本内置函数。

(2) 代码第 9～10 行中使用 opaque 类型也必须使用特定的内置函数。

(3) 代码第 12 行中 paraglob 的特性在 4.1 节中介绍 paraglob-test 工具时已经提到过了,现在是其在代码中的应用方式。

上述代码运行结果如下所示。

```
zeek@standalone:~/zeek-type$ zeek type-opaque.zeek
098f6bcd4621d373cade4e832627b4f6
[*, *og, d?g]
zeek@standalone:~/zeek-type$
```

### 6.4.12 function、event、hook 数据类型

Zeek 脚本中 function、event、hook 是三种与函数相关的数据类型,其中 function 与通用编程语言中的函数类型用法基本相同,其支持的用法和适用的运算示例代码如下所示。

```
1.  type HELLO : function(name : string) : string;
2.  global hello : function(name : string) : string;
3.
4.  function hello(name : string) : string
5.  {
6.      return "hello " + name;
7.  }
8.
9.  function print_end()
```

```
10. {
11.     print "Bye!";
12. }
13.
14. event zeek_init()
15. {
16.     local hello_1 : HELLO  = hello;
17.     local hello_2 = function() : HELLO {return hello;};
18.      local hello_3 = function () : HELLO {return function(name : string)
   : string
19.                     {return "hello " + name;};};
20.     print hello("Zeek");
21.     print hello_1("ZEEK");
22.     print hello_2()("zEEk");
23.     print hello_3()("zEEk");
24.
25.     print_end();
26. }
```

上述代码中需要注意以下 5 点。

(1) 代码第 2～7 行中可以先声明函数原型，稍后再完成函数体的定义。“hello : function(name : string) : string;”表示声明了一个名为 hello 的函数，函数传入参数名称为 name，类型为 string，函数的返回值也为 string。需要注意的是，如果采用声明和函数体定义分开的方式，则函数体定义时的函数形式需要与其声明时完全一致。

(2) 代码第 9～12 行中可以不事先声明函数原型，直接将函数声明及函数体结合起来定义函数。同时函数可以无传入参数，也可以无返回值，此时函数体中可以不使用 return 语句。

(3) 代码第 16 行中已声明的函数名可以赋值给同类型的变量，赋值后的变量使用方式与函数名一致(函数名本身其实就是一个变量)。

(4) 代码第 17 行中函数的返回值也可以是一个函数，“function() : HELLO”展开后实际上是“function() : function(name : string) : string”表示一个无入参的函数，其返回值是另外一个函数，返回函数传入参数名称为 name，类型为 string，返回函数的返回值为 string。函数声明后直接在{ }内定义了函数体，返回的 hello 与之前函数声明时的返回值类型一致。

(5) 代码第 18 行中 Zeek 脚本支持匿名函数，“return function(name : string) : string {return "Hello " + name;};”直接在第一个 return 语句中声明了一个函数并给出函数体，然后以此匿名函数作为返回值。

上述代码运行结果如下所示。

```
zeek@standalone:~/zeek-type$ zeek type-function.zeek
hello Zeek
```

```
hello ZEEK
hello zEEk
hello zEEk
Bye!
zeek@standalone:~/zeek-type$
```

相对 function 类型来说，event 是 Zeek 脚本特有的一种类型。在前文不止一次介绍过 Zeek 脚本是以事件驱动作为运行机制的，这里的事件指的就是 event，而 Zeek 脚本中的 event 类型就是提供给脚本代码定义使用事件的方法之一。

event 类型的声明、使用方式与 function 类型类似，但有区别：一是 event 类型没有返回值这个概念，所以在定义 event 类型时不能定义返回类型；二是不能像调用函数那样直接调用 event。event 类型支持的用法和适用的运算示例代码如下所示。

```
1.  global myevent : event(name : string, greeting : string);
2.  global myevent : event(name : string);
3.  global myevent : event(greeting : string);
4.  global myevent : event();
5.
6.  event myevent(name : string, greeting : string)
7.  {
8.      print greeting + "-" + name;
9.  }
10.
11. event myevent(name : string, greeting : string)
12. {
13.     print greeting + "+" + name;
14. }
15.
16. event myevent(greeting : string)
17. {
18.     print "myevent", greeting;
19. }
20.
21. event myevent(name : string)
22. {
23.     print "myevent", name;
24. }
25.
26. event myevent()
27. {
28.     print "myevent";
29. }
30.
```

```
31. event zeek_init()
32. {
33.     event myevent("ZeeK", "HELLO");
34. }
```

上述代码中需要注意以下3点。

(1) 代码第1～29行中一个事件可以拥有多个不同的函数体定义,代码"global myevent : event(name : string, greeting : string);"声明了一个名为myevent的事件,并定义了事件处理函数的原型,而"event myevent(name : string, greeting : string) {print greeting + "-" + name;}"则给出了这个事件发生时的处理函数体。当然,提前声明并不是必需的。

(2) 代码第1～4、第16～29行中一个事件的多个不同处理函数,其参数个数允许不同。使用此特性的一个前提是此类处理函数必须在定义之前单独声明,即在此场景下1～4行代码必不可少。另一个前提是在代码书写顺序上,后声明的处理函数的参数必须是最先声明的处理函数的参数的子集,即第2、3、4这3行代码中的任意1行都不能与第1行交换顺序,但2、3、4行之间的顺序可以随意调换。

(3) 代码第31～34行中有两种途径可以触发一个事件。一种是通过Zeek核心触发,示例代码中一直在使用的zeek_init事件就是由Zeek核心触发的。另一种是Zeek脚本语句触发,代码中即是通过event语句触发了事件(在Zeek脚本中event既是一种类型,也是一个语句)。myevent事件触发后,6～14行代码定义的两个原型相同的处理函数均得到了运行,16～29行代码3个参数不同的处理函数也得到运行。

上述代码运行结果如下所示。

```
zeek@standalone:~/zeek-type$ zeek type-event.zeek
HELLO-ZeeK
HELLO+ZeeK
myevent, HELLO
myevent, ZeeK
myevent
zeek@standalone:~/zeek-type$
```

最后来介绍混合了function与event特性的hook类型。hook类型的声明及运作方式与event类型更为接近,可以有多个同名的处理函数,同时也可以支持参数个数不同的情况(需遵循与event类型一样的规则)。hook类型虽然仅能从Zeek脚本触发,但是触发的形式与event类似,需要使用hook语句。

当然,hook类型也有其特性。首先,同属一个hook的所有处理函数的执行可以被break语句中断。其次,hook类型处理函数隐含了一个bool类型的返回值(所以hook也没有可定义的返回值)。如果同一个hook的所有处理函数均运行完毕则返回T。反之,如果运行过程被break语句中断则返回F。hook类型支持的用法和适用的运算示例代码如下所示。

每个 hook 处理函数可以简单理解为在一个大函数中添加了一部分代码，hook 处理函数中的 break 语句相当于终止了这个大函数的运行。

```
1.  hook myhook(c : count, s : string)
2.  {
3.      if ( c > 1 )
4.          break;
5.
6.      print s;
7.  }
8.
9.  hook myhook(c : count, s : string)
10. {
11.     print "Hello " + s;
12. }
13.
14. event zeek_init()
15. {
16.     hook myhook(1, "Zeek");
17.     print hook myhook(2, "Zeek");
18. }
```

上述代码中需要注意以下 3 点。

(1) 代码第 1～12 行中 hook 类型的声明及定义方式与 event 基本一致，多个处理函数但参数个数不同的情况可参考上面的 event 示例，在这里就不重复介绍了。需要注意的是在第 4 行使用了 break 语句，在一定条件下可以中断 hook 处理函数的执行过程。

(2) 代码第 16 行中第一个参数为 1 的情况下，两个 hook 处理函数均正常执行完毕。

(3) 代码第 17 行中第一个参数为 2 的情况下，代码进入"if (c ＞ 1) break;"分支，中断了 hook 处理函数的执行，所以第 6 行及第 11 行代码均未得到执行。且 hook 中断后返回值为 F。

上述代码运行结果如下所示。

```
zeek@standalone:~/zeek-type$ zeek type-hook.zeek
Zeek
Hello Zeek
F
zeek@standalone:~/zeek-type$
```

在使用 event 及 hook 类型时还需要注意其多个处理函数是按照在代码中的位置顺序执行的。读者可自行把上面两个 hook 处理函数的位置对调，观察一下代码的运行结果。

### 6.4.13 any 数据类型

Zeek 脚本中 any 类型用于规避某些场景下强类型检查造成的编程困难。any 类型支持的用法和适用的运算示例代码如下所示。

```
1.  function is_string(a : any)
2.  {
3.      print a is string;
4.  }
5.
6.
7.  event zeek_init()
8.  {
9.      local s = "Hello World!";
10.     local c = 8;
11.
12.     is_string(s);
13.     is_string(c);
14.
15. }
```

上述代码中需要注意的是,any 类型不适用于任何运算与操作,仅能用于解决与上述代码示例中类似的参数传递问题。上述代码运行结果如下所示。

```
zeek@standalone:~/zeek-type$ zeek type-any.zeek
T
F
zeek@standalone:~/zeek-type$
```

在 Zeek 官方文档中还有一个 void 类型,但一方面在记录 Zeek 脚本语法解析规则的 scan.l 文件中找不到这个关键词,另一方面在代码中使用该类型时也会触发运行时错误,所以在这里忽略不介绍这个类型。在 Zeek 官方文档中对 void 类型的介绍也仅提到其是一个内部类型,实际无法使用。

## 6.5 声明(declarations)

### 6.5.1 module、export 声明

Zeek 脚本中 module 关键字用于声明后续代码所属的模块(module),例如,"module MyModule;"语句即声明从此行开始的后续代码均属于名称为 MyModule 的模块,声明有效范围至下一个 module 的出现或至脚本文件结束。

在 Zeek 脚本中模块主要用于管理符号的可见性，也即命名空间（namespace）。module 关键字除了不能出现在 function、event 以及 hook 的代码块中以外，基本上可以出现在代码中的任何位置。module 关键字的主要功能和用法示例代码如下所示。

```
1.  module ModuleA;
2.  function mymodule_print()
3.  {
4.      print "ModuleA";
5.  }
6.
7.  module ModuleB;
8.  function mymodule_print()
9.  {
10.     print "ModuleB";
11. }
12.
13. module ModuleA;
14. event zeek_init()
15. {
16.     print "ModuleA called:";
17.     mymodule_print();
18. }
19.
20. module ModuleB;
21. event zeek_init()
22. {
23.     print "ModuleB called:";
24.     mymodule_print();
25. }
```

上述代码中需要注意以下 4 点。

(1) 代码第 1 行中“module ModuleA;”声明后续代码属于 ModuleA 模块。

(2) 代码第 2～5 行中在 ModuleA 的命名空间中定义了 mymodule_print()函数。

(3) 代码第 7～11 行中通过“module ModuleB;”将当前命名空间切换至 ModuleB，并在此空间中又定义了 mymodule_print()函数，由于分属两个不同的命名空间，所以名称不会发生冲突。可以理解为第一个函数的名字实际上是 ModuleA::mymodule_print()，而第二个则是 ModuleB::mymodule_print()。

(4) 代码第 13～25 行中两个模块分别定义了 zeek_init 事件的处理函数，在脚本执行时均得到了运行。

上述代码运行结果如下所示。

```
zeek@standalone:~/zeek-declaration$ zeek declaration-module.zeek
ModuleB called:
```

```
ModuleB
ModuleA called:
ModuleA
zeek@standalone:~/zeek-declaration$
```

通过 module 关键字可将命名空间切分为几个互不相关的部分。即便是在同一个文件中定义了相同的符号，但只要在不同模块声明情况下就不会出现冲突。调用这些符号时，Zeek 脚本会优先在当前模块的命名空间中对其进行匹配。但要注意这不是绝对的，在 6.9 节中将会详细介绍 Zeek 脚本寻找符号时的规则。

module 关键字给代码的编写提供了很高的灵活性，特别是结合后面将要介绍的 redef 声明一起使用。Zeek 脚本中很多框架的设计都基于这种灵活性，这在后面逐渐深入时读者会慢慢体会到。但这种灵活性是有代价的，设想一下在编写 ModuleA 模块的代码时突然需要添加或修改 ModuleB 模块的代码，正常情况下需要打开 ModuleB 模块的相关源文件进行修改，或通知 ModuleB 模块的负责人员进行调整。但 Zeek 脚本中在一句"module ModuleB;"后就可以动手了，这给后期代码维护会造成很大的困扰。

一个模块内的符号在默认情况下是无法被另一个模块调用的，即为该模块私有。如果模块中的符号希望可以被其他模块调用则必须为其使用 export 关键字，然后在紧随其后的代码块中为此进行声明。export 关键字的主要功能和用法示例代码如下所示。

```
1.  module ModuleA;
2.  export
3.  {
4.      global str : string = "ModuleA";
5.  }
6.
7.  module ModuleB;
8.  export
9.  {
10.     global str : string = "ModuleB";
11. }
12.
13. module ModuleA;
14. export
15. {
16.     global c : count = 8;
17. }
18.
19. module ModuleC;
20. event zeek_init()
```

```
21. {
22.     print ModuleA::str;
23.     print ModuleA::c;
24.     print ModuleB::str;
25. }
```

上述代码中需要注意以下 4 点。

(1) 代码第 1～5 行中在 ModuleA 模块空间中的 export 代码块中定义 str 变量并赋值。

(2) 代码第 7～11 行中在 ModuleB 模块空间中的 export 代码块中定义 1 个同样的 str 变量并赋值。

(3) 代码第 13～17 行中切换回 ModuleA 模块空间，在 export 代码块中增加 1 个变量 c 的定义并赋值。需要注意这里的 export 代码块与第 1～5 行中的 export 代码块功能效果是一样的，即如果将第 16 行的定义移动到第 3～5 行的代码块中，结果是一样的。

(4) 代码第 19～25 行中在 ModuleC 模块空间中访问前面定义的 3 个变量，均可正常访问。

上述代码运行结果如下所示。

```
zeek@standalone:~/zeek-declaration$ zeek declaration-export.zeek
ModuleA
8
ModuleB
zeek@standalone:~/zeek-declaration$
```

Zeek 脚本中 export 代码块内仅能出现以 global、const、option、redef 以及 type 关键字开头的语句，每个关键字出现在 export 代码块中的具体含义和用法将在介绍对应关键字时再详细说明。

### 6.5.2 global、local 声明

Zeek 脚本中 global 与 local 关键字用来声明符号的作用域。其中 local 关键字仅允许在 event、function 或 hook 的代码块中使用。global 关键字的适用范围正相反，其不被允许出现在 event、function 以及 hook 代码块中。global 关键字声明的符号具有“全局”作用域的属性，但根据关键字出现的不同位置，这个全局的含义也有所不同。local 关键字声明的符号仅具有“本地”作用域，本地作用域也可以直观理解为包裹 event、function 或 hook 代码块的那一对大括号之内。这两个关键字的主要功能和用法示例代码如下所示。

```
1.  module ModuleA;
2.  export
3.  {
4.      global STR : string = "Module";
5.  }
```

```
6.
7.  global str : string = STR + "A";
8.
9.  module ModuleB;
10. export
11. {
12.     global mymodule_print : function();
13. }
14. global str : string = ModuleA::STR + "B";
15. global STR : string;
16.
17. function mymodule_print()
18. {
19.     print str;
20. }
21.
22. module ModuleA;
23. function mymodule_print()
24. {
25.     local lstr : string = str;
26.     print lstr ;
27. }
28.
29. event zeek_init()
30. {
31.     local lstr : string = STR;
32.     mymodule_print();
33.     ModuleB::mymodule_print();
34.     print lstr;
35. }
```

上述代码中需要注意以下 4 点。

(1) 代码第 1～7 行中在 ModuleA 模块空间的 export 代码块中定义 STR 变量并赋值。在 export 代码块外定义变量 str 并赋值。此时变量 STR 由于是 global 作用域，所以变量 str 赋值时可以被直接引用。当然，可以被引用也意味着不能再出现与变量 STR 重名的符号。

(2) 代码第 9～20 行中在 ModuleB 模块空间的 export 代码块中声明了一个函数 mymodule_print()。由于分属不同的模块，第 14 行中声明的变量 str 与 ModuleA 模块中的变量 str 并不会出现冲突，同理与第 15 行中的变量 STR 与 ModuleA 模块中的变量 STR 也不冲突。可以理解为 ModuleA 模块中导出的实际是 ModuleA::STR 这个符号，所以不会出现冲突。第 17～20 行给出了 mymodule_print()函数的实际定义，其中引用的变量 str，即第 14 行中定义的全局变量。

(3) 代码第 22～27 行中切换回 ModuleA 模块后,同样定义了一个 mymodule_print()函数。函数中依然可以引用之前 7 行定义的变量,如果此时再定义名为 str 或 STR 的符号就会造成冲突。

(4) 代码第 29～35 行中由于第 25 行声明变量 lstr 是 local 作用域,其作用域到第 27 行就结束了,所以第 31 行声明同样的 lstr 名称并不会造成冲突。

上述代码运行结果如下所示。

```
zeek@standalone:~/zeek-declaration$ zeek declaration-global-local.zeek
ModuleA
ModuleB
Module
zeek@standalone:~/zeek-declaration$
```

介绍完 Zeek 脚本所有基本元素后,在 6.9 节中会专门介绍作用域的问题。

> 在 4.x 版本以前的官方文档中,global 与 local 都是作为声明关键字进行介绍的。但在 4.x 版本后,local 的介绍被挪到了语句章节。本书主要的目的是介绍如何使用 Zeek 脚本,不纠结于编程语言理论上的问题。这里 local 跟 global 还是放到一起是因为这样比较更容易说明两个关键字的作用。

### 6.5.3 const 声明

Zeek 脚本中 const 关键字用来声明一个"常量"。相较于其他编程语言中的常量概念,Zeek 脚本中的常量在特定条件下可以通过特殊语法进行修改。Zeek 内置的脚本中大量使用了可修改常量的特性,下面介绍到 redef 关键字的时候会进行详细介绍。

使用 const 关键字声明的符号必须在声明时就进行初始化操作,如"const ssh_port : port = 22/tcp;"。在定义好常量以后如果有类似"ssh_port = 23/udp;"的赋值语句会触发运行时错误。另外需要注意的是,Zeek 脚本中不允许 const 与 global 或 local 关键字同时出现,即不能出现类似 global const 或 const local 的写法。通过 const 声明的符号,其作用域需要根据其在代码中的位置来判断,如果 const 出现在 event、function、hook 等代码块内,则作用域等同于 local。如果出现在 event、function、hook 等代码块外或在 export 代码块中的情况时则作用域等同于 global。

### 6.5.4 option 声明

Zeek 脚本中 option 关键字与 const 类似,其声明的符号必须在声明时就进行初始化操作,如"option hostname : string = "host-1";"。同样地,option 关键字声明的变量不能使用通常的赋值来修改其内容,但是可以通过 redef 关键字或配置框架提供的相关函数来修改。option 关键字不能与 const、local、global 等关键字同时出现,且其声明符号的作用域等同于 global。

option 关键字的作用主要体现在配置框架中,在 7.3 节介绍配置框架时会进一步说明。

### 6.5.5 type 声明

Zeek 脚本中 type 关键字用来声明自定义类型,也可以理解为声明某个类型的别名。例如,"type MyString : string;"语句可以理解为类型 string 声明了一个别名为 MyString 的类型,别名与原类型名使用方式相同。type 声明的符号作用域默认为 global。此外 type 关键字同样不能出现在 event、function、hook 等代码块当中。前面很多示例代码都使用了 type 关键字,这里就不再进行代码示例了。

### 6.5.6 redef 声明

Zeek 脚本中 redef 是非常独特的一个关键字,其主要功能是用于修改如经过 const 声明的常量或 record 中的成员等无法通过寻常赋值操作修改的元素。redef 关键字不能出现在 event、function、hook 等代码块内,其主要功能和用法示例代码如下所示。

```
1. const STR : string = "Hello" &redef;
2. redef STR = "Zeek";
3.
4. type Enum : enum{BLACK, WHITE, RED};
5. redef enum Enum += {BLUE};
6.
7. type Record : record {
8.     c : count;
9.     str : string;
10. };
11.
12. redef record Record += {p : port &optional;
13.                          a : addr &default = 192.168.100.1;};
14.
15. event print_event()
16. {
17.     print "A";
18. }
19.
20. event print_event()
21. {
22.     print "B";
23. }
24.
25. redef event print_event()
26. {
27.     print "C";
28. }
```

```
29.
30. vent zeek_init()
31. {
32.     local e : Enum = BLUE;
33.     local r : Record;
34.
35.     r$p = 22/tcp;
36.
37.     print STR;
38.     print e;
39.     print r$p, r$a;
40.
41.     event print_event();
42. }
```

上述代码中需要注意以下 4 点。

(1) 代码第 1～2 行中是 redef 关键字的第一种用法。在使用 const 声明的常量后如果有 &redef 属性，则后续可以通过 redef 关键字对其进行修改。6.7.1 节中将会介绍 &redef 属性的作用。

(2) 代码第 4～5 行中是 redef 关键字的第二种用法，其可以在 enum 类型中添加元素。

(3) 代码第 7～13 行中是 redef 关键字的第三种用法，其可以在已定义的 record 类型中新增成员，使用这种方式新增的成员必须有 &optional 或 &default 属性。

(4) 代码第 15～28 行中是 redef 关键字的第四种用法。通过 redef 声明过的事件处理函数可以覆盖之前所有的处理函数。即第 25～28 行代码定义的事件处理函数会覆盖掉第 15 ～23 行代码定义的两个事件处理函数。实际运行时仅有第 25～28 行代码定义的事件处理函数得到了执行。

上述代码的运行结果如下所示。

```
zeek@standalone:~/zeek-declaration$ zeek declaration-redef.zeek
Zeek
BLUE
22/tcp, 192.168.100.1
C
zeek@standalone:~/zeek-declaration$
```

redef 关键字的功能在 Zeek 脚本中的应用非常广泛，Zeek 内置的脚本中经常通过使用 redef 功能在已有关键数据结构中新增成员，用以在事件间传递特定数据。

### 6.5.7 function、event、hook 声明

Zeek 脚本中 function、event、hook 这 3 个关键字在作为声明出现时，用于声明对应的

数据类型。例如，“global hello ： function(name ： string) ： string;”中的 function 关键字是作为类型关键字出现的，而在“function print_end() {print "Bye!";}”中则是作为声明关键字出现。在实际使用中不必刻意关注其在语法上的意义，按照 6.4.12 节代码示例中的方法使用即可。

## 6.6 语句(statements)

### 6.6.1 add、delete 语句

Zeek 脚本中 add 语句用于给 set 类型新增一个成员，而 delete 语句则用于删除 set、table 类型中某个成员或用于清除 record 类型中特定元素的值。这两个语句在 set、table 类型上的使用在 6.4.8 节介绍相关数据类型时已经涉及了，下面代码示例的是 delete 语句在删除 record 类型中元素时的使用方法。

```
1.  type Record : record {
2.
3.      c : count;
4.      str : string &optional;
5.  };
6.
7.
8.  event zeek_init()
9.  {
10.     local r1 : Record = [$c = 1, $str = "Hello"];
11.     local r2 : Record = [$c = 2, $str = "World"];
12.
13.     print r1, r2;
14.
15.     delete r1$str;
16.
17.     print r1, r2;
18. }
```

可以看到代码中“delete r1 $ str;”清除了 record 中成员 str 的值，前提是成员 str 拥有 &optional 属性。上述代码运行结果如下所示。

```
zeek@standalone:~/zeek-statement$ zeek statement-delete.zeek
[c=1, str=Hello], [c=2, str=World]
[c=1, str=<uninitialized>], [c=2, str=World]
```

### 6.6.2 print 语句

Zeek 脚本中的 print 语句在前面代码示例中已经反复出现多次，其功能不再重复叙

述。在实际使用中需要注意的是，如果 print 的第一个表达式的值是 file 类型，则 print 将会把结果输出到 file 所代表的文件当中，具体见 6.4.10 节中的代码示例。另一个需要注意的是，如果子串中有不可打印字符，print 语句会将这个字符转换为十六进制形式的数据输出，具体见 6.4.4 节中的代码示例。

### 6.6.3 event、schedule 语句

Zeek 脚本中的 event 语句用于触发事件，其功能在 6.4.12 节中已有介绍。schedule 语句则用来给 event 触发的事件增加时延，其主要用法示例代码如下所示。

```
1.  event start_countdown (i : interval)
2.  {
3.      print i;
4.      schedule 1sec { start_countdown(i - 1sec) };
5.      if (i == 0sec)
6.          terminate();
7.  }
8.
9.  event network_time_init()
10. {
11.     event start_countdown(10secs);
12. }
```

代码中首先定义了一个倒计时事件 start_countdown，在其事件处理函数中使用 schedule 语句安排在 1s 以后再次触发此事件。代码第 5～6 行为判断倒计时是否到 0，如果是则调用内置函数 terminate()关闭 Zeek 主程序。需要注意的是，在这里使用了 network_time_init 事件来代替之前示例中常用的 zeek_init 事件来触发整个程序的运行。这样做的原因是在 Zeek 核心实现中，schedule 本身也是个事件，而这个事件需要在 Zeek 监听到第一个数据包后才会触发(准确讲是监听到第一个数据包后开始初始化网络时间，网络时间初始化完成后触发 network_time_init 事件并且触发内部的 schedule 事件)。如果还是按照之前的写法，使用 zeek_init 事件触发程序运行并使用 zeek script.zeek 命令启动 Zeek 主程序。由于启动命令未监听任何端口，Zeek 主程序不可能收到数据包，也就无法开始初始化网络时间，schedule 的效果也就体现不出来。针对这个问题，需要使用 network_time_init 事件来触发整个脚本的运行，并且在启动 Zeek 主程序时使用-i 参数监听实际的网络端口，这样在第一个数据包产生后，所有程序就可以正确运行起来了。

上述代码运行结果如下所示。

```
zeek@standalone: ~/zeek-statement $ sudo zeek -i enp0s3 -C statement-
schedule.zeek
[sudo] password for zeek:
listening on enp0s3

10.0 secs
```

```
9.0 secs
8.0 secs
7.0 secs
6.0 secs
5.0 secs
4.0 secs
3.0 secs
2.0 secs
1.0 sec
0 secs
1627634241.545684 received termination signal
1627634241.545684 81 packets received on interface enp0s3, 0 (0.00%) dropped
-1.0 sec
zeek@standalone:~/zeek-statement$
```

通过上述程序的运行结果也可以一窥 Zeek 核心的实现机制。例如最后之所以打印出“－1.0 sec”，是因为在调用 terminate()函数后，Zeek 核心会将事件引擎中的存量事件全部处理一遍，也就是所谓的“flush 机制”。此时因为“schedule 1sec { start_countdown (i－1sec) };”已经执行，在事件引擎中已经有了一个待执行的 start_countdown 事件，所以此事件多执行了一次，打印出了“－1.0 sec”。要避免这种情况可以采用内置函数 zeek_is_terminating()来判断 Zeek 主程序当前的状态，读者可自行尝试编写代码。

### 6.6.4 for、while、next 语句

Zeek 脚本中 for、while、next 这 3 个语句用于实现循环逻辑，其中 for 语句主要用于遍历某个数据结构，然后根据情况执行特定逻辑。for 语句的主要用法示例代码如下所示。

```
1.  event zeek_init()
2.  {
3.      local str : string = "Hello Zeek";
4.      local s = set(1, 2, 3, 4);
5.      local v = vector("a", "b", "c");
6.      local t = table(["hostname-a", 192.168.100.1] = 22/tcp,
7.                      ["hostname-b", 192.168.100.2] = 23/tcp,
8.                      ["hostname-c", 192.168.100.3] = 23/udp);
9.
10.     for ( e in str )
11.     {
12.         if ( e == "e" || e == "l" || e == " ")  next;
13.
14.         print e;
15.     }
```

```
16.
17.     for ( se in s )
18.     {
19.         if ( se > 2 ) break;
20.
21.         print se;
22.     }
23.
24.     for ( ve in v )
25.         print ve, v[ve];
26.
27.     for ( [i, j], value in t )
28.         if ( value == 23/udp )
29.             print i, j;
30.
31.     for ( [i, j] in t )
32.         print t[i, j];
33.
34. }
```

上述代码中需要注意以下 4 点。

(1) 代码第 10～15 行中根据条件执行的 next 语句可控制其直接进入下一次循环。

(2) 代码第 17～22 行中 set 数据类型的遍历没有固定顺序，这个特性在 6.4.8 节中已经介绍过。所以此处的代码每次的运行结果都会不同。第 19 行代码中的 break 语句的作用则是直接跳出循环。

(3) 代码第 24～25 行中在使用 for 语句遍历 vector 数据类型时需要注意 ve 代表的是下标。

(4) 代码第 27～32 行中是遍历 table 类型时常用的两种方式。

上述代码运行结果如下所示。

```
zeek@standalone:~/zeek-statement$ zeek statement-for.zeek
H
o
Z
k
1
0, a
1, b
2, c
hostname-c, 192.168.100.3
22/tcp
23/udp
```

```
23/tcp
zeek@standalone:~/zeek-statement$
```

while 语句主要用于循环判断给定表达式的结果，如果结果为 T 就继续执行循环，如果为 F 则结束循环。while 语句的主要用法示例代码如下所示。

```
1.  event zeek_init()
2.  {
3.      local i = 0;
4.      local v = vector("a", "b", "c");
5.
6.      v[7] = "x";
7.
8.      while ( i < |v| )
9.      {
10.         if ( i in v )
11.             print i, v[i];
12.
13.         ++i;
14.     }
15.
16.     i = 0;
17.     while ( T )
18.     {
19.         if ( i >= |v| ) break;
20.
21.         if ( i !in v )
22.         {
23.             ++i;
24.             next;
25.         }
26.
27.         print i, v[i];
28.         ++i;
29.     }
30. }
```

上述代码通过 while 语句，同时结合使用 next 以及 break 实现了两种方式打印 vector 类型数据中所有元素的功能。上述代码运行结果如下所示。

```
zeek@standalone:~/zeek-statement$ zeek statement-while.zeek
0, a
1, b
```

```
2, c
7, x
0, a
1, b
2, c
7, x
zeek@standalone:~/zeek-statement$
```

### 6.6.5 if、else、switch、fallthrough 语句

Zeek 脚本中 if、else、switch 以及 fallthrough 这 4 个语句用于构成条件分支，依据不同的条件执行不同的代码逻辑。其中 if 语句的使用相对简单，if 语句后表达式结果为 T 则执行后续代码，为 F 则执行 else 分支对应的代码（else 分支并不是必需的）。例如，“if (x) print "True"; else print "False";”在 x 为 T 时打印字符串 True，为 F 时则打印字符串 False。如果仅需要判断 x 为 T 的情况，则上述代码也可以写为“if (x) print "True";”。之前很多代码示例中已经引入了 if、else 语句，在这里就不重复进行示例了。

switch 语句与 if 的不同之处在于其判断条件可以是非 bool 的数据类型，如 string、count 或其他自建数据类型等，其主要用法示例代码如下所示。

```
1.  type COLOR : enum {BLACK, WHITE, RED};
2.
3.  function color_switch(color : COLOR)
4.  {
5.      switch (color)
6.      {
7.          case BLACK, WHITE:
8.              print "Black or White";
9.              break;
10.         case RED:
11.             print "Red";
12.             break;
13.         default:
14.             print "No such color";
15.             break;
16.     }
17. }
18.
19. function count_switch(c : count) : string
20. {
21.     switch (c + 1)
22.     {
23.         case 0:
```

```
24.             fallthrough;
25.         case 1:
26.             fallthrough;
27.         case 2:
28.             fallthrough;
29.         case 3:
30.             fallthrough;
31.         case 4:
32.             return " < 5";
33.         default:
34.             return " > 5";
35.     }
36. }
37.
38. function type_switch(a : any)
39. {
40.     switch (a)
41.     {
42.         case type bool:
43.             print "bool type";
44.             break;
45.         case type count:
46.             print "count type";
47.             break;
48.         case type COLOR:
49.             print "COLOR type";
50.             break;
51.     }
52. }
53.
54. event zeek_init()
55. {
56.     local b : bool = F;
57.     local e : COLOR = RED;
58.
59.     color_switch(WHITE);
60.
61.     print count_switch(1);
62.     print count_switch(6);
63.
64.     type_switch(b);
65.     type_switch(e);
66. }
```

上述代码中需要注意以下 3 点。

(1) 代码第 3～17 行中 switch 语句的基本用法是判断语句后表达式的值与 case 中给定的值是否匹配，如匹配则执行对应的代码分支。理论上 switch 语句可以支持无限多个 case，而且一个 case 中也可以有多个待匹配值，如第 8 行所示。此时各个值之间是逻辑"或"的关系，即多个值中有一个能匹配则认为此分支匹配。第 13 行中的 default 可以理解为一种特殊的 case，代表如果上面 case 都无法匹配时执行的代码分支(default 分支为可选)。需要注意的是第 5 行 switch (color)后代码块必须使用{ }包裹起来。

(2) 代码第 19～36 行中 case 或 default 必须使用 break、fallthrough 及 return 等关键字其中之一作为分支代码的结束标志。break 关键字表示直接跳出 switch 代码块，继续执行后续代码；return 关键字表示返回，后续代码不再执行；fallthrough 关键字则表示继续执行下面 case 中的代码分支，直到 break 关键字或 return 关键字为止。

(3) 代码第 38～52 行中 switch 语句可以基于数据类型进行分支判断，此时 case 语句的写法变为 case type。

上述代码的运行结果如下所示。

```
zeek@standalone:~/zeek-statement$ zeek statement-switch.zeek
Black or White
 < 5
 > 5
bool type
COLOR type
zeek@standalone:~/zeek-statement$
```

使用 switch 语句时还需要注意一点，default 关键字代表的仅是在数据类型匹配情况下的其他分支。如果传入的参数与 case 列出的数据类型不匹配，例如"print count_switch(-2);"或"print count_switch(2.0);"均会造成运行时错误。

### 6.6.6 when 语句

Zeek 脚本中 when 语句用于使用和构造异步函数。异步函数主要有两类，一类是 Zeek 提供的内置异步函数，如 lookup_hostname()，when 语句配合使用 lookup_hostname()函数的代码示例如下。

```
1.  event zeek_init()
2.  {
3.      when (local a = lookup_hostname("zeek.org"))
4.      {
5.          print "lookup done", a;
6.      }
7.      timeout 10secs
8.      {
9.          print "lookup timeout";
```

```
10.     }
11.
12.     print "asynchronous";
13. }
```

在代码中需要注意以下 3 点。

(1) 代码第 1 行中使用了 zeek_init 事件作为脚本入口，与之前不同的是运行该脚本使用 sudo zeek -i enp0s3 -C statement-when-1.zeek 命令来启动 Zeek 主程序，主要原因是如果使用之前的 zeek script.zeek 方式启动，Zeek 主程序在执行完脚本内容后会立即退出，无法体现异步的效果。启用端口监听后，Zeek 主程序就可以一直保持运行状态。

(2) 代码第 7 行中 timeout 10secs 语句给 when 语句等待的时间设置了上限，如果 10s 后条件还未满足则运行 timeout 后代码块中的逻辑。timeout 语句在 when 语句中属于可选项，但如果出现 timeout 语句则 when 语句及 timeout 语句后的代码块必须使用{ }包裹起来。

(3) 代码第 12 行中首先需要注意的是形成的异步效果，从输出的结果看第 12 行代码先于第 5 行代码得到了执行。从代码逻辑上看，由于 lookup_hostname()是异步函数，配合 when 语句可以先执行后续代码，在条件满足后再运行 when 语句代码块内的逻辑。

实际上从语法的角度来讲，when 语句等待的条件满足具体指的是其后的表达式结果，如果为 T 则认为条件满足，如果为 F 则认为条件不满足。在上述代码第 3 行中的“local a = lookup_hostname("zeek.org")”被认为是一个表达式，而在 Zeek 脚本中所有表达式结果都为 T，即“if (local a = (1 + 2)) print "True", a;”的运行结果为“True, 3”。上述代码的运行结果如下所示。

```
zeek@standalone:~/zeek-statement$ sudo zeek -i enp0s3 -C statement-when-
1.zeek
[sudo] password for zeek:
listening on enp0s3

asynchronous
lookup done, {
192.0.78.212,
192.0.78.150
}
^C1627953689.336525 received termination signal
1627953689.336525 474 packets received on interface enp0s3, 0 (0.00%) dropped
zeek@standalone:~/zeek-statement$
```

还需要提到一点，Zeek 中的内置异步函数必须配合 when 语句使用，如果编写类似“if (local lookup_hostname("zeek.org")) print "True", a;”的语句会引发运行时错误" lookup_hostname() can only be called inside a when-condition (lookup_hostname(zeek.org)) "。所以实际使用时用户也不必担心无法区分哪些是异步函数。

另一类异步函数是使用 when 与 return 语句结合起来自定义的异步函数，其用法示例如下所示。

```
1.  global COUNT : interval = 10secs;
2.
3.  function count_down() : bool
4.  {
5.      return when ( |COUNT| == 0)
6.              {
7.                  return T;
8.              }
9.  }
10.
11. event zeek_init()
12. {
13.     when ( count_down() )
14.     {
15.         print "COUNT is 0";
16.     }
17.
18.     print "asynchronous";
19.     COUNT = 0sec;
20. }
```

以上代码的异步效果与上一个示例基本相同，第 18 行代码先于第 15 行得到了执行。需要注意的是这样使用 return 语句加 when 语句形式的函数，在调用时也必须配合 when 语句使用，否则一样会触发运行时错误。上述代码的运行结果如下所示。

```
zeek@standalone:~/zeek-statement$ zeek statement-when-2.zeek
asynchronous
COUNT is 0
zeek@standalone:~/zeek-statement$
```

### 6.6.7 break 语句

Zeek 脚本中 break 语句用于跳出 switch、for 或 while 代码块，应用在 hook 类型中时则用于中断后续所有 hook 处理函数的执行。这些应用方式在前文已有相关代码示例。

### 6.6.8 return 语句

Zeek 脚本中 return 语句用于立即从当前的 function、event 或 hook 代码块中返回，注意虽然 event 或 hook 没有可定义的返回值，但不代表代码中不能出现 return 语句。“return;”这种无返回值的返回语句是可以应用在 event 或 hook 结构中的。

另外，return 语句与 when 语句结合可以用于构建异步函数，这点在 6.6.5 节中已经详细介绍过，在此将不再赘述。

## 6.7 属性(attributes)

### 6.7.1 &redef 属性

Zeek 脚本中的 &redef 属性在 6.5.6 节已经介绍过，使用此属性的 const 声明常量可配合使用 redef 声明进行修改。

### 6.7.2 &priority 属性

Zeek 脚本中的 &priority 属性用于 event 或 hook 类型处理函数，以决定其执行的优先级。例如，“event zeek_init() &priority=10 { print "high priority"; }”与“event zeek_init() &priority=5 { print "low priority"; }”相比，前者将先得到执行。&priority=后的值是 int 类型，默认情况下值为 0。Zeek 脚本根据值依次从大到小运行同一个 event 或 hook 类型的所有处理函数。

### 6.7.3 &log 属性

Zeek 脚本中的 &log 属性专门用于 record 类型中的成员，使其与输出日志中的某个字段关联起来，具体将在 7.1 节介绍日志框架时再进行说明。

### 6.7.4 &optional 属性

Zeek 脚本中的 &optional 属性用于 record 类型中的成员，有此属性的成员无须初始化或赋值。例如，有“type Record : record { a : addr; b : port &optional; };”则在定义并初始化该数据结构的实例时可以使用“local r = Record( $a=192.168.100.1, $b=22/tcp);”，也可以使用“local r = Record( $a=192.168.100.1);”。针对拥有 &optional 属性的成员，可以使用?$运算符来测试其是否已经被赋值。

在 6.6.1 节中已经介绍过，使用 delete 语句可以清除拥有 &optional 属性的成员赋值，使其回到 r?$b 为 F 的状态。

### 6.7.5 &default 属性

Zeek 脚本中的 &default 属性在用于 record 类型成员时，此类成员会拥有一个默认值。例如，有“type Record : record { a : addr; b : port &default=22/tcp; };”，此时使用“local r = Record( $a=192.168.100.1);”初始化类型实例，print r?$b;的结果将为 22/tcp。

&default 属性用在 table 类型数据时起到的效果是如果访问不存在的索引则返回 &default 属性指定的默认值。

&default 属性还可以应用在 function、event 或 hook 类型处理函数的参数中。当某个参数拥有此属性，则在调用函数时可以不明确给出这个参数的值。例如，有“function function(a : addr, b : port &default=22/tcp) {print a, b;}”则“function(192.168.100.

1);与 function(192.168.100.1, 22/tcp);”调用后的结果一致。

### 6.7.6 &add_func、&delete_func 属性

Zeek 脚本中的 &add_func、&delete_func 属性用于重载+=及-=运算符,即给+=及-=运算符定义新的计算逻辑,其具体用法如下代码所示。

```
1.  function STR_add(loper : string, roper : string) : string
2.  {
3.      print "STR add", loper, roper;
4.      return loper + roper;
5.  }
6.
7.  function COUNT_add(loper : count, roper : count) : count
8.  {
9.      print "COUNT add", loper, roper;
10.     return loper + roper;
11. }
12.
13. function COUNT_delete(loper : count, roper : count) : count
14. {
15.     print "COUNT delete", loper, roper;
16.     return loper - roper;
17. }
18.
19. global COUNT : count = 10 &add_func=COUNT_add &delete_func=COUNT_delete;
20. const STR : string = "A" &redef &add_func=STR_add;
21.
22. redef STR += "B";
23. redef COUNT -= 1;
24. redef COUNT += 1;
25.
26. event zeek_init()
27. {
28.     print STR;
29.     print COUNT;
30. }
```

上述代码中需要注意以下两点。

(1) 代码第 1~17 行中重载函数的参数与返回值必须与拥有 &add_func 或 &delete_func 属性的变量的数据类型严格保持一致。重载函数中第一个参数代表左操作数,第二个参数代表右操作数。

(2) 代码第 22~24 行中只有在使用 redef 对变量进行修改时才会触发重载函数。需要注意的是,COUNT 在声明时虽然没有 &redef 属性,但其“变量”的属性本身就意味着

可以被任意修改，第 23～24 行中使用 redef 只是为了触发 &add_func、&delete_func 属性生效。

上述代码的运行结果如下所示。

```
zeek@standalone:~/zeek-attribute$ zeek attribute-add_func-delete_func.zeek
STR add, A, B
COUNT delete, 10, 1
COUNT add, 9, 1
AB
10
zeek@standalone:~/zeek-attribute$
```

### 6.7.7 &create_expire、&read_expire、&write_expire、&expire_func 属性

Zeek 脚本中的 &create_expire、&read_expire、&write_expire、&expire_func 这 4 个属性用于设置 set 或 tabale 类型中成员的超时时间以及超时后执行的函数。其中 &create_expire 属性用于定义成员加入后的超时时间，即超时后此成员将自动被删除。可以使用 &expire_func 属性给超时这个行为定义一个函数，超时发生后即可以得到执行。具体使用方法如下所示。

> Zeek 官方文档中介绍这 4 个属性时给出的适用范围是 container elements。严格意义上讲 set、vector、table、record 等类型都属于 container，但实际上这 4 个属性只能应用于 set 以及 table 类型，这点读者在参考官方文档时需要注意。

```
1.  function s_expired(s : set[string], id : any) : interval
2.  {
3.      print "expired", fmt("%DT", current_time());
4.      return 0sec;
5.  }
6.
7.  global s : set[string] &create_expire=20secs &expire_func=s_expired;
8.
9.  event s_test()
10. {
11.     print "Hello" in s;
12.     print fmt("%DT", current_time());
13. }
14.
15. event network_time_init()
16. {
17.     add s["Hello"];
18.     print fmt("%DT", current_time());
```

```
19.     schedule 30secs {s_test()};
20. }
```

上述代码中需要注意以下 4 点。

（1）代码第 1～5 行中超时函数定义首个传入参数必须与超时的类型严格匹配，即与第 7 行声明的类型一致。超时函数其余参数代表超时类型的索引，因当前的超时类型为 set，理论上并无索引的概念，所以用“id ：any”来表示。如果超时类型为 table，例如有“table[addr, port] of string”则超时函数的原型可写为“function s_expired(s ：set[string], id1 ：addr, id2 ：port) ：interval”。超时函数的返回值代表一个延时，例如第 4 行中“return 0sec;”表示在 20s+0s 后实际删除对应的超时成员。

（2）代码第 7 行中通过“&create_expire”属性给 s 中的成员定了 20s 的超时时间，并通过 &expire_func 属性给定了超时发生时需要执行的函数。需要注意的是，超时属性仅在非 function、event 或 hook 代码块中才能生效，即使用 local 声明的变量使用超时属性虽然语法上不会报错，但其实际并不会生效。

（3）代码第 9～13 行中定义一个事件并在事件处理函数中测试 Hello 是否存在于 s 中，用于超时后的效果测试。

（4）代码第 15～20 行中因使用到了 schedule 语句，所以脚本入口改为 network_time_init 事件。第 17 行通过给 s 新增成员从而触发超时机制的运行。从运行结果上看，Zeek 脚本超时机制的计时并不精确，实际触发超时函数时已经过去了 27s，这点在实际使用时需要注意。

上述代码的运行结果如下所示。

```
zeek@standalone:~/zeek-attribute$ sudo zeek -i enp0s3 -C attribute-expire.zeek
listening on enp0s3

2021-06-06-11:12:15T
expired, 2021-06-06-11:12:42T
F
2021-06-06-11:12:45T
^C1628046770.597541 received termination signal
1628046770.597541 2150 packets received on interface enp0s3, 0 (0.00%) dropped
zeek@standalone:~/zeek-attribute$
```

&read_expire、&write_expire 属性的使用方法与上面介绍的 &create_expire 属性基本一致，但超时触发的条件不一样。&read_expire 属性在成员最后一次读或写操作后触发，而 &write_expire 属性则在成员最后一次写操作后触发（注意 &read_expire 属性是由读或写触发，而 &write_expire 属性仅是由写触发）。例如有“global t ：table[addr, port] of string &read_expire=20secs;”，则在 t 中成员最后一次读或写后触发超时机制并在 20s 后超时，即如果 20s 内再次进行了读或写操作会重置超时机制。另一点需要注意的是，&read_expire 与 &write_expire 属性在语法上适用于 set 和 table 类型，但实际上 set 类型不可能对其中成员进行读写操作，所以实际只能应用在 table 类型上。

最后还有一点，上述的超时特性在复杂类型数据中只在最外层有效，如"table [addr, port] of set[string]"这种数据类型定义，其中 set 的变化是无法体现到 table 类型上的。

这种超时机制完全是针对流量分析任务的特点设计的。在流量分析中经常会发现可疑 IP 地址，但需要根据接下来一段时间内此 IP 地址的行为来判定其是否为恶意 IP 地址，在这种场景下利用超时机制可以很方便地实现对应代码逻辑。读者一方面可以自行尝试构思一下怎么编写脚本，另一方面也可以设想一下如果使用通用性编程语言实现这样的逻辑需要怎么做，有了对比就可以理解 Zeek 脚本在流量分析方面的特殊优势了。

### 6.7.8 &on_change 属性

Zeek 脚本中 &on_change 属性用于定义 table 类型中的成员发生变化时需要执行的函数，其具体使用方法示例代码如下所示。

```
1. function onchange_function(t : table[count] of string, tpe : TableChange,
   id : count, val : string)
2. {
3.     if (tpe == TABLE_ELEMENT_NEW)
4.     {
5.         t[id] = val + "Zeek";
6.     }
7.     else
8.         print "not new";
9. }
10.
11. global t : table[count] of string &on_change=onchange_function;
12.
13. event zeek_init()
14. {
15.     t[0] = "Hello";
16.     t[1] = "Bye";
17.
18.     print t[0], t[1];
19.
20.     t[0] = "Changed";
21. }
```

上述代码中需要注意以下两点。

(1) 代码第 1～9 行中需注意 &on_change() 函数的原型没有返回值，其第一个参数

必须与使用 &on_change 属性的数据类型完全一致。第二个参数是一个枚举类型包含了 TABLE_ELEMENT_NEW、TABLE_ELEMENT_CHANGED、TABLE_ELEMENT_REMOVED、TABLE_ELEMENT_EXPIRED 这 4 个元素，分别对应新增、修改、删除以及超时四种触发 &on_change 属性的动作。第三个参数为对应数据类型的索引，如果定义中索引由多个数据类型组成，则每个索引数据类型都需要有一个参数与之对应。第四个参数为对应成员的值。

（2）代码第 13～21 行通过 &on_change 属性，每次新增数据成员都会在其值的后面拼接 Zeek 字符串，其他动作则会打印出 not new 字符串。

上述代码的运行结果如下所示。

```
zeek@standalone:~/zeek-attribute$ zeek attribute-onchange.zeek
HelloZeek, ByeZeek
not new
zeek@standalone:~/zeek-attribute$
```

### 6.7.9 &raw_output 属性

Zeek 脚本中 &raw_output 属性用于定义 file 类型的打开模式。在使用此属性打开文件后，输出的非 ASCII 字符不再会被自动进行转义。具体使用方法示例代码如下所示。

```
1.  global f1 : file;
2.  global f2 = open("./test-2") &raw_output;
3.
4.  event zeek_init()
5.  {
6.      local s : string = "\xAF\xAF";
7.
8.      f1 = open("./test-1");
9.
10.     print f1, s;
11.     print f2, s;
12.
13.     close(f1);
14.     close(f2);
15. }
```

代码中 f1 采用一般形式打开而 f2 使用 &raw_output 属性打开。在写入非 ASCII 编码到 f1 时自动进行了转义，而写入到 f2 时则直接按实际二进制写入，所以文件内容显示为乱码。

上述代码的运行结果如下所示。

```
zeek@standalone:~/zeek-attribute$ zeek attribute-rawoutput.zeek
zeek@standalone:~/zeek-attribute$ cat test-1
\xaf\xaf
zeek@standalone:~/zeek-attribute$ cat test-2
��zeek@standalone:~/zeek-attribute$
```

### 6.7.10 &error_handler 属性

Zeek 脚本中的 &error_handler 属性为报告框架(reporter framework)专用,实际使用的场景较少,在这里就不展开进行介绍了。

### 6.7.11 &type_column 属性

Zeek 脚本中的 &type_column 属性为输入框架(input framework)专用,实际使用的场景较少,在这里就不展开进行介绍了。

### 6.7.12 &backend、&broker_store、&broker_allow_complex_type 属性

Zeek 脚本中的 &backend、&broker_store、&borker_allow_complex_type 这 3 个属性用于定义是否以及以何种方式在集群各个结点间同步数据。在实际使用中 Zeek 提供的框架特性基本上都兼容处理了集群部署和单点部署的差异,上述 3 个属性只有在编写底层代码时才会使用,在这里就不详细介绍了,

### 6.7.13 &deprecated 属性

Zeek 脚本中的 &deprecated 属性用于提示及标识某个符号已经被废弃,例如有"type Table : table[count] of string &deprecated="use xxx instead";"则在使用 Table 时会输出类似"warning in ./attribute-deprecated.zeek, line 5: deprecated (Table): use xxx instead"的告警信息。

## 6.8 指令(directives)

Zeek 脚本支持一系列的指令,可利用指令定义在实际代码开始运行前完成所需的逻辑动作,其功能可类比其他语言中宏定义的概念。

### 6.8.1 @DIR、@FILENAME 指令

Zeek 脚本中的@DIR、@FILENAME 指令在脚本解析时会被替换为当前目录及脚本文件的名字。例如,"print @DIR, @FILENAME;"的运行结果为"/home/zeek/zeek-directive/., directive-dir-filename.zeek"。这两个指令主要在脚本编写阶段进行问题定位时使用。

### 6.8.2 @deprecated 指令

Zeek 脚本中的@deprecated 指令用于表示当前脚本已经被废弃，例如在脚本中增加"@deprecated "use xxx.zeek instead""，则在执行脚本时会出现如"deprecated script loaded from command line arguments "use xxx.zeek instead""的告警。

@deprecated 指令用于标识脚本文件被废弃，而前面介绍过的 &deprecated 属性则被用于标识脚本中某个符号已被废弃。

### 6.8.3 @load、@load-plugin、@load-sigs、@unload 指令

Zeek 脚本中的@load 指令用于在当前 Zeek 脚本中加载另一个脚本，由于 Zeek 核心在进行脚本解析时会追踪每一个使用@load 指令加载的脚本，所以重复加载同一个脚本并不会引发问题，多余的加载操作会被 Zeek 核心自动忽略。@load 指令后的脚本名称及路径遵循 4.5 节中介绍的默认搜索路径机制，即如果有@load protocols/ssh/detect-bruteforcing 则实际加载的是<PREFIX>/share/zeek/policy/protocols/ssh/detect-bruteforcing.zeek 脚本。

> 在实际编写代码时，加载一个脚本可以简单地理解为将此脚本的内容复制粘贴到当前脚本中，所以被加载脚本中的所有符号在语法层面上都与写在当前脚本中相同。

需要注意的是可以使用@load 指令来加载一个脚本模块。例如，有@load tuning/default 则实际上会加载<PREFIX>/share/zeek/policy/tuning/default/__load__.zeek（两边都是两个下画线），__load__.zeek 是每个脚本模块必备的一个脚本文件，其作用是作为入口点进一步通过@load 指令加载此模块内的脚本文件。

@load-plugin 指令用于加载指定的 Zeek 插件。在前文中曾经介绍过 Zeek 可以通过插件的形式扩展其核心功能，主要是用于对可分析协议的扩展。Zeek 默认内置的很多分析功能其实就是由一个个插件实现的，用户可以通过 zeek -N 命令查看当前已经加载的插件。

@load-sigs 指令的用法与@load 基本相同，区别是@load-sigs 加载的不是 Zeek 脚本而是包含特征定义的以.sig 作为后缀的特征文件，7.8 节中介绍 Zeek 特征框架时将会使用到这个指令。

@unload 指令的作用是告诉 Zeek 脚本不要加载某个脚本，但并不会影响已经加载的脚本。如果有

```
1. @load protocols/ssh/detect-bruteforcing
2. @unload protocols/ssh/detect-bruteforcing
```

则实际上@unload protocols/ssh/detect-bruteforcing 并不会影响 detect-bruteforcing.zeek 已经被加载的事实。但如果颠倒两者的顺序

```
1. @unload protocols/ssh/detect-bruteforcing
2. @load protocols/ssh/detect-bruteforcing
```

则此时@load protocols/ssh/detect-bruteforcing 会被 Zeek 脚本忽略，加载动作不会实际发生。而且无论后续代码中有多少处@load protocols/ssh/detect-bruteforcing 都一样会被忽略。

> @unload 指令的作用与字面意义完全不同，这点读者需要格外注意。它并不是卸载某个已经加载的脚本，而是告诉 Zeek 以后不希望加载某个脚本。从这个意义上延伸，@unload 使用不当带来的问题将很难被发现。例如 A 脚本中有@unload C.zeek，而 B 脚本由于同时用到了 A、C 两个中的功能，所以编写了@load A.zeek 以及@load C.zeek 两行代码，但实际上由于 A 中的@unload C.zeek 导致 B 中的@load C.zeek 无法得到正确执行，这样的问题如果不看 A 脚本的代码是很难发现的。在 Zeek 的内置脚本中也从未使用过@unload 指令，所以读者也应该尽量避免使用。
>
> @unload 指令唯一可能适用的场景是在两个脚本的功能互斥时，通过互相执行@unload 指令来保证只有一个脚本能得到加载。

### 6.8.4 @prefixes 指令

Zeek 脚本中的@prefixes 指令与 4.2.1 节中介绍的-p 参数作用基本相同，都是指定需加载脚本的前缀。不同的是@prefixes 指令仅作用于@load 及@load-sigs 指令的加载动作。@prefixes 指令可以适用=及+=运算符，如果有

```
1. @prefixes=A
2. @prefixes=B
3. @load test.zeek
```

则实际上会首先加载 B.test.zeek，然后加载 test.zeek。@prefixe=B 覆盖了上一句@prefixe=A 的效果。如果想同时加载 A.test.zeek、B.test.zeek 以及 test.zeek 则应该使用

```
1. @prefixes=A
2. @prefixes+=B
3. @load test.zeek
```

这种写法。另外需要注意@prefixes 指定的前缀中不允许出现空格。

### 6.8.5 @if、@ifdef、@ifndef、@else、@endif 指令

Zeek 脚本中的@if、@ifdef、@ifndef、@else 以及@endif 指令用于构建指令条件分支，这一组指令的主要作用是在 Zeek 脚本实际执行前(这么表述不太准确，具体时机后面会讲到)实现条件判断功能，从而根据不同的情况执行不同的分支。具体使用方法示例代码如下所示。

```
1.  global ENABLE : bool = F;
2.
3.  function enabled() : bool
4.  {
5.      return ENABLE;
6.  }
7.
8.  event zeek_init()
9.  {
10.     ENABLE = T;
11.     print ENABLE;
12. @if (enabled())
13.     local x : int = -1;
14.     local z : double = 1.0;
15. @else
16.     local x : count = 1;
17.     local y : double = 1.0;
18. @endif
19.
20.     print x is int;
21.
22. @ifdef (y)
23.     print "y is available";
24. @endif
25.
26. @ifndef (z)
27.     print "z is unavailable";
28. @endif
29. }
```

上述代码中需要注意以下两点。

(1) 代码中第 12～18 行中需要注意实际起效的是第 16～17 行而不是第 13～14 行代码。原因是第 12 行@if (enabled())的解析要早于 zeek_init 事件的发生(准确地说应该是早于事件引擎的运行)，而此时 enabled()函数返回值为 F。

(2) 代码中第 22～28 行中由于上面仅第 16～17 行代码起效，所以 y 有定义而 z 没有定义。

另外需注意第 12、第 22、第 26 行代码中的括号是必须要有的。上述代码的运行结果如下所示。

```
zeek@standalone:~/zeek-directive$ zeek directive-if-else.zeek
T
F
y is available
```

```
z is unavailable
zeek@standalone:~/zeek-directive$
```

进一步分析上面的代码，可以大致梳理出Zeek脚本的运行脉络。首先是事件引擎启动这一关键时间点，6.8节中介绍的所有指令就是可以在事件引擎启动前得到执行。其次并不是所有语句在事件引擎启动前都无法运行，上述代码中第1～6行显然在事件启动前就已经执行了，否则第12行代码根本无法得到结果。

Zeek脚本的执行实际上被切割为两个部分，一部分是读取时执行，另一部分是依靠事件引擎触发执行。读者如果还有疑问，可以尝试在上面enabled()函数内且在返回前增加一行"print @DIR, @FILENAME;"，看一下此行代码得到执行的时机。

另外读者可以尝试分别去掉第5行和第14行代码后的分号，执行脚本后可以发现Zeek根本没发现第14行的语法错误。

综合以上几点，脚本在被Zeek主程序读入后首先按顺序扫描代码，分析判断语法的正确性，如果遇到指令则开始计算指令后包含的判断条件并根据条件调整实际代码。然后继续扫描直到代码全部完成，最后启动事件引擎不断产生事件，事件处理逻辑最终得到运行。在事件引擎启动之前，上面的zeek_init事件处理函数实际上已经被处理为如下代码了。

```
1.  event zeek_init()
2.  {
3.      ENABLE = T;
4.      print ENABLE;
5.      local x : count = 1;
6.      local y : double = 1.0;
7.
8.      print x is int;
9.
10.     print "y is available";
11.
12.     print "z is unavailable";
13. }
```

### 6.8.6 @DEBUG指令

Zeek脚本中的@DEBUG指令在Zeek脚本中无法直接使用，其功能体现在zeek命令的-d参数中，这里就不做介绍了。

## 6.9 模块、命名空间与作用域

前面8节介绍了Zeek脚本编程的基本元素并引入了模块的概念。Zeek脚本通过划分不同的模块来管理代码中符号的作用域。模块中的符号默认对其他模块不可见，但是可以通过 export 声明能够在模块外部可见的符号。

暂时返回本章开始的 Hello World! 代码示例，在这段代码中并未使用 module 语句，那应该如何判定所属的模块？如果这段代码中使用了 export 及 global 声明符号，那么此时符号的作用域是怎样的？本节就来讨论相关问题。

### 6.9.1 全局模块

Zeek 脚本通过提供一个默认的全局模块 GLOBAL 来解决上述问题（注意 GLOBAL 就是这个全局模块的名字）。在一个代码文件中如果前文（使用@load 加载的脚本也属于前文）均未使用 module 声明模块，则默认为 GLOBAL 模块，如下代码示例展示了 GLOBAL 模块的一些基本特性。

```
1.  type GlobalString : string;
2.
3.  module ModuleA;
4.  export
5.  {
6.      global ModuleName : GlobalString = "ModuleA";
7.  }
8.
9.  module GLOBAL;
10.
11. global ModuleName : GlobalString = "GLOBAL";
12.
13. module ModuleB;
14.
15. event zeek_init()
16. {
17.     print ModuleA::ModuleName;
18.     print GLOBAL::ModuleName;
19.     print ModuleName;
20. }
```

上述代码中需要注意以下 4 点。

(1) 代码第 1 行中在前文没有任何 module 语句的情况下，此行定义的类型别名 GlobalString 默认属于 GLOBAL 模块。

(2) 代码第 9 行中可以使用“module GLOBAL;”切换至 GLOBAL 模块。

(3) 代码第 18 行中可以使用“GLOBAL::”写法来指明调用 GLOBAL 模块中的符号。需要注意的是，GLOBAL 模块中的符号并不需要包含在 export 代码块中才能被其他模块调用，GLOBAL 模块中的符号默认可以直接被其他模块调用。实际上在 GLOBAL 模块中也可以使用 export 声明，只不过使用与不使用的效果一样。

(4) 代码第 19 行中任意模块中可直接使用 GLOBAL 模块中的符号。

上述代码的运行结果如下所示。

```
zeek@standalone:~/zeek-global$ zeek global.zeek
ModuleA
GLOBAL
GLOBAL
zeek@standalone:~/zeek-global$
```

从上述代码中可以总结出 GLOBAL 模块的两个特点：第一是在其内使用 global 或效力等同(如 type、option 等)的关键字声明的符号其他模块直接可用，不需要在 export 代码块中声明；第二是 GLOBAL 模块在代码中可以随时切换进入，没有特殊限制。

直观上可以通过图 6.5 来描述 Zeek 脚本中各个模块之间的关系。整体讲除 GLOBAL 模块外的所有模块都可以被理解为寄生在 GLOBAL 模块之中，所以 GLOBAL 模块中的全局符号可以被随意使用。除 GLOBAL 外的所有模块都有严格的边界，所以只能使用目标模块通过 export 声明导出的符号。由于模块有严格的边界，所以每个模块都可以被理解为一个独立的命名空间，包括 GLOBAL 模块在内。

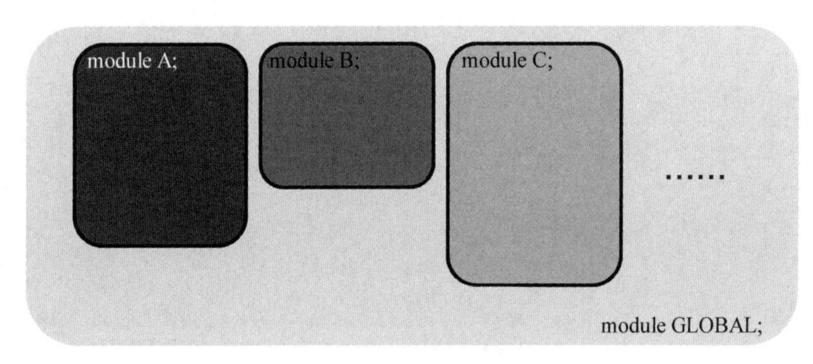


图 6.5　模块关系示意图

### 6.9.2　符号的作用域

再来整体看一下 Zeek 脚本中的符号作用域问题。Zeek 脚本中的符号作用域从声明上讲有两种：一种是全局，另一种是本地。可以简单将其理解为使用 local 声明的符号作用域为本地，使用 global 声明的符号作用域为全局(type、const、option、function 等声明实际包含了 global 的含义)，但实际上这两种作用域还有一些细分的情况。

先看使用 global 声明的符号，详细区分其作用域有以下 3 种情况。

(1) 如果在 GLOBAL 模块中，符号实际作用域可以覆盖所有模块，这个是真正的全局符号。

(2) 如果在非 GLOBAL 模块中且不在 export 代码块中，符号实际作用域限于本模块，这个叫作模块符号。

(3) 如果在非 GLOBAL 模块中但处在 export 代码块中，符号实际作用域可以覆盖所有模块，前提是其他模块在调用时必须以模块名为前缀。

使用 local 声明的符号也有几种需要注意的情形，示例代码如下所示。

```
1.  function local_identifier()
2.  {
3.      local str : string = "Hello";
4.
5.      for (c in str)
6.      {
7.          local s1 : string = "+";
8.          print c;
9.          print s1;
10.     }
11.     print "------------------";
12.     print s1;
13.     print c;
14.
15.     local f = function(){local s2 = "World"; str = s2;};
16.
17.     f();
18.     print str;
19.
20. }
21.
22. event zeek_init()
23. {
24.     local_identifier();
25. }
```

上述代码中需要注意以下 4 点。

(1) 代码第 3 行中符号 str 的作用域从声明开始直到 function 代码块结束，即第 3～20 行。

(2) 代码第 5 行，for 循环条件中隐含定义了符号 c，它的作用域计算方法与 str 一样，为第 5～20 行。

(3) 代码第 7 行在 for 循环中定义的符号 s1 虽然处在另一对{ }的范围之内，但其作用域规则依然与 str 一样，为第 7～20 行。

(4) 代码第 15 行中“function(){local s2 = "World"; str = s2;}”这种特殊写法需要注意，一方面可以引用上一级函数的符号 str。另一方面在这个函数中声明的符号 s2，其作用域仅限于“{local s2 = "World"; str = s2;}”之中，这与之前 for 循环中的符号作用域不同。

上述代码的运行结果如下所示。

```
zeek@standalone:~/zeek-global$ zeek local.zeek
H
+
```

```
e
+
l
+
l
+
o
+
------------------
+
o
World
zeek@standalone:~/zeek-global$
```

符号的作用域实际上也可以作为判断符号定义冲突的基准，在一个作用域内原则上不能出现同名的符号，6.9.3 节将通过分析 Zeek 脚本的符号检索顺序来进一步进行说明。

### 6.9.3 符号检索的顺序

搞清楚了 Zeek 脚本模块机制以及符号作用域，还需要再介绍下声明或调用一个符号时，Zeek 脚本是如何按照一定规则来进行符号检索的(声明时需要检索有无重名的符号，而调用时需要检索到对应的符号，两者实际上都包含了一个检索过程)。具体示例代码如下所示。

```
1.  global ModuleName : string = "GLOBAL";
2.  global ModuleNO : count = 0;
3.
4.  module ModuleA;
5.  global ModuleName : string = "Module A";
6.
7.  module ModuleB;
8.  export
9.  {
10.     global ModuleName : string = "Module B";
11. }
12.
13. #global ModuleName : string;   conflic with line 10
14.
15. module ModuleA;
16. event zeek_init()
17. {
18. #    local ModuleName : string;   conflict with line 5
19.
```

```
20.     print ModuleName;
21.     print ModuleB::ModuleName;
22.     print GLOBAL::ModuleName;
23.     print ModuleNO;
24. }
```

上述代码中需要注意以下6点。

(1) 代码第1～2行中符号ModuleName与ModuleNO属于GLOBAL模块，只要与其他GLOBAL模块中的符号不产生冲突即可被声明。

(2) 代码第5行中声明的ModuleName因属于ModuleA模块，与第1行声明的同名符号分属不同模块，所以不会产生冲突。

(3) 代码第10行中export代码块声明的ModuleName属于ModuleB模块，同样不会产生冲突。

(4) 代码第13行中声明的ModuleName与第10行同属一个模块，故产生了冲突。export代码块中的声明在作用域上没有特殊规则，仅是说明其可被外部模块调用。

(5) 代码第18行中声明的符号与第5行冲突，global声明的作用域是覆盖local声明的。

(6) 代码第23行中是Zeek脚本中比较特殊的一个规则，如果调用的符号在本模块没有被检索到，会自动检索GLOBAL模块中的符号，但仅限于在调用符号时。

上述代码的运行结果如下所示。

```
zeek@standalone:~/zeek-global$ zeek symbol.zeek
Module A
Module B
GLOBAL
0
zeek@standalone:~/zeek-global$
```

## 6.10 常用数据结构

Zeek脚本编程中有几个record类型的数据结构会经常被使用，例如connection这个数据结构在几乎所有的Zeek事件中都会作为参数出现。本节对这些数据结构先做一个简要的说明。

### 6.10.1 GLOBAL::conn_id结构

GLOBAL::conn_id用于记录单个连接的IP地址及端口信息，Zeek在分析流量时对每个发现的连接都会生成这样的一个数据结构与之对应。GLOBAL::conn_id结构中的成员说明如表6.8所示。

表 6.8　GLOBAL::conn_id 结构中的成员说明

| 成员名称及类型 | 成 员 说 明 |
|---|---|
| orig_h: addr | 连接发起方(orig)的 IP 地址 |
| orig_p: port | 连接发起方(orig)的端口 |
| resp_h: addr | 连接目的方(resp)的 IP 地址 |
| resp_p: port | 连接目的方(resp)的端口 |

GLOBAL::conn_id 结构的完整定义可查看<PREFIX>share/zeek/base/init-bare.zeek 中第 157～162 行代码。关于发起方 orig 和目的方 resp 的含义在 4.4.2 节中已有介绍。

### 6.10.2　GLOBAL::endpoint 结构

GLOBAL::endpoint 结构用于记录单个连接某一方(orig 或 resp 方)的相关信息,通常连接发起方和连接目的方均分别使用一个 GLOBAL::endpoint 进行描述。

GLOBAL::endpoint 结构中的成员说明如表 6.9 所示。

表 6.9　GLOBAL:: endpoint 结构中的成员说明

| 成员名称及类型 | 成 员 说 明 |
|---|---|
| size: count | 本端发送的数据量 |
| state: count | 本端连接状态。在 TCP 下的状态有 TCP_INACTIVE、TCP_SYN_SENT、TCP_SYN_ACK_SENT、TCP_PARTIAL、TCP_ESTABLISHED、TCP_CLOSED、TCP_RESET 这 7 种。在 UDP 下则有 UDP_ACTIVE 与 UDP_INACTIVE 两种状态 |
| num_pkts: count | 本端发送的数据包数量 |
| num_bytes_ip: count | 本端发送的字节数(IP 层面) |
| flow_label: count | 本端使用的 IPv6 flow label,如果是 IPv4 则固定为 0 |
| l2_addr: string | 本端链路层地址(以第一个数据包中的地址为准) |

“GLOBAL::endpoint”的完整定义可查看<PREFIX>share/zeek/base/init-bare.zeek 中第 395～414 行代码。

### 6.10.3　GLOBAL::connection 结构

GLOBAL::connection 用于描述一个连接,是 Zeek 脚本当中的核心数据结构,其使用频率也相当高。GLOBAL::connection 结构中的成员说明如表 6.10 所示。

表 6.10　GLOBAL::connection 结构中的成员说明

| 成员名称及类型 | 成 员 说 明 |
|---|---|
| id: conn_id | 描述连接基本信息的 conn_id 实例 |
| orig: endpoint | 描述连接发起端的 endpoint 实例 |

续表

| 成员名称及类型 | 成 员 说 明 |
|---|---|
| resp：endpoint | 描述连接目的端的 endpoint 实例 |
| start_time：time | 连接开始时间 |
| duration：interval | 连接持续时间 |
| service：set[string] | 连接中的应用层协议 |
| history：string | 连接的历史状态，参考 4.4.3 节内容 |
| uid：string | 连接的 uid，参考 4.4.1 节内容 |
| tunnel：EncapsulatingConnVector | 如果连接承载的是隧道类协议，在剥离隧道协议相关数据包头后的实际连接描述实例 |
| vlan：int | 连接的 VLAN 信息 |
| inner_vlan：int | 连接的内部 VLAN 信息 |

GLOBAL::connection 结构的完整定义可查看＜PREFIX＞share/zeek/base/init-bare.zeek 脚本文件中第 420～455 行代码。由于 GLOBAL::connection 结构是一个贯穿连接生命周期的数据结构，所以在 Zeek 脚本编写实践中经常会使用 redef 语句在其中添加额外需要的成员，以便在连接生命周期过程中保存所需的其他数据。另外，绝大多数 Zeek 内置事件中都会有一个 GLOBAL::connection 类型的参数作为传入参数，完全可以把 GLOBAL::connection 结构理解为一个可使用的数据容器，利用它给事件处理函数传递数据。上述两种用法也是 Zeek 内置脚本中的惯用方法。

## 6.11 经验与总结

本章基本完成了对 Zeek 脚本编程语法的介绍。整体来看 Zeek 脚本中的很多语法特性都是针对流量分析任务专门设计过的，但也正因为如此，Zeek 脚本对于初学者来说可能没那么友好。另外，Zeek 脚本并不是作为通用型编程语言开放使用，这也就导致其语法和执行的逻辑都还有一些瑕疵。

但上述问题都不能改变一个事实，那就是 Zeek 脚本可能是目前仅有的一种针对流量分析需求而设计的编程语言。如果希望能够快速且深度自定义地对流量进行分析，那可能只有 Zeek 脚本可供选择。为尽量减少读者在使用 Zeek 脚本时可能踩到的坑，笔者在这里总结了以下 7 点在编程时的经验供读者参考。

（1）代码一定要尽早使用 module 语句声明自己的模块（最好是在第一行就声明），避免在 GLOBAL 模块中添加任何代码。GLOBAL 模块可以理解为是所有模块公用的，除非添加的代码是供所有模块使用的，否则不应该出现在 GLOBAL 模块中。本书截至目前的代码示例都没有这么做，主要是为了避免过早引入模块机制，打乱由简至繁的阅读学习过程。

（2）调用本模块内的全局符号最好也以“模块名::符号名”的方式书写，如“module

ModuleA；global ModuleName ：string；ModuleA::ModuleName = "Module A";"。这样做的好处是避免 Zeek 脚本自动检索 GLOBAL 模块。例如，如果在 GLOBAL 模块中定义了 Modulename，在 ModuleA 模块中调用 ModuleName 时误将 N 写为 n，此时如果使用"ModuleA::Modulename"调用会得到"符号未定义"的错误提示，问题就很容易被发现，但如果只使用 Modulename 调用则不会得到任何错误提示，程序能够运行但却无法得出预期的结果，这样的问题很难定位。

（3）不要使用@unload 指令，避免其他模块在复杂的加载关系中因包含了某个第三方脚本而导致后续无法加载预期的脚本。实际上 Zeek 内置的所有脚本中也都从未使用过@unload 指令。

（4）@load 指令的使用也需要注意，一方面@load 指令必须在 module 语句之前，这样可以避免加载文件中的 module 语句对当前代码模块归属的影响。例如在 ModuleA.zeek 脚本文件中有语句"module ModuleA;"，此时在 ModuleB.zeek 文件中先编写了"module ModuleB;"，然后有@load ModuleA.zeek 语句，那么后续的代码实际上是归属在 ModuleA 模块中而不是预期的 ModuleB 模块。另一方面@load 指令的使用需要尽量集中在脚本开头的位置，避免给阅读代码造成困扰。如果必须在非代码头部的地方使用@load 指令，那么建议在其后马上使用 module 语句显式切换回预期的模块当中，这样无论加载的脚本有无切换模块，都可以保证后续代码归属于预期的模块。

（5）多利用 GLOBAL::connection 结构来传递所需的数据。由于 Zeek 脚本代码无法触及 Zeek 内核，也无法修改已有事件的处理函数原型，故可以把 GLOBAL::connection 结构作为 Zeek 脚本层与 Zeek 核心层的一个桥梁，通过 redef 声明在 GLOBAL::connection 结构中新增成员的方式来传递所需的额外数据。

（6）使用 &priority 属性合理安排事件处理函数的执行顺序。在一个事件处理函数内不应该有耗时较长的操作，如果必须有则建议安排至低优先级执行。

（7）合理搭配使用 event 和 hook 类型，event 类型可以理解为是 Zeek 脚本层面与核心层面共用的一种机制，脚本层面在编写事件处理函数时不应出现耗时较长的操作，以避免降低 Zeek 核心的执行效率。耗时较长的操作建议使用 hook 类型来完成。

最后，与其他编程语言一样，如果想用好 Zeek 脚本语言，最好的办法就是不断地读与写。通过阅读内置脚本的源代码不断借鉴吸取其中的编程范式，通过编写 Zeek 脚本不断熟悉其语言的特性。

# 第7章 Zeek框架

框架是Zeek脚本的重要组成部分。如果说第6章内容是Zeek脚本编程的入门，那么本章介绍的框架就是Zeek脚本编程的进阶。可以将Zeek框架类比为一个工具箱，其中提供了多种常用的工具。绝大多数情况下编写Zeek脚本所需要做的仅是按照实际情况挑选并使用正确的框架。从Zeek脚本编程的角度讲，开发者只需要将Zeek脚本当中的事件、框架、内置函数这3方面合理黏合起来就可以实现大多数的流量分析功能。

如果在编写Zeek脚本时发现需要写大量的代码，建议这时候停下来想一想，有什么Zeek内置功能是可以直接套用的。从笔者的编程经验看，Zeek经过这么多年的积累与沉淀，绝大多数常用的流量分析场景都已经被解构并已提取了公共部分固化为某个内置的框架、事件或脚本了。

通过第6章的内容介绍，读者应该已经有能力去阅读具有实际功能的Zeek脚本代码。所以本章以及后续章节不会再对代码示例进行逐行或逐块地解读，而代之以对代码整体功能的描述。另外由于每个框架的功能及组织方式都不同，所以本章对每个框架的介绍也不会拘泥于某一种固定的形式，有的框架会用一个脚本来统一进行代码示例，有的框架则是在介绍过程中穿插使用代码示例，总之以能介绍清楚框架特性为最终目标。当然本章的代码示例还要遵循本书一贯的原则，即全部都是完整的可独立运行的脚本，以便读者能够将脚本放入实验环境中去进一步调试分析。

Zeek官方文档中列出的框架有13个，实际上根据源代码来看有20个。本着快速上手使用的目标，本章将从所有框架中挑选8个常用的框架进行介绍。框架的实现代码主要放在＜PREFIX＞/share/zeek/base/frameworks目录下。所有框架都是以Zeek脚本模块的形式出现，可以通过“模块名::符号名”来调用该框架导出的符号，从而调用框架的特定功能。另外，＜PREFIX＞/share/zeek/policy/frameworks目录存放的是利用框架实现的特定流量分析脚本，读者如果想自行了解框架的使用也可以把阅读这个目录的脚本代码作为切入点。

## 7.1 日志框架(Log::)

日志框架是Zeek脚本中的基础框架之一，其提供了输出分析日志的功能，前文中所有日志示例都是通过该框架生成的。通过日志框架可以在脚本中快速实现新增日志、调整已有日志、调整日志输出方式等功能。

Zeek 的日志框架由 3 个主要概念组成，即日志流(streams)、过滤器(filters)以及输出端(writers)。这 3 个概念在日志框架中的作用和位置如图 7.1 所示。日志流代表了某个日志本身，例如在 4.4 节中详细介绍过的 conn.log 就是一个日志流。过滤器用于对日志流进行调整。输出端用来决定日志流最终落地的方式，目前日志框架支持 ASCII Writer、SQLite Writer、None Writer 这 3 种输出端。

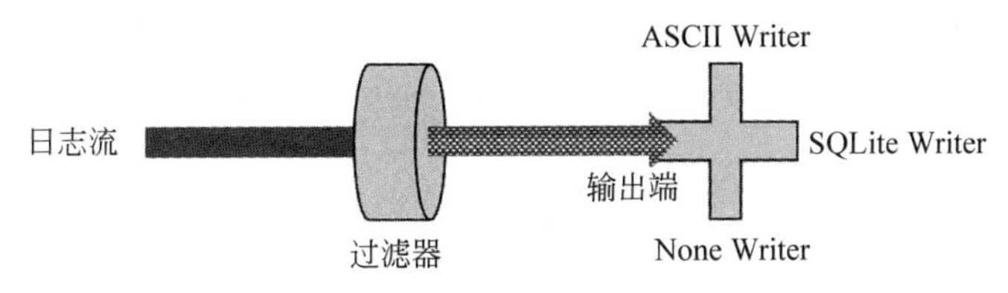


图 7.1　日志模块的 3 个关键概念

## 7.1.1　日志流

先来看一下有关日志流相关的主要功能接口。在创建日志流的同时会自动创建一个默认的过滤器以及一个默认的输出端，所以一个日志流在创建后就具备输出日志的基本能力了，其主要功能接口如表 7.1 所示。

表 7.1　日志流的主要功能接口

| 接口名称 | 原　型 | 功　能 |
|---|---|---|
| Log::ID | type Log::ID: enum{ }; | 向日志框架注册一个日志流名称，具体方式为使用 redef 声明向 enum 类型中新增枚举元素，enum 类型的这种特殊用法在 6.4.3 节中已经介绍过 |
| Log::create_stream | global create_stream: function(id: ID, stream: Stream) : bool; | 创建日志流，参数 stream 为描述此日志流的数据结构 |
| Log::remove_stream | global remove_stream: function(id: ID) : bool; | 移除特定日志流 |
| Log::enable_stream | global enable_stream: function(id: ID) : bool; | 启用特定日志流 |
| Log::disable_stream | global disable_stream : function(id: ID) : bool; | 禁用特定日志流 |
| Log::write | global write : function(id: ID, columns: any) : bool; | 写入日志流，参数 columns 为需要写入的内容，一般以一个 record 类型来描述 |

Log::Stream 是用于描述日志流属性的数据结构，在创建一个数据流时必须首先初始化一个该数据结构的实例并填充其中的成员。调用 Log::create_stream 创建日志流时传入的 Log::Stream 实例与传入的 id: ID 会建立对应关系，后续引用某个日志流时仅需要提供对应的 id 值即可。Log::Stream 对象中包含的成员及意义如表 7.2 所示，在 7.1.4 节

的代码示例中将会使用到这些成员。

表 7.2　Log::Stream 包含的成员及意义

| 成员名称及类型 | 成 员 说 明 |
|---|---|
| columns: any | 该日志流中的字段描述实例，一般使用 record 类型填充 |
| ev: any | 日志流自定义事件，每条日志形成时会触发此事件，一般使用 event 类型填充 |
| path: string | 日志流文件名称 |
| policy: PolicyHook | 日志流自定义 hook，触发机制与 ev 相同 |

Log::Stream 的完整定义可查看 < PREFIX >/share/zeek/base/frameworks/logging/main.zeek 中第 341～363 行代码。

### 7.1.2　过滤器

过滤器的作用主要是提供动态调整日志流属性的能力，如修改日志文件名以及不输出特定字段等。每个日志流可以有多个过滤器，在日志流创建时会默认生成一个名为 default 的过滤器。default 过滤器对日志流没有任何实质调整，但如果移除掉日志流中的所有过滤器则等同于禁用此日志流。有关过滤器的功能接口如表 7.3 所示。

表 7.3　过滤器的功能接口

| 接 口 名 称 | 原　型 | 功　能 |
|---|---|---|
| Log::add_filter | global add_filter : function(id: ID, filter: Filter) : bool; | 向日志流中添加过滤器，参数 filter 为描述过滤器的数据结构实例 |
| Log::remove_filter | global remove_filter : function(id: ID, name: string) : bool; | 移除日志流中名称为 name 的过滤器 |
| Log::get_filter_names | global get_filter_names : function(id: ID) : set[string]; | 获取日志流中当前所有过滤器的名称 |
| Log::get_filter | global get_filter : function(id: ID, name: string) : Filter; | 获取日志流中名称为 name 的过滤器实例 |

数据结构 Log::Filter 用于描述过滤器的属性，其中包含的成员比较多，几个经常用到的成员如表 7.4 所示。

表 7.4　Log::Filter 数据结构的主要成员

| 成员名称及类型 | 成 员 说 明 |
|---|---|
| name: string | 过滤器名称 |
| writer: Writer | 与该过滤器绑定的输出端实例，输出端介绍见 7.1.3 节 |
| path: string | 日志流文件名称，需要注意此成员与 Log::Stream 实例中的 path 并不冲突，也即如果对 Log::Filter 实例中的 path 赋值，则日志实际上会输出到两个文件当中 |

续表

| 成员名称及类型 | 成 员 说 明 |
| --- | --- |
| path_func: function (id: ID, path: string, rec: any): string | 日志流文件名称函数,过滤器可将此函数的输出作为日志文件的名称。该函数提供了动态决定日志文件名称的能力 |
| include: set[string] | 需要输出的日志流字段,默认所有字段都要输出 |
| exclude: set[string] | 不需要输出的日志流字段,默认所有字段都要输出 |

Log::Filter 结构中所有成员的定义及其原型可以参考<PREFIX>/share/zeek/base/frameworks/logging/main.zeek 中第 206～309 行代码。

### 7.1.3 输出端

从 Log::Filter 结构中的 writer 成员可以看出输出端是绑定在过滤器上的。Zeek 日志流的输出端目前支持 ASCII Writer、SQLite Writer、None Writer 3 种方式。其中 ASCII Writer 代表日志流将以 ASCII 字符的方式写入到文本文件中,这也是日志流中默认的输出方式;SQLite Writer 代表将日志流写入 SQLite 表中;None Writer 主要用于问题定位场景,使用该输出方式时具体日志不会被实际写入日志流,但一些过程日志会被输出到标准输出。

由于输出端与过滤器绑定,而每个日志流可以有多个过滤器,所以每个日志流也就可以有多个输出端与之对应。绝大多数场景下默认的 ASCII Writer 已经能够满足需要,SQLite Writer 及 None Writer 本身应用场景并不多。

### 7.1.4 代码示例

了解了日志流、过滤器及输出端的基本概念后,下面将通过一个完整的脚本示例整体展示日志框架的使用方法。此示例通过 sudo zeek -b -C -i enp0s3 framework-logging.zeek 命令启动后主要可以完成以下 4 个功能。

(1) 跟踪当前流量中连接的建立时间、连接两端的 IP 地址及端口信息。

(2) 筛选出目的端口为 443/tcp 的连接。

(3) 根据过滤器规则生成 frameworklogging.log、frameworklogging-2.log 以及 frameworklogging-local.log 这 3 个日志文件。

(4) 在新连接建立时间与启动时间相差超过 20s 时主动结束 Zeek 进程。

```
1.  module FrameworkLogging;
2.  export
3.  {
4.      redef enum Log::ID += { LOG };
5.
6.      type Info : record
7.      {
8.          start : time &log;
```

```
9.         id : conn_id &log;
10.     };
11.
12.     global log_ev : event(rec : Info);
13.     global log_policy : Log::PolicyHook;
14.     global pathfunc : function(id : Log::ID, path : string,
15.                                rec : FrameworkLogging::Info) : string;
16.
17.     global current : time = current_time();
18.
19. }
20.
21. event log_ev (rec : Info)
22. {
23.     if ((rec$start - FrameworkLogging::current) > 20secs)
24.     {
25.         print "Time's up";
26.         terminate();
27.     }
28. }
29.
30. hook log_policy (rec : FrameworkLogging::Info, id : Log::ID, filter : Log::
    Filter)
31. {
32.     if ( rec$id$resp_p != 443/tcp )
33.         break;
34. }
35.
36. redef Site::local_nets = { 10.0.0.0/8 };
37.
38. function pathfunc(id : Log::ID, path : string, rec : FrameworkLogging::
    Info) : string
39. {
40.     local r = Site::is_local_addr(rec$id$orig_h) ?"local" : "remote";
41.     return fmt("%s-%s", path, r);
42. }
43.
44. event zeek_init()
45. {
46.     local log_stream : Log::Stream = [$columns=Info, $path="frameworklogging",
47.                                       $ev=log_ev, $policy=log_policy];
48.     local log_filter1 : Log::Filter = [$name="filter1", $path="frameworklogging",
49.                              $include=set("start", "id.orig_h", "id.orig_p")];
```

```
50.     local log_filter2 : Log::Filter = [$name="filter2", $path_func=pathfunc,
51.                                         $exclude=set("start")];
52.
53.     Log::create_stream(FrameworkLogging::LOG, log_stream);
54.     Log::add_filter(FrameworkLogging::LOG, log_filter1);
55.     Log::add_filter(FrameworkLogging::LOG, log_filter2);
56. }
57.
58. event new_connection(c : connection)
59. {
60.     local rec: FrameworkLogging::Info = [$start=c$start_time, $id=c$id];
61.
62.     Log::write(FrameworkLogging::LOG, rec);
63. }
```

上述示例脚本中实际上没有任何代码被用于流量分析，仅是提取了脚本常用数据结构 connection 的部分内容。这也是 Zeek 脚本编程中的一个技巧，就是说在 Zeek 已有的分析过程之上建立自己的分析过程往往事半功倍，仅 63 行代码就已经可以形成自己的分析逻辑及日志输出结果。

## 7.2 输入框架(Input::)

输入框架提供了一种机制，使用该机制可将外部数据导入到 Zeek 脚本环境中使用。Zeek 脚本本身提供的文件操作能力(见 6.4.10 节)聚焦在对文件的“写”操作上，如果需要读取外部数据则需要使用输入框架。

Zeek 的输入框架并不是单纯提供通用的读取数据的功能，而是提供了从流量分析需要出发定制化的读取方式，其主要提供了读取至 table 类型、读取至 Files::框架、读取至 event 事件这 3 种读取方式。下面以这 3 种读取方式作为切入点，逐个介绍输入框架的功能及特性。

### 7.2.1 读取至 table 类型

在流量分析场景中，外部数据输入除了流量数据之外就是各种情报数据，如 IP 地址黑白名单、域名黑白名单等。针对需要读取外部情报的场景，输入框架提供了基于外部文件内容直接初始化一个 table 类型变量供脚本内调用的功能。该功能主要使用数据结构 Input::TableDescription 来定义和描述，此数据结构的常用成员如表 7.5 所示。

**表 7.5 Input::TableDescription 数据结构的常用成员**

| 成员名称及类型 | 成 员 说 明 |
| --- | --- |
| source: string | 数据源名称，包含外部数据文件的路径及文件名 |
| reader: Reader | 数据源格式，默认为 ASCII 编码的文本文件流 |

续表

| 成员名称及类型 | 成 员 说 明 |
| --- | --- |
| mode：Mode | 读取模式 |
| name：string | 数据结构的实例名，主要供其他程序接口引用此实例 |
| destination：any | 目标 table 类型实例，最终外部数据会被导入到这个 table 类型的实例当中 |
| idx：any | 目标 table 类型实例的索引部分定义，一般使用外部数据第一列作为索引，使用 record 类型数据表示 |
| val：any | 目标 table 类型实例的数据部分定义，外部数据除 idx 字段外均被认为是数据，使用 record 类型数据表示 |
| want_record：bool | 为 T(默认)情况下认为 val 部分有结构，也即代表 val 部分中的数据由多个成员组成，为 F 的情况下则认为仅有一个成员(此时即便 val 部分包含多个字段，也会被认为是一个字符串来处理) |
| ev：any | 关联事件，目标 table 类型实例中数据的新增、修改或删除都会触发此事件 |
| pred：function(typ：Input::Event，left：any，right：any)：bool | 关联预处理函数，用来在数据发生变更前引入逻辑判断，如函数返回为 T 则变更会实际写入 destination 字段，如返回为 F 则变更被忽略 |
| error_ev：any | 关联事件，数据读取出现错误时触发 |

Input::TableDescription 数据结构的原型可以参考<PREFIX>/share/zeek/base/frameworks/input/main.zeek 中第 59～122 行代码。

基于 Input::TableDescription 数据结构，输入框架提供了若干功能接口供外部调用，具体如表 7.6 所示。

**表 7.6 输入框架提供的主要功能接口**

| 接 口 名 称 | 原 型 | 功 能 |
| --- | --- | --- |
| Input::add_table | global add_table：function(description：Input::TableDescription)：bool； | 注册一个读取至 table 类型实例的输入框架工作实例(此接口仅供读取至 table 类型实例之用，读取至"Files::"框架及读取至 event 声明时由另外两个不同接口进行注册) |
| Input::remove | global remove：function(id：string)：bool； | 移除一个输入框架实例，参数 id 为待移除的实例名称，对应"name：string"成员 |
| Input::force_update | global force_update：function(id：string)：bool； | 强制刷新特定输入框架实例，实例会从数据源将数据重新全部读取一遍至目标 |
| Input::end_of_data | global end_of_data：event(name：string，source：string)； | 输入结束关联事件，任何实例读取完数据后均会触发 |

需要注意，除 Input::add_table 接口外，其余接口均是输入框架提供的通用接口，读

取至 table 类型实例、读取至 Files::框架以及读取至 event 事件时都可以使用。

输入框架对作为数据源的文件流有一定的格式要求，一个典型数据文件 input.txt 的内容如下所示。文件第一行必须以#fields 开头，其后是以制表符分隔的各数据字段的名称。文件中其他行是与字段对应的数据，各字段数据间同样通过制表符分隔。可以通过修改 Input::separator 成员的方式来重新定义分隔符。

```
zeek@standalone:~/zeek-framework$ cat input.txt
#fields    ip          service    action
192.168.1.1            22/tcp     allow
192.168.1.1            23/tcp     deny
192.168.1.2            22/tcp     deny
129.168.1.3            23/tcp     allow
zeek@standalone:~/zeek-framework$
```

基于 input.txt 文件，下面的代码示例可将其导入到一个 table 类型数据结构当中。

```
1.  module FrameworkInput;
2.  export
3.  {
4.      type Idx: record
5.      {
6.          ip : addr;
7.      };
8.
9.      type Val : record
10.     {
11.         service : port;
12.         action : string;
13.     };
14.
15.     global inputdata: table[addr] of Val = table();
16. }
17.
18. event print_inputdata()
19. {
20.     print inputdata;
21.     Input::remove("inputdata");
22. }
23.
24. event network_time_init()
25. {
26.     schedule 1 sec { print_inputdata() };
27. }
28.
```

```
29. event zeek_init()
30. {
31.     local description : Input::TableDescription = [$source="input.txt",
$name="inputdata",
32.                              $idx=Idx, $val=Val,$destination=inputdata];
33.     Input::add_table(description);
34. }
```

上述代码示例中使用 global inputdata：table[addr] of Val 作为接收数据的容器。需要注意的是代码中通过 schedule 语句延迟了 1s 才对 inputdata 容器进行打印，这是因为数据从文件读取并导入需要一定的时间，如果在 zeek_init 事件中直接进行打印则有可能因为数据读入还未完成而得不到预期的结果。

在实际使用输入框架时还会经常使用到 TableDescription 结构中的成员 mode。如前面介绍，mode 代表读取模式，其有 MANUAL（默认）、REREAD、STREAM 这 3 种模式可供选取。其中 MANUAL 模式代表读取行为由脚本代码完全控制；REREAD 模式代表如果数据源内容发生变化则输入框架会自动重新读取一遍所有数据；STREAM 模式代表如果数据文件增加了新内容则输入框架会自动将新内容读入。读者可以在上面示例代码的基础上进行调整，分别验证这 3 种读取模式。

### 7.2.2 读取至 Files::框架

读取至 Files::框架主要用于配合文件框架（Files::），可以通过此特性将本地文件读入内存并提交给文件框架进行分析。读取至 Files::框架的使用方式与读取至 table 结构基本一致，其主要功能也是通过一个数据结构 Input::AnalysisDescription 进行描述的，此数据结构的成员与 Input::TableDescription 大致相同，可参考<PREFIX>/share/zeek/base/frameworks/input/main.zeek 脚本文件中第 180～204 行代码。新增读取实例则是通过 Input::add_analysis()函数接口进行操作，其原型为“global add_analysis：function(description：Input::AnalysisDescription)；”。针对此特性的代码示例将在 7.6 节介绍文件框架时一并给出。

### 7.2.3 读取至 event 事件

读取至 event 事件主要针对较通用的读取场景，输入框架通过每读取一行数据触发一次事件的形式将读取的内容提交给脚本代码进行处理。此特性的使用方法与上面两种读取方式类似，同样也是通过一个数据结构 Input::EventDescription 来描述功能特性，然后通过接口 Input::add_event 注册输入实例。读取至 event 事件的代码示例如下所示。

```
1.  module FrameworkInput;
2.  export
3.  {
4.      type Val : record
```

```
5.      {
6.          ip : addr;
7.          service : port;
8.          action : string;
9.      };
10. }
11.
12. event print _ inputdata (dexcription : Input:: EventDescription, tpe :
    Input::Event, data : Val)
13. {
14.     print tpe;
15.     print data;
16. }
17.
18. event zeek_init()
19. {
20.      local description : Input::EventDescription = [$source="input.txt",
    $name="inputdata",
21.                                          $fields=Val, $ev=print_inputdata];
22.     Input::add_event(description);
23. }
```

上述代码示例使用的数据源文件还是 input.txt 文件。需要注意的是事件定义中 tpe ： Input::Event 每次结果都是 EVENT_NEW。代码的运行结果如下所示。

```
zeek@standalone:~/zeek-framework$ zeek -b framework-input-1.zeek
Input::EVENT_NEW
[ip=192.168.1.1, service=22/tcp, action=allow]
Input::EVENT_NEW
[ip=192.168.1.1, service=23/tcp, action=deny]
Input::EVENT_NEW
[ip=192.168.1.2, service=22/tcp, action=deny]
Input::EVENT_NEW
[ip=129.168.1.3, service=23/tcp, action=allow]
zeek@standalone:~/zeek-framework$
```

### 7.2.4 数据来源

上面介绍的 3 种读取特性所使用的数据结构 Input::TableDescription、Input::AnalysisDescription 及 Input::EventDescription 都包含有一个叫作 reader: Reader 的成员。这个成员的作用是给出所读取数据源的类型，目前输入框架支持的数据源类型如表 7.7 所示。

表 7.7 输入框架支持的数据源类型

| 数据源类型 | 说　明 |
| --- | --- |
| Input::READER_ASCII | ASCII 编码的文本文件 |
| Input::READER_BENCHMARK | 性能测试，通过随机产生数据的方式供开发者优化输入框架的性能 |
| Input::READER_BINARY | 二进制文件，读取至 Files::框架特性的默认数据源 |
| Input::READER_RAW | 输入框架会以默认回车为分隔符一行一行地读入数据，读入的数据无任何数据结构，以字符串的形式呈现 |
| Input::READER_SQLITE | 从 SQLite 数据库中读取数据 |

## 7.3 配置框架(Config::)

配置框架提供了在脚本运行时根据配置文件动态地调整脚本中变量值的功能。通过关键字 option 声明的变量可以与配置文件中的某个值关联起来，这个值在配置文件中的变化会直接体现在脚本的变量中，从而起到通过配置文件的变化同步影响脚本执行逻辑的作用。

> 需注意 redef 与 option 关键字在功能上是有区别的。6.8.5 节曾经提到过 Zeek 脚本执行大体有两个阶段：一个阶段是脚本解析器将所有脚本读入并做分析处理的阶段，在此阶段中 redef 关键字的功能可以具体体现；另一个阶段是 Zeek 事件引擎启动以后，在这个阶段 redef 关键字就无效了，实际上在语法规则上 redef 关键字也无法被使用在事件处理函数中。此时如果想达到与 redef 关键字相似的效果，则必须使用 option 关键字。
>
> 对 Zeek 脚本来说，所谓的动态(running time)多指的是事件引擎启动后的阶段。

提供配置框架这一特性的主要目的是尽量避免重启 Zeek 主程序，因为重新启动 Zeek 主程序会导致之前分析的所有连接信息、统计信息等无法继续保持。对配置框架的有效利用可以通过预先在脚本代码中实现多重逻辑分支，在实际需要时通过配置文件进行控制，从而避免重新启动 Zeek 主程序。下面的代码示例直观展示了配置框架的作用。

```
1.  module FrameworkConfig;
2.  export
3.  {
4.      option switch_enabled : bool = F;
5.  }
6.
7.  redef Config::config_files += { "config.dat" };
8.
9.  event print_option()
10. {
11.     schedule 2 secs { print_option() };
```

```
12.
13.     if (switch_enabled)
14.         print "Switch Enabled.";
15.     else
16.         print "Switch Disabled.";
17. }
18.
19. event network_time_init()
20. {
21.     schedule 2 secs { print_option() };
22. }
```

上述示例代码中通过 option 关键字声明了 switch_enabled 变量，并通过事件根据其值每隔 2s 打印相应的字符串。示例代码运行前需要在当前目录下准备一个空文件并将其命名为 config.dat，然后在代码中通过"redef Config::config_files += { "config.dat" };"语句将其注册为通过配置框架管理的配置文件之一。启动 Zeek 主程序后可以看到脚本按照预期每隔 2s 打印出"Switch Disabled."。此时在终端执行"echo "FrameworkConfig::switch_enabled T" > config.dat"，也即将对应的配置项写入配置文件后，Zeek 主程序的打印输出信息切换为"Switch Enabled."。

上述代码示例的运行结果如下所示。

```
zeek@standalone:~/zeek-framework$ sudo zeek -i enp0s3 -C framework-config.zeek
[sudo] password for zeek:
listening on enp0s3

Switch Disabled.
Switch Disabled.
Switch Disabled.
Switch Disabled.
Switch Enabled.
Switch Enabled.
Switch Enabled.
Switch Enabled.
^C1630479779.270298 received termination signal
1630479779.270298 710 packets received on interface enp0s3, 0 (0.00%) dropped
Switch Enabled.
zeek@standalone:~/zeek-framework$
```

使用配置框架时在当前工作目录下会输出一个名为 config.log 的日志文件，其中详细记录了配置文件的修改情况，上述代码示例运行后生成的日志文件如下所示。

```
1 #separator \x09
```

```
  2 #set_separator  ,
  3 #empty_field    (empty)
  4 #unset_field    -
  5 #path   config
  6 #open   2021-06-06-15-02-50
  7 #fields ts      id      old_value       new_value       location
  8 #types  time    string  string  string  string
  9 1630479770.024069       FrameworkConfig::switch_enabled F       T
config.dat
 10 #close  2021-06-06-15-02-59
~
~
~
~
"config.log" [readonly] 10L, 283C
1,1          All
```

配置框架对配置文件中的配置项格式有一定的要求。对配置文件本身来说，配置框架没有特别要求，只需要使用特定语句向配置框架注册即可，但对配置文件中的配置项来说则需要遵循【模块名】::【符号名】【空格/制表符分隔】【值】的固定格式。配置框架不仅支持上述config.dat文件中bool类型的符号，可以支持的其他数据类型如表7.8所示。需要注意的是，部分数据类型值的写法与代码中的写法有一定的区别。

**表7.8 配置项支持的数据类型**

| 数据类型 | 配置项值示例 | 备　注 |
|---|---|---|
| addr | 192.168.0.1 | 与脚本语法中addr类型写法一致 |
| bool | T或者1、F或者0 | 与脚本语法中相比多了0或1的写法 |
| count | 42 | 与脚本语法中count类型写法一致 |
| double | −42.0 | 与脚本语法中double类型写法一致 |
| enum | Enum::BLACK | 与脚本语法中相比需要增加Enum::前缀 |
| int | −42 | 与脚本语法中int类型写法一致 |
| interval | 3600.0 | 与脚本语法中相比只能以秒为单位且不包含sec或secs后缀 |
| pattern | /(foo\|bar)/ | 与脚本语法中pattern类型数据写法一致 |
| port | 42或42/tcp | 与脚本语法中port类型数据写法一致，但如果无协议后缀，则会自动添加/unknown后缀 |
| set | 42、42/tcp | 与脚本语法中set类型数据相比，其成员间以逗号隔开，但各个成员的写法需要遵循作为配置项的写法格式 |
| string | Hello World! | 与脚本语法中相比不需要使用双引号包裹，且不会对转义写法进行转义，如\n |

续表

| 数据类型 | 配置项值示例 | 备　注 |
| --- | --- | --- |
| subnet | 192.168.0.1/24 | 与脚本语法中 subnet 类型数据写法一致 |
| time | 1608164505.5 | 与脚本语法中相比可以直接以秒数(Epoch Seconds)的形式表示 |
| vector | 42/tcp，42/udp，42/unknown | 与脚本语法中 vector 类型数据相比，成员间以逗号隔开，但各个成员的写法需要遵循作为配置项的写法格式 |

配置框架并不是单向的，脚本代码也可以对配置文件中的配置项进行修改。这个特性需要通过 Config::set_value 接口来实现，该接口的原型为"global set_value: function (ID: string, val: any, location: string &default = ""): bool;"。接口中参数 ID 代表配置项名称，参数 val 代表该配置项的值，参数 location 代表本次修改的注释，该注释会被记录在 config.log 日志文件中。

下面的代码示例中通过使用 Config::set_value 接口将上个示例中配置项 FrameworkConfig::switch_enabled 的值修改为 F。

```
1.  module FrameworkConfig;
2.  export
3.  {
4.      option switch_enabled = T;
5.  }
6.
7.  redef Config::config_files += { "config.dat" };
8.
9.  event zeek_init()
10. {
11.     Config::set_value("FrameworkConfig::switch_enabled", F, "From script");
12. }
```

上述代码示例中 Config::set_value 接口的 location 参数最终体现在 config.log 日志文件的 location 字段中，如下所示。

```
1 #separator \x09
2 #set_separator  ,
3 #empty_field    (empty)
4 #unset_field    -
5 #path   config
6 #open   2021-06-06-18-33-09
7 #fields ts      id      old_value       new_value       location
8 #types  time    string  string  string  string
```

```
  9 1630492389.338947        FrameworkConfig::switch_enabled T        F
From script
 10 #close  2021-06-06-18-33-09
~
~
"config.log" 10L, 284C
1,1           All
```

## 7.4 统计框架(SumStats::)

在流量分析过程中统计和计算是最基本也是最常用的数据处理手段之一。针对一个有限的流量片段,使用 Zeek 脚本中提供的各种数据结构与事件等语法特性就可以完成相应的统计任务。但对于出口流量不间断监听分析的场景,或是集群部署下协调各个工作结点对同一种数据进行汇聚分析的场景,仅使用 Zeek 脚本的语法特性去实现就会困难得多。所以 Zeek 脚本专门提供了统计框架,该框架一方面封装了集群部署与单点部署的差异,使用该框架编写的脚本在集群部署或单点部署的情况下都适用,另一方面该框架还封装了很多在编写统计计算逻辑时需要考虑的细节,降低和减少了编写此类脚本的难度和工作量。

### 7.4.1 基础概念及使用方法

为了达到兼容部署差异及计算方法细节的目标,统计框架对统计过程进行了抽象。整个统计过程被抽象为观察点(observation)、计算点(reducer)与报告点(sumstat)这 3 个步骤。

**1. 观察点**

观察点指的是被统计数据发生变化的点。例如在统计流量的连接数量场景中,每次新连接建立成功的点就是一个观察点。新连接建立成功代表统计数据发生了变化,此时需要将变化传递给计算点。

**2. 计算点**

计算点指的是对数据变化进行汇总并计算的点,在这个点中 Zeek 脚本可以对数据变化做出响应并对变化的数据进行预定义的计算工作。在上一场景中新连接建立造成的数据变化传递到计算点后,实际需要执行的计算工作就是累加。

**3. 报告点**

报告点指的是获取统计数据的点,通过这个点用户可以自定义统计数据的统计周期、报告形式等如统计每分钟连接数量。

下面直接通过代码示例来展示这 3 个点的基本作用及其之间的逻辑关系。该代码示例实现了统计流量中每分钟连接数量的功能。

```
1.  module FrameworkSumstat;
2.
3.  event connection_established(c : connection)
4.  {
5.      SumStats::observe("connection established", SumStats::Key(),
6.                        SumStats::Observation($num=1));
7.  }
8.
9.  event zeek_init()
10. {
11.     local r1 = SumStats::Reducer($stream="connection established",
12.                                  $apply=set(SumStats::SUM));
13.
14.     SumStats::create([$name = "sum connections",
15.                       $epoch = 1min,
16.                       $reducers = set(r1),
17.                       $epoch_result(ts : time, key : SumStats::Key,
18.                         result : SumStats::Result) =
19.                         {
20.                           print fmt("Number of connections established: %.0f",
21.                                     result["connection established"]$sum);
22.                         }]);
23. }
```

上面代码示例中由于需要统计的是连接数量，所以将观察点放在了 connection_established 事件中。每次新连接建立后观察点会以 connection established 事件为标签将变化传递给计算点，同时通过 SumStats::Observation($num=1)表明此次数据变化的单位是1。

接下来在 zeek_init 事件中创建了一个计算点，通过 connection established 事件这个标签将其与前面的观察点关联起来，并通过 $apply=set(SumStats::SUM))设置累加的计算方式。最后以计算点为关键参数创建报告点，$epoch = 1min 表明统计周期为1min。"$epoch_result(ts : time, key : SumStats::Key, result : SumStats::Result) = { print fmt ( " Number of connections established: %.0f", result [ " connection established"] $sum); }"则定义了报告方式为按格式打印到标准输出上。

上述示例代码的运行结果如下所示。

```
zeek@standalone:~/zeek-framework$ sudo zeek -i enp0s3 -C framework-sumstat.zeek
listening on enp0s3

Number of connections established: 212
Number of connections established: 23
```

```
Number of connections established: 21
^C1630651638.785464 received termination signal
1630651638.785464 25050 packets received on interface enp0s3, 0 (0.00%) dropped
Number of connections established: 28
zeek@standalone:~/zeek-framework$
```

这个示例如果仅考虑单点部署的情况，实际上不使用统计框架也能轻松实现统计与计算。读者可以自行编写代码实验一下，但需要说明的是，上面的示例在集群部署的情况下无须做任何修改同样可以实现相同的功能，这就是统计框架的意义所在。

### 7.4.2 关键数据结构及接口

统计框架提供了多个数据结构及接口供脚本调用相关功能。首先需要介绍的是SumStats::Calculation结构，该数据结构中的元素为当前统计框架计算点支持的计算方法，其中各元素及其意义如表7.9所示。

**表7.9 SumStats::Calculation中各元素及其意义**

| 元素名称 | 意　义 |
|---|---|
| AVERAGE | 平均值算法 |
| HLL_UNIQUE | HyperLogLogs算法 |
| LAST | 按时间维度取最后 $n$ 个观察点报告的数据 |
| MAX | 取最大值 |
| MIN | 取最小值 |
| SAMPLE | 在观察点报告的数据中随机保留 $n$ 个样本 |
| STD_DEV | 求标准差 |
| SUM | 累加 |
| TOPK | 按报告数据取值的大小取前 $n$ 个数据 |
| UNIQUE | 统计报告数据中重复情况，取重复最少的数据 |
| VARIANCE | 求方差 |

表7.9中所列的每种计算类型都有其各自独特的参数配置选项，具体可以参考<PREFIX>/share/zeek/base/frameworks/sumstats/plugins/目录下的算法实现。

数据结构SumStats::Key用于记录观察点上报数据的子标签，该子标签在观察点上报数据时由调用参数指定，后续可根据该子标签对上报的数据进行分类。SumStats::Key结构的成员及其意义如表7.10所示。

表 7.10 SumStats::Key 数据结构的成员及其意义

| 元素名称 | 意义 |
|---|---|
| str: string | 字符串类型的数据子标签 |
| host: addr | addr 类型的数据子标签 |

需要注意子标签与标签这两个概念的区别。7.4.1 节代码示例中的 connection_established 事件作为数据上报时的标签，其作用是将数据上报与某个计算点关联起来，也可以理解为观察点此次上报的数据应该由哪个计算点处理(一个观察点可以给多个计算点上报数据)。而 SumStats::Key 结构中成员所表示的子标签则代表所上报数据本身的属性，该属性可用于在计算点或报告点上对该数据进行分类。

数据结构 SumStats::Observation 用于记录观察点上报数据的数据类型，以便计算点进行数学计算。例如，7.4.1 节示例代码中 SumStats::Observation($num=1)代表上报数据为 count 类型且值为 1。该数据结构成员及其意义如表 7.11 所示。

表 7.11 SumStats::Observation 数据结构的成员及其意义

| 成员名称 | 意义 |
|---|---|
| num: count | 上报数据的值为 count 类型 |
| dbl: double | 上报数据的值为 double 类型 |
| str: string | 上报数据的值为 string 类型 |

数据结构 SumStats::Reducer 用于描述一个计算点，创建计算点之前必须先初始化一个该数据结构的实例并为其填充必要的成员数据。该数据结构的成员及其意义如表 7.12 所示。

表 7.12 SumStats::Reducer 数据结构的成员及其意义

| 成员名称 | 意义 |
|---|---|
| stream: string | 上报数据的标签，通过此标签可以将观察点和计算点关联起来 |
| apply: set[Calculation] | 该计算点使用的算法，注意此成员为 set 类型，一个计算点可支持多个计算方法 |
| pred: function(key: SumStats::Key, obs: SumStats::Observation): bool | 数据预处理函数，可通过此函数在数据发生计算前将其嵌入自定义的逻辑 |
| normalize_key: function(key: SumStats::Key): Key | 子标签预处理函数，可通过此函数在数据发生计算前处理上报数据的子标签 |

数据结构 SumStats::ResultVal 用于描述计算点的计算结果，该数据结构成员及其意义如表 7.13 所示。

表 7.13 SumStats::ResultVal 数据结构的成员及其意义

| 成员名称 | 意　　义 |
| --- | --- |
| begin: time | 第一次收到上报数据的时间 |
| end: time | 最近一次收到上报数据的时间 |
| num: count | 收到上报数据的总次数 |

需注意 SumStats::ResultVal 数据结构的初始定义中并未包含体现计算结果的成员，而是在每种计算类型的实现代码中通过 redef 声明给此数据结构添加代表计算结果的成员。例如，<PREFIX>/share/zeek/base/frameworks/sumstats/plugins/sum.zeek 脚本文件中第 14～17 行代码通过 redef record ResultVal += { sum: double &default=0.0; };语句添加了成员 sum: double 用以记录求和计算的结果。

为方便脚本代码访问计算结果，统计框架还提供了另外两个数据结构，从两个不同的维度组织计算结果。一个是 SumStats::Result，其原型为"type Result: table[string] of ResultVal;"，该数据结构以 SumStats::Reducer 中的 stream 结构为维度组织计算结果。另一个是 SumStats::ResultTable，其原型为"type ResultTable: table[Key] of Result;"，该数据结构以子标签为维度组织计算结果。读者编写脚本时可根据实际需要灵活使用这两个数据结构。

数据结构 SumStats::SumStat 用于描述一个报告点，创建报告点之前同样必须先初始化一个该数据结构实例并填充必要的成员数据。该数据结构成员及其意义如表 7.14 所示。

表 7.14 SumStats::SumStat 数据结构的成员及其意义

| 成员名称 | 意　　义 |
| --- | --- |
| name: string | 该报告点的名称 |
| epoch: interval | 该报告点的统计周期，设置为 0 时代表周期无限长 |
| reducers: set[Reducer] | 该报告点关联的计算点。注意此成员为 set 类型，一个报告点可支持多个计算点 |
| threshold_val: function(key: SumStats::Key, result: SumStats::Result): double | 阈值计算函数，每当 SumStats::Result 成员中的计算结果发生变化时会触发调用 |
| threshold: double | 阈值，仅有一个阈值的情况下使用 |
| threshold_series: vector of double | 阈值，有多个阈值的情况下使用 |
| threshold_crossed: function(key: SumStats::Key, result: SumStats::Result) | 超过阈值后的回调函数 |
| epoch_result: function(ts: time, key: SumStats::Key, result: SumStats::Result) | 统计周期回调函数，每个统计周期完成后每个子标签均会调用一次 |
| epoch_finished: function(ts: time) | 统计周期回调函数，每个统计周期完成后调用一次 |

除了上述几个关键数据结构以外，统计框架还提供了若干接口供脚本调用，以完成相关任务。具体接口及其原型定义如表 7.15 所示。

表 7.15 统计框架提供的接口及其原型定义

| 接口名称 | 原型 | 功能 |
|---|---|---|
| SumStats::create | global create: function(ss: SumStats::SumStat); | 创建一个报告点 |
| SumStats::observe | global observe: function(id: string, key: SumStats::Key, obs: SumStats::Observation); | 观察点上报数据的接口 |
| SumStats::request_key | global request_key: function(ss_name: string, key: Key): Result; | 以子标签为索引获取计算结果,ss_name 为 SumStats::SumStat 中的成员 name |
| SumStats::key2str | global key2str: function(key: SumStats::Key): string; | 将 SumStats::Key 转换为字符串形式 |
| Input::next_epoch | global next_epoch: function(ss_name: string): bool; | 终止当前的统计周期,启动下一个统计周期,此函数仅在"SumStats::SumStat"中成员 epoch 设置为 0 时有效,epoch 设置非 0 时此函数返回 F |

以上介绍的数据结构及接口的详细情况,可以参考<PREFIX>/share/zeek/base/frameworks/sumstats/main.zeek 脚本文件。

> 统计框架在流量分析中有着非常重要的作用,建议读者阅读一下<PREFIX>/share/zeek/policy/protocols/ssh/detect-bruteforcing.zeek 脚本文件中第 42～70 行代码,看一下如何借助统计框架仅使用 38 行代码完成对于 SSH 暴力破解的分析。本书在 5.3 节中已经介绍过这个脚本,但由于当时未涉及 Zeek 脚本编程与框架,所以对于其具体实现未做深入叙述。

## 7.5 通知框架(Notice::)

通知框架主要提供的功能是通过脚本自定义需要关注的流量事件集合,并在事件发生后通过自定义的方式得到通知。简单来说就是脚本代码定义什么事件需要触发通知以及触发通知后需要做什么,由通知框架在运行时负责具体执行。

在实践中通知框架主要用于打通 Zeek 与外部环境的联系,使 Zeek 的分析结果可以作用于外部。以 SSH 暴力破解为例,5.3 节中已经介绍了 Zeek 具备分析暴力破解并记录源 IP 的能力。但实际情况中还需要进一步考虑的是,在对流量进行实时分析的场景下要如何才能把发生了暴力破解这一事件以及相关信息及时告知外部防御体系,使其能够对该暴力破解行为进行阻断或实施其他既定防御措施。通知框架就是 Zeek 与其他外部环境之间的一座桥梁,通过该框架可以把事件及信息传递出 Zeek。

> 通过通知框架可以把 Zeek 与其他防御体系结合在一起形成 IPS。当然,有的读者也会想到可以编写代码使外部程序不断轮询 Zeek 的日志输出,从而达成类似的效果。这种方案也是可行的,通知框架也提供了独立的日志输出。

### 7.5.1 基础使用方法

通知框架的基础使用方法并不复杂，脚本代码仅需要定义在什么条件下需要通知以及通知后需执行的动作即可。下面的代码示例展示了通知框架的基础使用方法。

```
1.  module FrameworkNotice;
2.
3.  export {
4.          redef enum Notice::Type += {
5.              CONNECTION_WARNING,
6.          };
7.  }
8.
9.  event connection_established(c : connection)
10. {
11.     if (c$id$resp_p != 443/tcp)
12.     {
13.         local info : Notice::Info = [$note=CONNECTION_WARNING];
14.         NOTICE(info);
15.     }
16. }
```

上述代码示例将目的端口号非80/tcp或443/tcp的连接建立作为通知点。首先代码向Notice::Type成员中新增注册了CONNECTION_WARNING作为通知的唯一标签，然后在事件connection_established中增加判断逻辑，在连接的目的端口号不是80/tcp或443/tcp的情况下，构建描述通知的数据结构Notice::info，然后通过NOTICE(info);语句触发整个通知流程。在终端执行sudo zeek -i enp0s3 -C framework-notice.zeek命令启动Zeek主程序后，经过一段时间的网络访问后会在当前工作目录下生成名为notice.log的日志文件，文件内容如下所示。

```
  1 #separator \x09
  2 #set_separator   ,
  3 #empty_field     (empty)
  4 #unset_field     -
  5 #path   notice
  6 #open   2021-06-06-17-05-28
  7 #fields ts      uid     id.orig_h       id.orig_p       id.resp_h       id.
resp_p      fuid    file_mime_type  file_desc       proto   note    msg
  sub     src     dst     p       n       peer_descr      actions suppress_for
  remote _ location.      country _ code      remote _ location. region   remote _
location.city   remote_location.latitude        remote_location.longitude
  8 #types  time    string  addr    port    addr    port    string  string
string  enum    enum    string  string  addr    addr        port    count
```

```
string   set[enum]         interval         string   string   string   double
  double
  9 1631091928.167320     -    -    -    -    -    -    -    -
    -        FrameworkNotice::CONNECTION_WARNING      -    -    -    -
   -    -    -        Notice::ACTION_LOG      3600.000000     -    -
    -    -    -
 10 1631091928.167366     -    -    -    -    -    -    -    -
    -        FrameworkNotice::CONNECTION_WARNING      -    -    -    -
   -    -    -        Notice::ACTION_LOG      3600.000000     -    -
    -    -    -
 11 1631091928.167395     -    -    -    -    -    -    -    -
    -        FrameworkNotice::CONNECTION_WARNING      -    -    -    -
   -    -    -        Notice::ACTION_LOG      3600.000000     -    -
    -    -    -                             @
"notice.log" [readonly] 19L, 1843C
1,1         Top
```

上述 notice.log 日志文件中包含的字段很多，但由于示例代码中构建通知数据结构时仅给成员 note 进行了赋值，所以很多字段显示为无法获取数据"-"。用于描述通知的数据结构 Notice::Info 的主要成员如表 7.16 所示。

**表 7.16 Notice::Info 的主要成员及意义**

| 成员名称 | 意　义 |
| --- | --- |
| ts: time | 该通知的产生时间 |
| note: Type | 该通知的标签，用于定位通知，在使用该标签前需先将其添加到 Notice::Type 这个数据结果当中 |
| msg: string | 该通知的标题，此信息在触发通知时由脚本代码给出 |
| sub: string | 该通知的副标题，功能与 msg 字段基本相同 |
| actions: ActionSet | 该通知关联的动作，7.5.2 节会详细介绍 |
| identifier: string | 该通知的唯一标识，主要用于通知的去重 |
| suppress_for: interval | 该通知需要忽略时间间隔，也即此间隔内具有相同 identifier 的通知会被忽略 |

完整的 Notice::Info 结构定义可参考<PREFIX>/share/zeek/base/frameworks/notice/main.zeek 脚本文件。需要提到的一点是，Notice::Info 结构定义中实际包含了很多连接、文件相关的成员，这些成员不一定与通知相关，也不是由通知过程生成的，更不是构建此数据结构的必要成员。这么设计的主要原因有两方面：一是通知需要这些数据的时间可能远大于原始数据的留存时间，以 GLOBAL::connection 结构为例，在连接生命周期结束后此连接对应的 GLOBAL::connection 结构就可以被释放了。但此后通知过程仍有可能使用到该结构中的数据，所以需要在通知结构中将其保存下来。二是出于记录日志的需要，Notice::Info 结构同时被日志框架用于记录日志，所以其很多成员都有

&log 属性。

在功能接口方面，最常使用的首先是触发通知流程的接口 GLOBAL::NOTICE。该接口的主要功能是将通知流程中几个功能接口封装在一起，减少触发通知需要编写的代码量。GLOBAL::NOTICE 接口的原型为“function NOTICE(n: Notice::Info);”。另一个较常用的接口是 Notice::policy，其原型为“hook Notice::policy(n: Notice::Info);”。脚本可通过 Notice::policy 接口自定义通知的 hook 处理函数，这样每个通知在触发后都会经过该函数的加工处理。

### 7.5.2 添加 action

通知框架中的通知动作(action)默认为记录日志，7.5.1 节中的示例代码并未明确指定任何通知的动作，所以通知框架最后对通知的体现是在 notice.log 日志文件中记录通知的相关信息。通知动作通过 Notice::Info 数据结构中的成员 actions 来定义，通知框架支持的通知动作如表 7.17 所示。

表 7.17 通知框架支持的通知动作

| 通知动作 | 通知动作描述 |
| --- | --- |
| Notice::ACTION_NONE | 无动作 |
| Notice::ACTION_LOG | 在 notice.log 日志文件中进行记录 |
| Notice::ACTION_ALARM | 在 notice_alarm.log 日志文件中进行记录，且同时使用 Notice::ACTION_EMAIL 通知形式 |
| Notice::ACTION_EMAIL | 发送电子邮件，发送地址由变量 Notice::mail_dest 给出 |
| Notice::ACTION_PAGE | 批量发送电子邮件，发送地址由变量 Notice::mail_page_dest 给出 |
| Notice::ACTION_EMAIL_ADMIN | 给系统管理员发送电子邮件，系统管理员信息通过 Site::local_admins 获取 |
| Notice::ACTION_ADD_GEODATA | 添加地理信息至 Notice::Info 结构中的成员 remote_location |
| Notice::ACTION_DROP | 触发 NetControl 框架中的 drop 行为 |

使用上述通知行为只需要通过“add n$actions[ACTION_EMAIL];”语句将其加入集合即可。需要注意的是，新添加的通知行为并不会覆盖默认的 Notice::ACTION_LOG 日志。

表 7.17 中的通知动作显然不能满足本节开头所说的通知外部应用场景，仅使用电子邮件对外进行通知很难跟其他系统进行联动。通知框架在设计实现时也考虑到了添加自定义通知行为的场景，使其可以调用外部命令或可执行程序。下面的代码示例展示了如何添加一个新的通知行为 ACTION_RUNCMD，用来调用外部命令。

```
1. module Notice;
2.
3. export
```

```
4. {
5.     redef enum Notice::Action +=
6.     {
7.         ACTION_RUNCMD
8.     };
9. }
10.
11. hook notice(n: Notice::Info) &priority=5
12. {
13.     if (ACTION_RUNCMD in n$actions)
14.     {
15.          system(fmt("/bin/echo Zeek Notice Info: %s >> ./notice_action.
   txt", n$msg));
16.     }
17. }
18.
19. module FrameworkNotice;
20.
21. export {
22.         redef enum Notice::Type += {
23.             CONNECTION_WARNING,
24.         };
25. }
26.
27. event connection_established(c : connection)
28. {
29.     if ( (c$id$resp_p != 443/tcp) )
30.     {
31.         local info : Notice::Info = [$note=CONNECTION_WARNING,
32.                          $msg=fmt("%s, None 443/port port used", c$id$resp_p)];
33.         add info$actions[Notice::ACTION_RUNCMD];
34.
35.         NOTICE(info);
36.     }
37. }
```

上述代码示例中前半部分首先在模块 Notice 中注册添加了新的通知行为 ACTION_RUNCMD。然后借用 notice()这个 hook 处理函数具体实现了 ACTION_RUNCMD 行为所需执行的代码逻辑，其中使用内置函数 system()完成了对外部命令/bin/echo 的调用，同时将 Notice::Info 结构中 msg 字段的内容传递到了外部。

上述代码示例后半部分是对 7.5.1 节代码示例的微调，一方面在构建 Notice::Info 结构时对 msg 字段进行了赋值，另一方面给 Notice::Info 结构中的 actions 字段添加了通知行为 ACTION_RUNCMD。Zeek 启动并监听一段时间的流量后会在当前工作目录下产生 notice_action.txt 文件，其中的记录就是 msg 字段中的内容。另外由于代码中并没有删除默认存在的通知行为 Notice::ACTION_LOG，所以产生的通知同样也可以在 notice.log 日志文件中看到相关记录。

为了方便展示，上面示例中将新增的通知行为和使用新增的通知行为放在了一个脚本文件当中实现，实际的情况是新增通知行为可以作为一个独立的脚本进行加载，这样做也更有利于其他脚本的使用。<PREFIX>/share/zeek/base/frameworks/notice/actions/目录下存放的就是单独实现的通知形式，读者可自行阅读相关代码。

### 7.5.3 Weird::模块

Weird::是一个与通知框架功能类似的脚本模块，其代码实现上也借用了部分通知框架已有的功能。并且由于其源代码与通知框架源代码被放在同一个目录中，所以在这里花一小节的篇幅简单介绍下这个功能模块，避免读者在阅读通知框架的源代码时产生疑惑。

Weird::模块的主要功能是在 Zeek 分析流量发现异常现象时，提供与通知框架类似的通知机制。例如，在 HTTP 协议分析器发现请求当中包含有未知的 HTTP 方法时，可以使用已定义好的标签 unknown_HTTP_method 触发流量异常通知，模块会根据既定的策略对其进行处理。与通知框架类似，Weird::模块也提供了名为 weird.log 的日志文件作为默认处理方式，同样也提供了自定义异常标签及处理策略。

与通知框架使用 Notice::NOTICE 模块来触发通知不同的是，Weird::模块提供了 5 个事件供脚本触发异常通知，这 5 个事件的主要区别在于事件处理函数的传入参数不同，具体如表 7.18 所示。

表 7.18 Weird::提供的 5 个事件

| 事件名称 | 原型 | 功能 |
|---|---|---|
| GLOBAL::conn_weird | event conn_weird(name: string, c: connection, addl: string, source: string); | 触发连接类异常通知，参数 name 为异常标签，c 为产生异常的连接实例，addl 为异常的信息，source 为异常产生的源（一般用于记录具体产生异常的协议分析器名称） |
| GLOBAL::expired_conn_weird | event expired_conn_weird(name: string, id: conn_id, uid: string, addl: string, source: string); | 触发连接超时类异常通知 |
| GLOBAL::flow_weird | event flow_weird(name: string, src: addr, dst: addr, addl: string, source: string); | 用于触发流量类异常通知 |
| GLOBAL::net_weird | event net_weird(name: string, addl: string, source: string); | 用于触发网络类异常通知 |
| GLOBAL::file_weird | event file_weird(name: string, f: fa_file, addl: string, source: string); | 用于触发文件类异常通知，参数 f 为出现异常的文件实例 |

这5个事件均为Zeek内置事件，使用内置事件作为异常通知的入口也就意味着Zeek主程序使用C++实现的核心层同样可以使用这些事件触发Zeek脚本层的通知。这样工作在Zeek核心层的协议分析插件所识别的异常才能够穿透核心层到达脚本层。这也是有了通知框架，但还要实现一个Weird::模块的原因所在。

包括unknown_HTTP_method在内，Weird::模块中已经对常见的流量异常现象定义了异常标签，具体见<PREFIX>/share/zeek/base/frameworks/notice/weird.zeek脚本文件中的第95～249行代码。

## 7.6 文件框架(Files::)

Zeek可以对流量中传输的文件进行分析，这一功能在5.5节中已经通过示例介绍过了，该功能就是由文件框架实现的。文件框架的主要功能是处理各种网络协议在传输文件时的差异，为脚本代码提供一个以文件在流量中的生命周期为切入点的编程视角。简单说就是脚本代码无须处理任何与文件传送协议相关的细节，仅需关注文件在流量中从传输开始到传输结束的过程即可。

由于文件分析功能与Zeek核心的流量分析有很强的相关性，绝大多数文件框架的关键逻辑都是在Zeek核心层面实现的，脚本层面的代码仅是对核心层面提供的功能进行了封装以便用户使用。所以，读者会发现一方面脚本层面上文件分析框架的源代码数量非常少，另一方面从这些代码中也看不到任何有关Zeek识别并处理文件的逻辑。

### 7.6.1 文件视角

为了达到仅需关注文件本身的目的，文件框架以文件在流量中的生命周期为视角来组织数据结构并提供功能接口。文件框架用于描述文件的主要数据结构有GLOBAL::fa_metadata及GLOBAL::fa_file两个。其中GLOBAL::fa_metadata结构主要用于记录文件类型相关的元数据信息，而GLOBAL::fa_file结构则用于记录文件本身如大小等一些元数据信息。两个数据结构的具体成员如表7.19和表7.20所示。

表7.19 GLOBAL::fa_metadata结构的具体成员及意义

| 成员名称 | 意义 |
|---|---|
| mime_type: string | 文件可能性最高的MIME类型 |
| mime_types: mime_matches | 文件可能的所有MIME类型，支持多个 |
| inferred: bool | 如果文件MIME类型由Zeek内置的签名判断则为T，其他情况为F |

媒体类型(Multipurpose Internet Mail Extensions，MIME)是一种标准，用来表示文档、文件或字节流的性质和格式。它由IETF RFC 6838定义和标准化。

表 7.20　GLOBAL::fa_file 结构的具体成员及意义

| 成员名称 | 意　义 |
| --- | --- |
| id：string | 文件的唯一标识 |
| parent_id：string | 上一级文件标识，用于诸如压缩文件等文件包含文件的场景 |
| source：string | 文件来源，主要用于记录传递文件所用的网络协议信息 |
| is_orig：bool | 文件的传输方向，与 4.4.2 节中的方向含义一致 |
| conns：table[conn_id] of connection | 传递文件的连接信息，可存储多个相关连接 |
| last_active：time | 文件最近有变化的时间，通常是文件在流量中传递完成的时间 |
| seen_bytes：count | 文件框架接收到的文件字节数 |
| total_bytes：count | 文件传送时由传送协议给出的文件字节数 |
| missing_bytes：count | 文件传递中丢失的字节数，指网络传输中由于丢包等情况导致的丢失 |
| overflow_bytes：count | 文件传递中丢失的字节数，指由于 Zeek 文件缓存不够导致的丢失 |
| timeout_interval：interval | 文件超时时间，文件框架在此时间段内会持续等待文件的新数据 |
| bof_buffer_size：count | 用于存储文件头部的缓存大小 |
| bof_buffer：string | 用于存储文件头部的缓存，该数据主要用于判断文件头部的 Magic Number |

<PREFIX>/share/zeek/base/frameworks/files/magic 目录下的文件是 Zeek 提供的用于判断文件 MIME 类型的功能代码。关于特征框架的使用在 7.8 节中会详细介绍，当前仅从特征文件中可以看出 Zeek 是通过文件头部的 Magic Number 来判断文件所属类型的。从特征文件的命名及内容看已经基本上涵盖了常用的如源代码文件、音视频文件、办公文件等类型。如果有较特殊的文件类型需要识别，用户可以通过模仿其他特征文件的写法创建符合自己要求的文件特征。

GLOBAL::fa_file 与 GLOBAL::connection 等 Zeek 脚本核心数据结构一样都具有 &redef 属性。在编写文件分析逻辑时，如果有需要可以在这个数据结构中添加自定义的成员。这种方式在前文也反复介绍过，属于 Zeek 脚本的语法特性之一。这两个数据结构的完整定义可参考<PREFIX>/share/zeek/base/init-bare.zeek 脚本文件中第 483～553 行代码。

文件框架的主要执行逻辑包括流量中的文件发现与组装等都与 Zeek 核心强相关。这些逻辑也都实现在 Zeek 核心当中，所以与 7.5.3 节的 Weird::模块类似，Zeek 通过提供内置事件的方式来打通 Zeek 核心层面与 Zeek 脚本层面的通路，针对文件框架的内置事件如表 7.21 所示。

表 7.21　文件框架提供的内置事件

| 事件名称 | 原　型 | 功　能 |
| --- | --- | --- |
| GLOBAL::file_new | event file_new(f: fa_file); | 在流量中有文件传输且已经传递给文件框架时触发 |

续表

| 事 件 名 称 | 原　　型 | 功　　能 |
| --- | --- | --- |
| GLOBAL::file_over_new_connection | event file_over_new_connection (f: fa_file, c: connection, is_orig: bool); | 在文件传递中使用了不同连接时触发 |
| GLOBAL::file_sniff | event file_sniff(f: fa_file, meta: fa_metadata); | 在流量中发现有文件传输时触发 |
| GLOBAL::file_timeout | event file_timeout(f: fa_file); | 在文件分析超时之时触发,或文件框架在一段时间内未发现此文件有新数据时触发 |
| GLOBAL::file_gap | event file_gap(f: fa_file, offset: count, len: count); | 在文件数据出现缺失时触发,参数 offset 为数据缺失的起始位置,参数 len 为缺失数据的长度 |
| GLOBAL::file_reassembly_overflow | event file_reassembly_overflow (f: fa_file, offset: count, skipped: count); | 在文件框架缓存溢出时触发,参数 offset 为文件出现溢出的起始位置,参数 skipped 为实际丢失的数据长度 |
| GLOBAL::file_state_remove | event file_state_remove(f: fa_file); | 在文件生命周期结束时触发 |

表 7.21 中所示的 7 个事件就是文件框架提供给 Zeek 脚本进行文件分析的程序接口,通过这 7 个事件,用户可以在脚本层面以编写事件处理函数的方式来定义文件分析过程。下面通过代码示例进一步介绍这些事件的运作机制。

```
1.  module FrameworkFilesEvent;
2.
3.  event file_new(f : fa_file)
4.  {
5.      print "file_new", f$id;
6.  }
7.
8.  event file_over_new_connection(f : fa_file, c : connection, is_orig : bool)
9.  {
10.     print "file_over_new_connection", f$id;
11. }
12.
13. event file_sniff(f : fa_file, meta : fa_metadata)
14. {
15.     print "file_sniff", f$id, meta$mime_type;
16. }
17.
18. event file_timeout(f : fa_file)
19. {
20.     print "file_timeout", f$id;
```

```
21. }
22.
23. event file_gap(f : fa_file, offset : count, len : count)
24. {
25.     print "file_gap", f$id, offset, len;
26. }
27.
28. event file_reassembly_overflow(f: fa_file, offset: count, skipped: count)
29. {
30.     print "file_reassembly_overflow", f$id, offset, skipped;
31. }
```

上述示例可在5.5节搭建的环境中运行，启动Zeek并通过网络下载文件后可以看到如下几个事件的触发顺序及特征。

```
zeek@standalone:~/zeek-framework$ sudo zeek -i enp0s8 -C framework-files-event.zeek
[sudo] password for zeek:
listening on enp0s8

file_new, F6szaLnejYqm2xpxk
file_over_new_connection, F6szaLnejYqm2xpxk
file_sniff, F6szaLnejYqm2xpxk, text/html
file_state_remove, F6szaLnejYqm2xpxk
file_new, FJ5qNx3GW4uD8lygy
file_over_new_connection, FJ5qNx3GW4uD8lygy
file_sniff, FJ5qNx3GW4uD8lygy, image/gif
file_state_remove, FJ5qNx3GW4uD8lygy
file_new, Fhd3uK3KrIHGk4P4X4
file_over_new_connection, Fhd3uK3KrIHGk4P4X4
file_sniff, Fhd3uK3KrIHGk4P4X4, image/gif
file_state_remove, Fhd3uK3KrIHGk4P4X4
file_new, F1TNOY1hUgaKkCkCy
file_over_new_connection, F1TNOY1hUgaKkCkCy
file_sniff, F1TNOY1hUgaKkCkCy, image/gif
file_state_remove, F1TNOY1hUgaKkCkCy
file_new, FMesuG4sQNSTThEpOk
file_over_new_connection, FMesuG4sQNSTThEpOk
file_sniff, FMesuG4sQNSTThEpOk, text/html
file_state_remove, FMesuG4sQNSTThEpOk
file_new, FsmnIW37129Y3Uw9P9
file_over_new_connection, FsmnIW37129Y3Uw9P9
file_sniff, FsmnIW37129Y3Uw9P9, application/pdf
```

```
file_gap, FsmnIW37129Y3Uw9P9, 14185, 10136
file_gap, FsmnIW37129Y3Uw9P9, 24321, 14480
file_gap, FsmnIW37129Y3Uw9P9, 46041, 14480
file_gap, FsmnIW37129Y3Uw9P9, 63417, 14480
file_gap, FsmnIW37129Y3Uw9P9, 77897, 23168
file_gap, FsmnIW37129Y3Uw9P9, 101065, 28448
file_gap, FsmnIW37129Y3Uw9P9, 137265, 18824
file_gap, FsmnIW37129Y3Uw9P9, 156089, 17376
file_gap, FsmnIW37129Y3Uw9P9, 173465, 18824
file_gap, FsmnIW37129Y3Uw9P9, 192289, 17376
file_gap, FsmnIW37129Y3Uw9P9, 209665, 11584
file_gap, FsmnIW37129Y3Uw9P9, 222697, 23168
file_gap, FsmnIW37129Y3Uw9P9, 251657, 11584
file_gap, FsmnIW37129Y3Uw9P9, 263241, 18824
file_gap, FsmnIW37129Y3Uw9P9, 282065, 11584
file_gap, FsmnIW37129Y3Uw9P9, 293649, 18824
file_gap, FsmnIW37129Y3Uw9P9, 318265, 14480
file_gap, FsmnIW37129Y3Uw9P9, 332745, 20272
file_gap, FsmnIW37129Y3Uw9P9, 354465, 14480
file_gap, FsmnIW37129Y3Uw9P9, 368945, 21720
file_gap, FsmnIW37129Y3Uw9P9, 390665, 28960
file_gap, FsmnIW37129Y3Uw9P9, 426865, 36200
file_gap, FsmnIW37129Y3Uw9P9, 463065, 53576
file_gap, FsmnIW37129Y3Uw9P9, 536913, 37648
file_gap, FsmnIW37129Y3Uw9P9, 574561, 18824
file_gap, FsmnIW37129Y3Uw9P9, 593385, 21720
file_gap, FsmnIW37129Y3Uw9P9, 615105, 18824
file_gap, FsmnIW37129Y3Uw9P9, 633929, 15928
file_gap, FsmnIW37129Y3Uw9P9, 658545, 41992
file_gap, FsmnIW37129Y3Uw9P9, 700537, 23168
file_gap, FsmnIW37129Y3Uw9P9, 733841, 13032
file_gap, FsmnIW37129Y3Uw9P9, 754113, 23168
file_gap, FsmnIW37129Y3Uw9P9, 777281, 11584
file_gap, FsmnIW37129Y3Uw9P9, 788865, 50680
file_gap, FsmnIW37129Y3Uw9P9, 854025, 17376
file_gap, FsmnIW37129Y3Uw9P9, 887329, 28960
file_gap, FsmnIW37129Y3Uw9P9, 920633, 44888
file_state_remove, FsmnIW37129Y3Uw9P9

^C1631605813.712118 received termination signal
1631605813.712118 153 packets received on interface enp0s8, 0 (0.00%) dropped
zeek@standalone:~/zeek-framework$
```

整个过程在流量中总计发生了 6 次文件传输，前 5 次传输的是静态网页及相关素材文件,第6次传输是单击下载的PDF文件。从打印的日志可以看到文件分析框架每当检测到有文件传输行为时首先会触发GLOBAL::file_new事件,此事件一般被作为脚本代码侧文件分析逻辑的入口点。其次根据传输是否使用了新连接而选择是否触发GLOBAL::file_over_new_connection事件,然后触发GLOBAL::file_sniff事件,此时一般来说文件的元数据信息已经被解析,可以获取到文件的MIME类型。接下来将根据文件传输过程的不同决定处理方式,需要分块传输的大型文件每个数据块会触发一次GLOBAL::file_gap事件,直到数据传输完毕最终触发GLOBAL::file_state_remove事件作为文件传输结束的标志,此事件一般作为脚本代码侧文件分析结果输出的点,在此事件后文件分析框架将会释放相关资源。

以上就是一个文件在文件分析框架中的生命周期,脚本可以依据各个事件的触发点来安排自己的文件分析逻辑。由于运行环境的原因,GLOBAL::file_timeout事件及GLOBAL::file_reassembly_overflow事件并未得到触发,实际应用时一般将这两个事件作为文件出现异常,需要提前结束文件分析过程的入口点。

文件框架还有一个接口Files::stop用于强制停止文件当前的分析过程,该接口的原型为"global stop: function(f: fa_file): bool;"。在文件分析逻辑出现异常时可使用该接口退出整个过程。

### 7.6.2 分析器

文件框架通过内部的分析器来对文件进行实际的分析工作,目前文件框架提供了11种内置的分析器,各分析器的名称及功能如表7.22所示。

表7.22 文件分析框架提供的分析器名称及功能

| 分析器名称 | 功能简介 |
| --- | --- |
| ANALYZER_DATA_EVENT | 收到文件数据块后将数据传递至脚本层,实际不做任何分析工作 |
| ANALYZER_ENTROPY | 对文件数据做熵测试(entropy test),测量数据的无序程度,主要用来测试文件是否被加密 |
| ANALYZER_EXTRACT | 将文件保存至本地,实际不做任何分析。注意此分析与ANALYZER_DATA_EVENT分析器的区别,前者每收到一个文件的数据块就会将数据传送至脚本层供处理,后者则是在文件完全组装完成后将其保存至本地 |
| ANALYZER_MD5 | 计算文件的MD5值 |
| ANALYZER_SHA1 | 计算文件的SHA1值 |
| ANALYZER_SHA256 | 计算文件的SHA256值 |
| ANALYZER_PE | 用于分析PE类型的文件,可解析头部信息 |
| ANALYZER_UNIFIED2 | 用于分析UNIFIED2类型的文件 |
| ANALYZER_X509 | 用于分析X509类型的证书文件 |
| ANALYZER_OCSP_REQUEST | 用于分析OCSP协议中REQUEST阶段传递的文件 |
| ANALYZER_OCSP_REPLY | 用于分析OCSP协议中REPLY阶段传递的文件 |

表 7.22 中的分析器都以插件的形式作为 Zeek 核心的一部分而存在，所以分析器的实现及定义在脚本层无法看到，可以参考 Zeek 源代码中 src/file_analysis/analyzer/目录下的内容。

分析器的使用相对比较简单，仅需要在 7.6.1 节介绍的文件生命周期中合适的位置（一般是在 file_new 事件处理函数中）将分析器通过 Files::add_analyzer 接口添加到文件中即可。当然，文件框架也提供了用于批量添加分析器的接口，以便对某一种类型的文件进行统一操作，这些接口具体如表 7.23 所示。

**表 7.23　文件框架提供的相关接口**

| 接口名称 | 原　型 | 功　能 |
|---|---|---|
| Files::add_analyzer | global add_analyzer: function(f: fa_file, tag: Files::Tag, args: AnalyzerArgs &default = AnalyzerArgs()): | 将特定分析器添加至文件，参数 f 为目标文件，参数 tag 为表 7.22 中的分析器名称，参数 args 为分析器所需的参数（目前仅针对 ANALYZER_DATA_EVENT 分析器有效） |
| Files::remove_analyzer | global remove_analyzer: function (f: fa_file, tag: Files::Tag, args: AnalyzerArgs &default = AnalyzerArgs()): bool; | 删除特定分析器 |
| Files::register_for_mime_types | global register_for_mime_types: function(tag: Files::Tag, mts: set[string]) : bool; | 将分析器注册到特定 MIME 类型上，该 MIME 类型的文件会自动新增此分析器。参数 mts 为文件的 MIME 类型，可支持多个 |
| Files::register_for_mime_type | global register_for_mime_type: function(tag: Files::Tag, mt: string) : bool; | 将分析器注册到某个特定 MIME 类型上 |
| Files::registered_mime_types | global registered_mime_types: function(tag: Files::Tag) : set[string]; | 查找分析器当前注册的 MIME 类型 |
| Files::all_registered_mime_types | global all_registered_mime_types: function() : table[Files::Tag] of set[string]; | 查找当前所有分析器与 MIME 类型的注册关系 |

5.5 节中已经具体示例过 ANALYZER_EXTRACT 分析器的用法，在 Zeek 内置脚本 <PREFIX>/share/zeek/policy/files 以及 <PREFIX>/share/zeek/policy/frameworks/files 目录下也有针对其他几种分析器的用法实例可供参考，限于篇幅这里不对这些分析器逐一进行介绍了。但 ANALYZER_DATA_EVENT 这个分析器相对而言比较特殊，需要单独拿出来说明一下。

ANALYZER_DATA_EVENT 的功能在表 7.22 中已经简要介绍过，其不对文件内容进行任何实质性的分析工作，仅是在收到一部分文件数据后将此段数据由 Zeek 核心层传递至脚本层。这种设计的目的实际上是给在脚本层实现文件分析器打通了数据路径。借助这种机制，用户可以在脚本层面实现文件内容分析逻辑而无须编写 Zeek 的底层插件。为了实现ANALYZER_DATA_EVENT传递数据的能力，文件框架通过分析器参数Files::AnalyzerArgs将两个内置事件与分析器绑定在一起，每段文件数据被接收后通过触发事件将数据传递至脚本层面。Files::AnalyzerArgs参数的成员如表7.24所示。

**表7.24 Files::AnalyzerArgs参数的成员及意义**

| 成员名称 | 意义 |
| --- | --- |
| chunk_event: event(f: fa_file, data: string, off: count) | 数据块事件，由以数据块的方式传递的文件触发 |
| stream_event: event(f: fa_file, data: string) | 数据流事件，由以数据流的方式传递的文件触发 |

下面的代码示例了构造分析器参数并使用ANALYZER_DATA_EVENT分析器的方法。

```
1.  module FrameworkFiles;
2.
3.  event print_stream(f : fa_file, data : string)
4.  {
5.      print "stream_event", |data|;
6.  }
7.
8.  event print_chunk(f : fa_file, data : string, off : count)
9.  {
10.     print "chunk_event", |data|, off;
11. }
12.
13. event file_sniff(f : fa_file, meta : fa_metadata)
14. {
15.     if (meta$mime_type == "text/html" || meta$mime_type == "application/pdf")
16.     {
17.         Files::add_analyzer(f, Files::ANALYZER_DATA_EVENT,
18.                   [$chunk_event=print_chunk, $stream_event=print_stream]);
19.     }
20. }
```

同样使用5.5节的运行环境，打开网页并下载PDF文件后可以得到如下日志输出结果。这些输出中有两个特别点与ANALYZER_DATA_EVENT分析器的实际使用有关。第一点是chunk_event事件与stream_event事件并没有协议上的区别，每个传输的数据块实际上都会触发这两个事件，且事件获取的数据长度是一致的。第二点是体积比较小的文件在传输时不会触发chunk_event事件但会触发stream_event事件。这点可以理解为由于文件通过一次网络传递就完成了传输，在文件分析框架内未形成需要组装的数据块，所以触发不了chunk_event事件。这种特性也可以被简单理解为如果触发不了file_gap事件，则同样不会触发chunk_event事件。在编写实际代码时要尤其注意这两个点对代码逻辑的影响，建议主要使用 stream_event 事件，在需要获取数据块的偏移量参数时再配合使用 chunk_event 事件。

```
zeek@standalone:~/zeek-framework/tmp$ sudo zeek -i enp0s8 -C framework-files
-1.zeek
listening on enp0s8

stream_event, 974
stream_event, 0
stream_event, 276
stream_event, 0
stream_event, 1500
stream_event, 1500
stream_event, 1500
chunk_event, 1500, 3000
stream_event, 1500
chunk_event, 1500, 4500
stream_event, 945
chunk_event, 945, 6000
stream_event, 1500
chunk_event, 1500, 6945
stream_event, 1500
chunk_event, 1500, 8445
…
…
^C1631773181.167991 received termination signal
1631773181.167991 182 packets received on interface enp0s8, 0 (0.00%) dropped
zeek@standalone:~/zeek-framework/tmp$
```

### 7.6.3 本地文件分析

在 7.2.2 节中介绍输入框架的读取至 Files::(文件框架)特性时提到过，这个特性主要是配合文件框架使用，使对本地文件的分析与对流量中文件的分析过程保持一致。实践中这个特性主要用于本地测试分析逻辑是否符合预期。下面通过一个代码示例来说明此特性的作用。

```
1.  module FrameworkFiles;
2.
3.  event print_stream(f : fa_file, data : string)
4.  {
5.      print "stream_event", data;
6.  }
7.
```

```
8.
9.  event file_sniff(f : fa_file, meta : fa_metadata)
10. {
11.     print meta$mime_type;
12.     if (meta$mime_type == "text/plain")
13.     {
14.         Files::add_analyzer(f, Files::ANALYZER_DATA_EVENT, [$stream_event
    =print_stream]);
15.     }
16. }
17.
18. event zeek_init()
19. {
20.     local description : Input::AnalysisDescription = [$source="input.txt",
21.                                                       $name="inputdata"];
22.     Input::add_analysis(description);
23. }
```

上述代码示例中通过 Input::框架提供的接口直接将本地文件 input.txt 传送给文件框架。使用文件框架对这个文件进行分析的流程与前述分析流量中的文件流程是一致的。具体分析过程为首先打印文件的 MIME 类型,然后通过 stream_event 事件将传送的文件数据直接打印出来。运行结果如下所示。

```
zeek@standalone:~/zeek-framework$ zeek framework-files-2.zeek
text/plain
stream_event, #fields\x09ip\x09service\x09action\x0a192.168.1.1\x0922/tcp\
x09allow\x0a192.168.1.1\x0923/tcp\x09deny\x0a192.168.1.2\x0922/tcp\x09deny\
x0a129.168.1.3\x0923/tcp\x09allow\x0a
stream_event,
zeek@standalone:~/zeek-framework$
```

脚本结束后可以在当前工作目录下看到针对此次分析生成的 files.log 日志文件,因为是本地文件,所以日志中与网络传送相关的字段均为"(empty)"。

```
1 #separator \x09
2 #set_separator  ,
3 #empty_field    (empty)
4 #unset_field    -
5 #path   files
6 #open   2021-06-06-15-13-58
7 #fields ts      fuid    tx_hosts        rx_hosts        conn_uids
source  depth   analyzers       mime_type       file    name        duration
```

```
local_orig      is_orig seen_bytes      total_bytes     missing_bytes
overflow_bytes  timedout                parent_fuid     md5     sha1    sha256
extracted       extracted_cutoff        extracted_size
 8 #types  time    string  set[addr]       set[addr]       set[string]
string  count   set[string]     string  string  inte    rval        bool
bool    count   count   count   count   bool    string  string  string  string
 string  bool    count
 9 1631776438.580892        F2hMFV3Qat7r2L3grb        (empty) (empty) (empty)
inputdata       0       DATA_EVENT      text/plain          -       0.000000
   -       -       124     -       0       0       F       -       -       -       -
   -       -       -
~
~
"files.log" 9L, 672C
1,1             All
```

## 7.7 情报框架(Intel::)

情报框架提供了一种在情报数据中进行搜索并匹配的机制,在流量分析时可以使用这种机制对情报数据进行搜索,从而判断当前流量包含的地址、域名等特定信息在已有情报中是否存在。从功能上讲情报框架主要依靠3个功能模块构建。这些功能包括一个类似数据库的机制用于导入和缓存情报数据、一个查询接口用于进行查询匹配以及一个事件机制用于定义命中后的逻辑。这3个功能也是依次使用情报框架的3个步骤,首先形成情报数据,然后在合适的分析过程中插入查询情报的逻辑,最后定义命中情报后应该触发的行为。

### 7.7.1 形成情报数据

情报框架通过Intel::MetaData及Intel::Item两个数据结构来描述情报。其中Intel::MetaData结构用于描述情报的一些元数据信息,而Intel::Item结构则用来描述情报本身的数据。两个数据结构的成员及意义分别如表7.25及表7.26所示。

表7.25 Intel::MetaData结构的成员及意义

| 成员名称 | 意义 |
| --- | --- |
| source: string | 情报来源,如从文件读取的情报则记录文件名 |
| desc: string | 情报描述,自定义的情报信息 |
| url: string | 情报链接,一般用于存储可获取情报详细信息的URL,也可以用于存储其他自定义信息 |

表 7.26 Intel::Item 结构的成员及意义

| 成员名称 | 意义 |
| --- | --- |
| indicator: string | 情报内容 |
| indicator_type: Type | 情报类型,必须为 Intel::Type 结构中的某一元素 |
| meta: MetaData | 该情报的 Intel::MetaData 结构实例 |

一条完整的情报数据内容如下所示。

```
indicator: 192.168.200.1
indicator_type: Intel::ADDR
meta.source: intel.txt
meta.desc: evil IP address
meta.url: for more information see www.xxxx.org
```

其中的 Inter::ADDR 结构源自枚举类型 Intel::Type 中的关键字,用户可根据需要自行添加,其默认范围可参考<PREFIX>/share/zeek/policy/frameworks/intel/main.zeek 脚本文件中第 16~36 行代码。这个字段的主要意义在于给 indicator 数据划分一个类别。

情报框架可以以外部文件的形式导入情报数据,外部情报文件格式上第一行必须以 #fields 字段开头,后跟上述几个字段的名称,第二行开始为情报数据。字段名称之间、情报数据之间均使用制表符进行分隔。一个典型的情报文件如下所示。

```
1 #fields indicator       indicator_type  meta.source     meta.desc
meta.url
2 192.168.200.1   Intel::ADDR     intel.txt      evil IP address     www.xxxx.org
~
~
~
-- INSERT --
1,64-81       All
```

> #fields 开头是否感觉有点熟悉?是的,情报框架这部分功能是基于输入框架实现的。

导入的情报文件仅需要在 Intel::read_files 结构中添加需要读取的文件即可,如“redef Intel::read_files += {"./intel.txt"};”,在有多个情报文件的情况下则需要添加多个。除以文件的形式添加情报数据外,情报框架还提供了程序接口以便用户添加或删除情报数据,具体如表 7.27 所示。

表 7.27　情报框架提供的程序接口

| 接口名称 | 原　型 | 功　能 |
|---|---|---|
| Intel::insert | global insert: function(item: Item); | 添加一条情报 |
| Intel::remove | global remove: function(item: Item, purge_indicator: bool &default = F); | 删除某条情报,参数 purge_indicator 的值默认为 F,若设置为 T 时则忽略 Intel::MetaData 结构中成员 source 的区别 |

## 7.7.2　查询情报的逻辑

构建起情报数据后,接下来需要在流量分析过程中确定查询情报的切入点,然后调用情报框架提供的功能接口 Intel::seen 来查询是否命中某个情报数据。该接口的原型为"global seen: function(s: Seen);"。其中参数 s 专门用于描述此次情报查询的 Intel::Seen 数据结构。Intel::Seen 的成员如表 7.28 所示。

表 7.28　Intel::Seen 的成员及意义

| 成员名称 | 意　义 |
|---|---|
| indicator: string | 待查询的内容 |
| indicator_type: Type | 待查询的内容分类,与 Intel::Item 结构中的 indicator_type 成员匹配 |
| host: addr | 如果待查询内容分类属于 Intel::ADDR 结构,则此字段用于存储待查询内容的 addr 类型数据 |
| where: Where | 记录此次查询的来源,必须为 Intel::Where 结构中的某个元素 |
| node: string | 记录此次查询的集群结点信息 |
| conn: connection | 记录此次查询相关的 GLOBAL::connection 实例 |
| uid: string | 记录此次查询的连接 uid 信息 |

需要强调的是 Intel::seen 接口中的 Intel::Seen 数据结构实例会传递到命中之后的处理逻辑中,所以用户可以利用此数据结构携带命中后需要处理的数据。实际使用场景中,一般会选择在流量分析时触发的事件处理函数中调用 Intel::seen 接口匹配情报数据。

## 7.7.3　命中之后的行为

如果查询命中了某个情报,情报框架提供了一个事件 Intel::match 以用来通知情报已命中,Zeek 脚本可通过编写事件处理函数自定义命中之后的处理逻辑,触发指定的行为。该事件的原型为"global match: event(s: Seen, items: set[Item]);",参数 s 为查询时的 Intel::Seen 数据结构,参数 items 则为已命中情报的 Intel::Item 数据结构。

## 7.7.4　代码示例

下面将形成情报、查询情报以及处理行为这 3 个功能块合在一起后,通过一个代码示例展示情报框架的整体使用方法。该代码示例实现了从文件中读取情报，并将域名解析请求作为情报查询的切入点，在出现命中后将相关信息打印出来，其使用的情报文件intel.txt的内容如下。

```
  1 #fields indicator       indicator_type  meta.source
  2 zeek.org        Intel::DOMAIN   intel.txt
~
~
"intel.txt" 2L, 78C
1,1           All
```

由于meta.desc及meta.url在数据结构定义中具有&optional属性，故情报文件中可以不包含这两个字段。示例代码如下所示。

```
1.  module FrameworkIntel;
2.
3.  redef Intel::read_files += {"./intel.txt"};
4.
5.  event dns_request(c: connection, msg: dns_msg, query: string, qtype: count,
    qclass: count)
6.  {
7.      Intel::seen([$indicator=query, $indicator_type=Intel::DOMAIN,
8.                   $where=Intel::IN_ANYWHERE, $conn=c]);
9.  }
10.
11. event Intel::match(s: Intel::Seen, items: set[Intel::Item])
12. {
13.     print s$indicator;
14.     print items;
15. }
```

启动Zeek并执行上述脚本后，只要有解析Zeek官网域名zeek.org的DNS请求便会产生一次情报命中，执行结果如下所示。

```
zeek@standalone:~/zeek-framework/tmp$ sudo zeek -i enp0s3 -C framework-
intel.zeek
listening on enp0s3

zeek.org
{
[indicator=zeek.org, indicator_type=Intel::DOMAIN, meta=[source=intel.txt,
desc=<uninitialized>, url=<uninitialized>]]
}
zeek.org
```

```
{
[indicator=zeek.org, indicator_type=Intel::DOMAIN, meta=[source=intel.txt,
desc=<uninitialized>, url=<uninitialized>]]
}
^C1631950935.653772 received termination signal
1631950935.653772 1798 packets received on interface enp0s3, 0 (0.00%) dropped
zeek@standalone:~/zeek-framework/tmp$
```

当然情报框架也默认提供了日志输出，上述示例执行后在当前工作目录下会生成名为 intel.log 的日志文件，其对命中信息做详细记录。

```
  1 #separator \x09
  2 #set_separator  ,
  3 #empty_field    (empty)
  4 #unset_field    -
  5 #path   intel
  6 #open   2021-06-06-15-42-05
  7 #fields ts      uid     id.orig_h       id.orig_p       id.resp_h       id.
resp_p      seen.indicator  seen.indicator_type         seen.where
seen.node       matched sources fuid    file_mime_type  file_desc
  8 #types  time    string  addr    port    addr    port    string  enum
enum    string  set[enum]       set[string]     stri    ng  string  string
  9 1631950925.624352       CGSUri3c8tmBGB2rWh      10.0.2.15       35288
202.96.134.133  53      zeek.org        Intel::DOMAI    N   Intel::IN_
ANYWHERE        zeek    Intel::DOMAIN   intel.txt       -       -       -
 10 1631950926.186789       CdlHYB15RRDg2MAaQj      10.0.2.15       44613
202.96.134.133  53      zeek.org        Intel::DOMAI    N   Intel::IN_
ANYWHERE        zeek    Intel::DOMAIN   intel.txt       -       -       -       -
  -     -
 11 #close  2021-06-06-15-42-15
~
~
~
"intel.log" [readonly] 16L, 1432C
1,1             All
```

情报框架配合通知框架可以通过通知框架报告情报的命中状况，这样可以进一步拓展情报命中这一事件的处理过程。在 Zeek 内置脚本<PREFIX>/share/zeek/policy/frameworks/intel/中有很多相关示例，读者可以自行阅读参考。

## 7.8 特征框架(Signatures::)

入侵检测系统或入侵防御系统等传统的基于流量的安全设备其底层的运行逻辑大致都是将流量中的数据视为有一定结构的字符串或文本文件，然后在其中搜索匹配与安全

相关的特征，通过这些特征来发现安全上的问题。例如，在 HTTP Request 请求当中对正则表达式/.*etc/(passwd|shadow)/进行匹配，可以用来判断是否有恶意攻击者尝试利用目录遍历的漏洞来获取系统关键文件。这个用于匹配的正则表达式/.*etc/(passwd|shadow)/也被叫作特征。

Zeek 的特征框架所提供的功能与上述特征匹配基本一致，用户可以通过编写自定义的特征文件对流量中的数据进行匹配，在匹配成功后特征框架会以事件的形式通知脚本代码，再通过事件处理函数帮助用户自定义匹配后应执行的逻辑。

> 上述的特征匹配机制是一种非常传统的流量安全手段，有一定安全行业从业经历的读者可能都会有提炼某个漏洞或恶意行为在流量数据上的表现，然后通过编写正则特征固化到 IDS 或 IPS 设备上的经验。但从目前安全业界的发展方向来看，业内人士的关注点早已经从如何"破案"拓展到如何"预防"了。很多组织的安全技术方向也从研究"如何不挨第二次揍"，演变到研究"如何在挨揍前就能做出反应"。而实现后一个方向无非是两条路，一条是在可控的情况下先"挨一次揍"，即通过红蓝对抗的方式提前"挨揍"。另一条路类似高手过招，通过预判对方"出招"前的蛛丝马迹提前进行反制，即把流量作为一个有上下文关系的整体。无论哪条路，仅通过特征这种手段都是无法满足需求的。
>
> 从 Zeek 官网对特征框架的描述中或多或少也可以看出，Zeek 是为了兼容以前的流量分析方式才提供特征框架。如果以前积累了很多特征，那么可以通过特征框架将之转移到 Zeek 平台上来。但如果是刚开始使用 Zeek 进行流量分析，那么建议还是以 Zeek 脚本的形式来实现逻辑分析。

### 7.8.1 基本功能

使用特征框架有两个步骤。第一步是提供特征，第二步是提供特征匹配后的执行逻辑。在 Zeek 脚本的语法定义中，包含特征的文件都以.sig 为文件后缀。如下面的 sig-example.sig 文件中就包含了一个简单的特征。

```
  1 signature sig-example
  2 {
  3     ip-proto == udp
  4     dst-port == 53
  5     payload /.*zeek/
  6     event "dns"
  7 }
~
~
~
"sig-example.sig" 7L, 102C
1,1           All
```

特征的具体语法将在7.8.2节中详细介绍，但通过关键字的字面意思其实已经基本可以看出这个特征的含义：判断使用UDP协议且目的端口号为53的数据包载荷中是否有能匹配正则表达式/.*zeek/的数据。这个特征的实际作用是检查DNS流量域名解析请求中是否有zeek字符串。

有了特征文件还需要将其提交给Zeek实际执行。Zeek提供了3种方式来提交特征文件：第一种是以命令行参数的形式，这种方式在4.2.1节中介绍zeek的-s参数时已经详细讨论过了；第二种是通过@load-sigs指令在Zeek脚本中指定需要载入的特征文件，除了文件后缀不同外，@load-sigs指令在载入特征文件时的默认路径等规则与@load指令完全相同；第三种则是通过修改Zeek脚本中的变量"GLOBAL::signature_files"，例如在脚本中新增代码"redef signature_files += "sig-example.sig";"，GLOBAL::signature_files定义在＜PREFIX＞/share/zeek/base/init-bare.zeek脚本文件中第1945行代码处。

通过上述3种方式任意一种将特征文件提交给Zeek之后，Zeek核心在进行流量分析时会自动对相关的特征文件进行匹配操作，如果匹配成功则通过触发"GLOBAL::signature_match"事件来通知。此事件处理函数的原型为"global event signature_match(state: signature_state, msg: string, data: string);"。其中参数state为描述此次命中的数据结构实例；参数msg为匹配成功后标记，如上述特征文件中的字符串dns；参数data则为匹配成功的流量数据片段。

数据结构GLOBAL::signature_state携带了特征匹配时的一些基本流量信息，其成员如表7.29所示。

**表7.29 GLOBAL::signature_state数据结构的成员**

| 成员名称 | 意义 |
|---|---|
| sig_id: string | 匹配特征的ID，对应sig-example.sig特征文件中的sig-example字符串 |
| conn: connection | 匹配特征的连接实例 |
| is_orig: bool | 匹配特征的数据包方向 |
| payload_size: count | 匹配特征的数据包payload的大小 |

GLOBAL::signature_state结构的原型定义在＜PREFIX＞/share/zeek/base/init-bare.zeek脚本文件中第4114～4119行代码处。

综合上面介绍的内容，下面通过一个代码示例来展示特征框架的基本用法。特征依旧沿用上面的sig-example.sig特征文件。

```
1.  module FrameworkSignatrures;
2.
3.  @load-sigs ./sig-example
4.
5.  event signature_match(state: signature_state, msg: string, data: string)
6.  {
7.      print state$sig_id;
```

```
8.      print state$conn$uid;
9.      print state$is_orig;
10.     print state$payload_size;
11.
12.     print msg;
13.     print data;
14. }
```

上述示例脚本启动后，通过浏览器访问Zeek的官网zeek.org可形成如下的内容输出。

```
zeek@standalone:~/zeek-framework/tmp$ sudo zeek -i enp0s3 -C framework-
signatures.zeek
[sudo] password for zeek:
listening on enp0s3

sig-example
CCiuRn3GNM9jSTWwed
T
26
dns
P\xef\x01\x00\x00\x01\x00\x00\x00\x00\x00\x00\x04zeek\x03org\x00\x00\x01\x00
\x01
sig-example
C3fmv6WuTDstqql1
T
26
dns
\xbf\x1f\x01\x00\x00\x01\x00\x00\x00\x00\x00\x00\x04zeek\x03org\x00\x00\x1c\
x00\x01
^C1632300558.203853 received termination signal
1632300558.203853 309 packets received on interface enp0s3, 0 (0.00%) dropped
zeek@standalone:~/zeek-framework/tmp$
```

### 7.8.2 特征语法

一个特征文件可以包含多个特征，每个特征都须符合 signature <id> { [conditions] [actions] }的格式。关键字signature为每个特征固定的起始标记，“<id>”为此特征的唯一名称，使用大括号“{}”包裹起来的部分为特征的内容。需要注意的是，特征语法与Zeek脚本语法类似，对于使用空格分隔还是使用换行分隔并未做特别要求，所以7.8.1节中使用的特征也可以写成单行的形式 signature sig-example{ip-proto == udp dst-port == 53 payload /.*zeek/ event "dns"}，或写成如下比较极端的多行形式，这些形式在功能上没有任何区别。

```
signature
sig-example
{
ip-proto
==
udp
dst-port
==
53
payload
/.*zeek/
event
"dns"
}
```

内容是特征的核心，其可分为条件(condition)与行为(action)两个部分。条件部分定义了此特征需要满足的条件，而行为部分则定义出现匹配后执行的行为。特征 sig-example 中 ip-proto == udp dst-port == 53 payload /.*zeek/即为条件部分，而 event "dns"为行为部分。需要注意的是，特征框架并没有强制要求一个特征内容必须包含条件及行为两个部分，在实际应用时如果一个特征仅包含条件部分则不会触发 GLOBAL::signature_match 事件，如果一个特征仅包含行为部分则流量中每个新连接的建立都必会触发一次 GLOBAL::signature_match 事件。

内容中的行为部分编写相对比较简单，编写时需要注意的是每条特征可以允许有多个行为，如有特征 signature sig-example{ip-proto == udp dst-port == 53 event "dns-1" event "dns-2"}，则在该特征出现匹配时脚本层会收到两次 signature_match 事件，两次事件处理函数的 msg 参数分别为"dns-1"与"dns-2"。

特征框架目前支持的行为关键字及用法如表 7.30 所示。

**表 7.30 特征框架目前支持的行为关键字及用法**

| 关 键 字 | 说 明 |
| --- | --- |
| event <string> | 触发 signature_match 事件，<string>字符串对应 msg 参数 |
| enable <string> | 启动由<string>字符串给出的分析器，在上面介绍过的 dpd_ftp_server 特征中通过 enable "ftp"语句在整体特征匹配时，也即流量被识别为使用了 FTP 协议时启动名为 ftp 的分析器 |
| file-mime <string> [, <integer>] | 专门用于识别文件的 Magic Number，需配合 file-magic 关键字使用 |

内容中的条件部分编写相对复杂一些，根据用来识别特征的数据来源可将之分为协议条件(header condition)、载荷条件(payload condition)、依赖条件(dependency condition)与环境条件(context condition)4 类。一个特征中同时可以有多个条件存在，各个条件之间为逻辑与的关系，即所有条件都为真的情况下特征才认为符合匹配。下面对

条件逐类进行介绍。

**1. 协议条件**

协议条件指用于条件判断的数据来源于流量中协议部分。流量中协议部分大都在数据包头部，所以协议条件以 header 作为起始关键字，语法格式为 header <proto> [<offset>:<size>] [& <integer>] <cmp> <value-list>。格式中各个部分的分解及功能说明如表 7.31 所示。

**表 7.31 协议条件中各部分分解及功能说明**

| 部 分 | 功能说明 |
|---|---|
| header | 关键字，必须出现在起始位置 |
| <proto> | 网络协议，用于定位数据来源于哪一层协议头。目前支持 ip、ip6、tcp、udp、icmp 以及 icmp6 这 6 种写法 |
| [<offset>:<size>] | 数据范围，通过偏移量加长度的方式来指定。例如，header ip[16:4]代表取 IP 协议头起始 16B 后的 4B 数据(对应目标 IP 地址)，size 仅支持 1、2、4 这 3 种长度 |
| [& <integer>] | 数据掩码，如果给出则数据在比较前会先与指定的整数进行逻辑与计算，例如 header ip[16: 4] & 0 == 0 总为真 |
| <cmp> | 比较逻辑，支持==、!=、<、<=、>、>=这 6 种逻辑比较运算符 |
| <value-list> | 条件值，允许整数及 IP 地址两种写法，多个值之间使用逗号分隔。使用整数写法时可以使用"—"符号来表示数据范围，例如，7—10 表示 7、8、9、10 这 4 种情况。使用 IP 地址写法时可以通过"/"后跟符合 CIDR 标准的地址掩码表示地址，如 header ip[16: 4] == 192.168.1.100/24,192.168.2.101/24 |

在编写有多个条件值的协议条件时，需要注意 Zeek 在进行逻辑比较时的顺序问题，对于"!="运算符来说，当条件值列表中所有的值都为真时才认为条件匹配。但对于除"!="运算符之外的比较逻辑来说，条件值列表中只要有一个表达式能够为真就认为条件匹配。如"header ip[16:4] == 192.168.1.100/24,192.168.2.101/24"，则目的地址为 192.168.1.0/24 或 192.168.2.0/24 范围中的任意一个地址时都可以匹配。但如果为 header ip[16:4] != 192.168.1.100/24,192.168.2.101/24，则逻辑将改变为目的地址必须同时不存在于 192.168.1.0/24 或 192.168.2.0/24 范围中时才能匹配。编写时还有一点需要注意，由于<size>仅支持 1、2、4 这 3 种固定长度，所以如 IPv6 地址等超过 4B 的数据是无法在一个条件内进行匹配的，需要通过编写多个条件的形式来实现。

为了便于编写协议条件，除关键字 header 外特征框架还提供了一些其他关键字来简化协议条件的编写方式，具体如表 7.32 所示。

**表 7.32 协议条件中的其他关键字**

| 关 键 字 | 功能描述 | 示 例 |
|---|---|---|
| src-ip | 源 IP，等同于 header ip[12:4] | src-ip == 192.168.1.100 |
| dst-ip | 目的 IP，等同于 header ip[16:4] | dst-ip ==192.168.1.100 |

续表

| 关键字 | 功能描述 | 示例 |
| --- | --- | --- |
| src-port | 源端口，等同于 header tcp[0:2]或 header udp[0:2] | src-port != 80, 443 |
| dst-port | 目的端口，等同于 header tcp[2:2]或 header udp[2:2] | dst-port != 80, 443 |
| ip-proto | IP层协议，等同于 header ip[9:1]。<br>条件值可以使用 tcp、udp、icmp、icmp6、ip、ip6 来表示实际数值 | ip-proto != tcp, udp |

**2. 载荷条件**

载荷条件指用于条件判断的数据来源于流量中的载荷部分。基于此，载荷条件语句格式上以关键字 payload 作为开头，后跟正则表达式作为匹配条件。例如，sig-example 中的 payload /.* zeek/即为一个完整的载荷条件。需要注意的是，载荷条件仅能识别 TCP、UDP、ICMP 协议意义上的载荷。对于应用层协议来说，例如 HTTP 协议意义上的载荷等必须要通过载荷条件提供的特殊用法来表示，载荷条件目前支持的特殊用法如表 7.33 所示。

**表 7.33 载荷条件目前支持的特殊用法**

| 特殊用法 | 说明 |
| --- | --- |
| http-request /<regular expression>/ | 载荷为 HTTP request 中的 URI |
| http-request-header /<regular expression>/ | 载荷为 HTTP request 中的 HTTP headers |
| http-request-body /<regular expression>/ | 载荷为 HTTP request 中的 HTTP body |
| http-reply-header /<regular expression>/ | 载荷为 HTTP reply 中的 HTTP headers |
| http-reply-body /<regular expression>/ | 载荷为 HTTP reply 中的 HTTP body |
| ftp /<regular expression>/ | 载荷为 FTP 命令行 |
| finger /<regular expression>/ | 载荷为 Finger 协议的请求部分 |

另外，载荷条件中还有一个特殊关键字 file-magic 专门用于过滤文件头部的 Magic Number，以此判断文件的类型，其具体写法可参考 7.6 节中的内容。

**3. 环境条件**

环境条件指用于条件判断的数据来源于其他环境相关的数据。环境条件目前支持的关键字及用法如表 7.34 所示。

**表 7.34 环境条件目前支持的关键字及用法**

| 关键字 | 说明 |
| --- | --- |
| eval <policy-function> | 根据函数执行结果判断条件是否得到满足，函数原型为"function cond(state: signature_state, data: string): bool" |
| payload-size <cmp> <integer> | 根据载荷大小与<integer>之间的比较来判断条件是否得到满足 |

续表

| 关 键 字 | 说 明 |
| --- | --- |
| same-ip | 仅在源 IP 等于目的 IP 时为真 |
| tcp-state <state-list> | 根据 TCP 连接当前的状态进行判断，state-list 字段目前有 established、originator 以及 responder 这 3 种状态。其中 established 表示 TCP 三次握手已经完成，originator 表示当前数据包是由连接发起方发送的，responder 则表示当前数据包是由连接响应方发送的 |
| udp-state <state-list> | 根据 UDP 连接当前的状态进行判断，state-list 字段目前有 originator 以及 responder 两种状态。其中 originator 表示当前数据包是由连接发起方发送的，responder 则表示当前数据包是由连接响应方发送的（UDP 的方向关系见 4.4 节） |

在编写环境条件时需要注意，在所有特征条件中环境条件一定是被放在最后进行计算的，即如果尚未满足其他条件，则不会计算环境条件。反过来讲，只有在其他所有条件都已经满足时，特征框架才会去评估环境条件是否得到满足。

**4. 依赖条件**

依赖条件指条件判断依赖同一个连接上下文中其他特征的判断结果。依赖条件有两种语句格式：requires-signature [!] <id>和 requires-reverse-signature [!] <id>。

requires-signature <id>语句表示在同一个连接中如果名称为 id 的特征匹配，则本条件满足，requires-signature! <id>与 requires-signature <id>为逻辑非的关系。

requires-reverse-signature <id>表示在同一个连接中如果名称为 id 的特征匹配且匹配的流量方向与当前条件的方向相反，则认为条件得到满足，requires-reverse-signature ! <id>与 requires-reverse-signature <id>为逻辑非的关系。

requires-reverse-signature <id>这个依赖条件的意义有点难以理解，在实际应用时其主要用于同时判断服务端和客户端是否都符合某种特征。下面通过示例来介绍 requires-reverse-signature <id>的实际作用。在前文曾经提到过，Zeek 支持通过流量中的特征来判断使用的具体协议而不仅依赖端口号，这个特征就是通过上述依赖条件来实现的，如<PREFIX>/share/zeek/base/protocols/ftp/dpd.sig 特征文件中的特征就是利用上述依赖条件来识别流量是否使用了 FTP 协议。dpd.sig 特征文件内容如下所示。

```
1.  signature dpd_ftp_client {
2.    ip-proto == tcp
3.    payload /(|.*[\n\r]) *[uU][sS][eE][rR] /
4.    tcp-state originator
5.  }
6.
7.  # Match for server greeting (220, 120) and for login or passwd
8.  # required (230, 331).
9.  signature dpd_ftp_server {
```

```
10.   ip-proto == tcp
11.   payload /[\n\r ]*(120|220)[^0-9].*[\n\r] *(230|331)[^0-9]/
12.   tcp-state responder
13.   requires-reverse-signature dpd_ftp_client
14.   enable "ftp"
15. }
```

上述特征文件中dpd_ftp_client用于识别FTP客户端的特征，dpd_ftp_server内的前几个条件主要用于识别FTP服务端的特征，第13行的requires-reverse-signature dpd_ftp_client表示在上述FTP服务端条件符合的情况下对向的流量还要符合FTP客户端的条件。这样dpd_ftp_server通过结合客户端及服务端的流量特征，以此来判断该连接中的流量是否使用了FTP协议。

最后，关于特征框架的使用还需要说明一点。特征框架对于特征的匹配是以连接为单位的，即同一个特征在一个连接中仅能匹配成功一次。可以把特征匹配看作连接中的一个数据检查点，每个通过此连接传送的数据包都会进行特征匹配，但在此连接中已经匹配上的特征在有新的数据包经过时就不会再进行匹配了。这个特性对于一些使用长连接的网络交互来说不是那么友好，这点读者在使用特征框架时需要注意。

## 7.9 经验与总结

本章介绍了8个Zeek框架的功能特性及使用方法，这8个框架都是使用Zeek时会频繁用到的。了解这8个框架对于理解其他框架的功能也有一定的帮助，因为框架设计上利用的Zeek脚本语法特性以及Zeek脚本层与核心层之间的数据互通方式等都是相通的，所以读者如果打算详细了解所有的Zeek框架，那么从这8个框架入手也是最合适的。

如表7.35所示，笔者给出了当前Zeek所有的内置框架，并在表中对每个框架进行了简要的介绍且给出了源代码位置，供读者根据自己的需要有针对性地进行学习、研究。

表7.35 当前Zeek所有内置框架

| 框架名称 | 功能简介 | 源代码位置 |
| --- | --- | --- |
| Logging Framework | 日志框架，用于Zeek的日志输出功能，详见7.1节 | <PREFIX>/share/zeek/base/frameworks/logging |
| Notice Framework | 通知框架，用于产生通知，详见7.5节 | <PREFIX>/share/zeek/base/frameworks/notice |
| Input Framework | 输入框架，由于将外部数据导入Zeek脚本，详见7.2节 | <PREFIX>/share/zeek/base/frameworks/input |
| Configuration Framework | 配置框架，由于读或写外部的配置文件，详见7.3节 | <PREFIX>/share/zeek/base/frameworks/config |
| Intelligence Framework | 情报框架，用于导入外部情报数据并在流量分析时进行查找匹配和处理，详见7.7节 | <PREFIX>/share/zeek/base/frameworks/intel |

续表

| 框架名称 | 功能简介 | 源代码位置 |
|---|---|---|
| Cluster Framework | 集群框架，用于给其他框架或脚本兼容集群差异 | ＜PREFIX＞/share/zeek/base/frameworks/cluster |
| Broker Communication Framework | 集群通信框架，用于集群间的数据同步 | ＜PREFIX＞/share/zeek/base/frameworks/broker |
| Supervisor Framework | 监管框架，用于控制 Zeek 运行时的相关进程 | ＜PREFIX＞/share/zeek/base/frameworks/supervisor |
| GeoLocation | 地理信息框架，用于导入和使用外部 IP 地理位置数据库 | Zeek 内核实现，可参考 src/zeek.bif 中 4193 行 lookup_location()函数的实现 |
| File Analysis | 文件框架，用于对流量中传递的文件进行分析，详见 7.6 节 | ＜PREFIX＞/share/zeek/base/frameworks/files |
| Signature Framework | 特征框架，用于对流量中数据进行特征匹配，详见 7.8 节 | ＜PREFIX＞/share/zeek/base/frameworks/signatures |
| Summary Statistics | 统计框架，用于对分析时的数据进行汇总计算，详见 7.4 节 | ＜PREFIX＞/share/zeek/base/frameworks/sumstats |
| NetControl Framework | 网络控制框架，用于向支持的软/硬件网络设备发送指令，起到控制流量的作用 | ＜PREFIX＞/share/zeek/base/frameworks/netcontrol |
| Packet Analysis | 包分析框架，可以对数据包进行分析，将 Zeek 的协议分析能力拓展到了链路层 | Zeek 内核实现，可参考 src/packet_analysis 目录下的源代码 |
| Analyzer Framework | 分析器框架，用于管理 Zeek 中的分析器，提供动态启用或禁止某个分析器的能力 | ＜PREFIX＞/share/zeek/base/frameworks/analyzer |
| Control Framework | 控制框架，用于集群部署时向各个结点发送命令及回收状态数据 | ＜PREFIX＞/share/zeek/base/frameworks/control |
| Dynamic Protocol Detection | 动态协议探测框架，用于根据流量特征识别使用的网络协议 | ＜PREFIX＞/share/zeek/base/frameworks/dpd |
| OpenFlowFramework | OpenFlow 框架，提供 Zeek 脚本与支持 OpenFlow 的设备进行交互的能力 | ＜PREFIX＞/share/zeek/base/frameworks/openflow |
| Packet Filter Framework | 包过滤框架，用于实现对数据流中包的过滤 | ＜PREFIX＞/share/zeek/base/frameworks/packet-filter |
| Reporter Framework | 报告框架，将 Zeek 内部的一些运行情况以日志形式进行报告 | ＜PREFIX＞/share/zeek/base/frameworks/reporter |
| Software Framework | 软件识别框架，用于根据流量特征识别使用的客户端/服务端软件及版本 | ＜PREFIX＞/share/zeek/base/frameworks/software |
| Tunnels Framework | 隧道框架，用于分析 Teredo、AYIYA 或 IPv6 to IPv4 等隧道类网络协议 | ＜PREFIX＞/share/zeek/base/frameworks/tunnels |

最后总结一下笔者使用 Zeek 进行流量分析编程时最重要的一个经验，那就是 Zeek 内置的功能已经能够覆盖绝大部分流量分析的场景，脚本代码所需要做的仅仅是把这些功能(包括事件、框架等)按照自定义的过程黏合起来，把结果按照自定义的方式输出。如果在编写 Zeek 脚本时发现需要写大量代码，那么最好先停下来想一想，看一看 Zeek 有哪些内置功能能够直接套用。

# 第8章 进阶应用示例

第6、7两章详细介绍了使用Zeek脚本语言开发流量分析程序所需的语法、框架等基本要素。本章将会通过一个实际的流量分析示例将这些要素串联起来，向读者展示如何把一个流量分析的目标最终转化实现为Zeek脚本模块。

## 8.1 常用资源

在给出本章的流量分析目标之前，需要先介绍3个在日常Zeek脚本编程中经常会查看的Zeek核心源代码文件。这3个文件涵盖了Zeek内置的所有事件以及内置函数，在设计Zeek脚本时经常需要在这3个文件中查找是否有适用的事件或函数。

> 官方文档虽然也可以用来查找对应事件或内置函数，但根据笔者的经验，官网目前更新的速度和准确性有时无法满足要求，所以建议还是常备一份对应版本的Zeek源代码，在代码中直接查询。

**1. src/event.bif**

src/event.bif文件包含了所有Zeek内置的与协议无关的事件。例如，在前面代码示例中频繁出现的zeek_init、zeek_done、network_time_init等事件原型都包含在这个文件里。在需要使用一些Zeek功能的核心时，可以从此文件中查找适用的事件。

需要注意的是，对于连接的识别和分析是Zeek的核心功能，所以new_connection、connection_timeout、connection_reused等与连接相关的事件原型也都被放在这个文件中。

**2. events.bif**

events.bif指的并不是一个文件，而是一系列文件。在Zeek的实现框架中，除基础的连接功能外，其他与协议相关的分析器均是以插件机制实现的。在每个分析器的源代码中都会包含一个叫作events.bif的文件，用于存放此分析器提供的与被分析协议相关的事件。在载入对应的分析器后，这些事件就可以供脚本层使用。在源代码/src/analyzer/protocol目录下的每个子目录都是一个分析器的源代码，在这些子目录中都可以看到events.bif文件。例如，/src/analyzer/protocol/ftp/events.bif文件中就包含FTP协议分析器对外提供的ftp_request以及ftp_reply这两个事件。

在设计针对某个协议的流量分析模块时，可以查看对应协议分析器的 events.bif 文件中针对此协议提供了哪些事件供脚本层使用，通过合理地规划使用这些事件来达到分析目标。

**3. src/zeek.bif**

src/zeek.bif 文件包含了 Zeek 提供的所有内置函数。该文件对每个函数均有完整的注释说明，建议读者花一定时间来阅读并理解这些函数的功能，这些函数对编写高效简洁的 Zeek 脚本代码非常有用。

## 8.2 分析目标

数据安全是当前关注度最高的安全话题。一方面，随着国内个人数据安全意识的觉醒，人们对于数据安全的诉求在不断地提高。另一方面，对于数据滥用所造成的社会危害，国家、行业等各级监管机构也在不断出台法律法规、行业规范等。数据安全当中尤以个人信息安全的受重视程度最高，作为信息安全工作者，做好数据安全的一个基本条件就是在数据层面上搞清楚有什么、在哪里、从哪儿来和到哪儿去这 4 个基本问题。在计算机网络大规模应用的今天，数据基本上都可以被概括为从网上来到网上去，所以通过流量中传递的数据来理清组织内外数据的交互情况是数据安全工作的一大助力。

本章就以在网络流量中识别个人信息为分析目标，设计实现一个 Zeek 流量分析模块。由于可以用来传递个人信息的网络协议非常多，场景也各有不同，因此从篇幅的角度考虑，本示例把目标收缩到分析 HTTP 响应中的敏感数据上，分析组织中敏感数据向外部流动的情况。

细化上述目标，可以得到以下 4 个针对分析脚本的基础功能需求。

(1) 识别 HTTP 协议。

(2) 识别 HTTP 协议中的 HTTP 响应，也就是 HTTP response。

(3) 分析 HTTP 响应中所携带的数据，识别特定敏感信息。

(4) 发现敏感数据后记录日志。

## 8.3 规划脚本

有了以上细化的分析目标，接下来需要规划脚本中需要使用的 Zeek 事件及框架。之前也提到过，Zeek 提供的内置功能基本可以涵盖绝大多数流量分析场景，所以在编写流量分析代码前首先应考虑的是需要使用哪些 Zeek 功能。

首先确认识别 HTTP 协议功能。从 Zeek 源代码\src\analyzer\目录下可以看到包含有 HTTP 协议分析器的代码子目录\src\analyzer\protocol\http，从这点可以确认 Zeek 默认支持对 HTTP 流量的分析。

接下来确认 Zeek 是否能够在 HTTP 数据流中单独识别 HTTP 响应。通过浏览 HTTP 协议分析器代码中的\src\analyzer\protocol\http\events.bif 文件，可以看到其中一个事件 http_reply(文件第 44 行)在每次分析到 HTTP 响应时都会被触发，利用这个事件可以在脚本层面以事件处理函数的形式实现对每个 HTTP 响应的识别。

然后确认是否能够在 HTTP 响应的负载中识别敏感数据。识别敏感数据实际上就是对负载当中的数据特征进行识别，即用正则表达式匹配关键词。一个可选方案是使用在第 7 章中介绍过的特征框架，但在 7.8 节中特别说明过特征框架对于长连接不友好、每个连接仅能命中一次，所以使用特征框架可能无法实现分析目标。还有一个可用方案是在脚本层面获取 HTTP 响应的负载，然后通过脚本语法提供的 pattern 类型来对内容进行匹配。但从之前选用的 http_reply()事件处理函数的原型"event http_reply(c: connection, version: string, code: count, reason: string);"看，其参数并未包含 HTTP 响应的负载，也就是说通过这个事件无法将负载数据从核心层传递到脚本层。再次查询 HTTP 协议分析器提供的事件，其中 http_entity_data(events.bif 第 160 行)事件处理函数原型"event http_entity_data(c: connection, is_orig: bool, length: count, data: string);"中包含了 data 参数，通过阅读原型说明也可以确认此事件能够将响应的数据携带到脚本层面。

需要注意的是，http_entity_data()事件处理函数并未包含 HTTP 响应的信息，需要联合使用 http_reply 事件才能获取，那么在处理 http_reply 事件时必须记录一个标识并将此标识传递给 http_entity_data 事件，以表示需要进行匹配处理。这时可采用 Zeek 编程中的一个惯用方式，在 connection 数据结构中新增一个标识成员，用于记录是否需要做匹配处理，并利用 connection 结构在不同事件中传递此标识。

最后再确认记录日志这个功能，此功能可利用 Zeek 已有的日志框架实现。要想对敏感数据通过 HTTP 服务外流的情况做进一步分析，除了连接地址、端口号、时间等基础信息外，至少还需要记录请求的 URI 信息。地址、端口号等信息均可通过事件处理函数中的 connection 数据结构获取，但 http_entity_data()事件处理函数中并未携带与 URI 相关的信息。此时还需要再引入并使用 http_request 事件，以便在 connection 结构中记录 URI 信息。

整体看来，实现上述几个功能点需要使用 http_request、http_reply 以及 http_entity_data 这 3 个事件。其中 http_request 事件用于记录请求的 URI 信息，http_reply 事件用于设置进行数据匹配的标识位，而 http_entity_data 事件则用于进行实际的数据匹配，如果匹配成功则记录一条日志。

## 8.4 实现功能

对脚本需要用到的 Zeek 功能进行规划后，就可以开始编写代码并进行调试。下面给出的代码示例是对上述功能的一个简单实现。

```
1. module HttpReplyFilter;
2.
3. export
4. {
```

```
5.      redef enum Log::ID += { LOG };
6.
7.      type Info: record {
8.
9.          ts: time &log;
10.         uid: string &log;
11.         id: conn_id  &log;
12.         URI: string &log;
13.         sensitive: string &log;
14.         need_process: bool &default=F;
15.
16.     };
17.
18.     const regex_id = /[0-9]{18}/ &redef;
19. }
20.
21. redef record connection += {
22.     reply_filter: Info  &optional;
23. };
24.
25. event http_request(c: connection, method: string, original_URI: string,
    unescaped_URI: string, version: string)
26. {
27.     if ( ! c?$conn )
28.     {
29.         local tmp: Info;
30.         c$reply_filter = tmp;
31.     }
32.
33.     c$reply_filter$ts = network_time();
34.     c$reply_filter$uid = c$uid;
35.     c$reply_filter$id = c$id;
36.     c$reply_filter$URI = unescaped_URI;
37.
38. }
39.
40. event http_reply(c: connection, version: string, code: count, reason:
    string)
41. {
42.     c$reply_filter$need_process = T;
43. }
44.
45. event http_entity_data (c: connection, is_orig: bool, length: count, data:
    string)
```

```
46. {
47.     local i = 0;
48.
49.     if(!c$reply_filter$need_process)
50.         return;
51.
52.     if(regex_id !in data)
53.         return;
54.
55.     while(regex_id in data[i:|data|])
56.     {
57.         ++i;
58.     }
59.
60.     c$reply_filter$sensitive = data[(--i):(i+18)];
61.     Log::write(HttpReplyFilter::LOG, c$reply_filter);
62.
63. }
64.
65. event zeek_init()
66. {
67.     Log::create_stream(HttpReplyFilter::LOG, [$columns=Info, $path=
    "httpreplyfilter"]);
68. }
```

代码编写完成后可使用已有的流量文件进行测试，也可以在5.5节的示例环境基础上新增HTML网页并搭建环境进行测试。笔者运行脚本后产生的httpreplyfilter.log文件如下所示。

```
 1 #separator \x09
 2 #set_separator  ,
 3 #empty_field    (empty)
 4 #unset_field    -
 5 #path   httpreplyfilter
 6 #open   2021-06-06-15-15-04
 7 #fields ts      uid     id.orig_h       id.orig_p       id.resp_h       id.
resp_p      URI     sensitive
 8 #types  time    string  addr    port    addr    port    string  string
 9 1634714104.180894       CEzwns1BjbZvJS0D6k      192.168.200.11  54174
192.168.200.12  80      /webtest.html   123456789012345678
10 1634714104.478817       CEzwns1BjbZvJS0D6k      192.168.200.11  54174
192.168.200.12  80      /webtest.html   123456789012345678
11 1634714104.833346       CEzwns1BjbZvJS0D6k      192.168.200.11  54174
192.168.200.12  80      /webtest.html   123456789012345678
```

```
12 1634714105.212790        CEzwns1BjbZvJS0D6k       192.168.200.11   54174
192.168.200.12  80       /webtest.html   123456789012345678
13 1634714105.614575        CEzwns1BjbZvJS0D6k       192.168.200.11   54174
192.168.200.12  80       /webtest.html   123456789012     345678
14 #close  2021-06-06-15-15-07
```

注意,上述代码实例中使用了“const regex_id = /[0-9]{18}/ &redef;”来模拟对身份证信息的识别,即出现连续的18位数字。但实际上这个规则是不能准确地识别身份证信息的,读者可根据自己的需要另外调整正则表达式。

## 8.5 经验与总结

本章中给出的代码只是使用Zeek完成流量分析目标的一个示例,仅供读者了解实际脚本设计及编写的过程,实际上还有很多需要优化改进的地方。例如,分析过程并没有考虑HTTP 1.1提供的Pipeline技术,也未考虑HTTP 2.0提供的Multiplexing技术。在这两个技术应用后,HTTP请求和响应并不一定是按照严格的一前一后顺序出现在流量中的。又如,做正则匹配以及后面提取匹配数据的代码实际上不应该放到事件处理函数中,这样会降低Zeek核心事件机制的整体效率,读者可以考虑使用hook机制将之替代。

虽然本书前面内容中反复提到了Zeek的易用性与开放性。但通过本章的示例可以看出,提升易用性与开放性的代价就是同时提高了对使用者的要求,特别是在对网络协议的了解上,Zeek需要使用者掌握所分析协议的细节,然后才能够通过脚本实现覆盖这些细节的代码逻辑,才能编写出适应性强且健壮的分析脚本。

最后,本章介绍的分析过程并不是唯一的解决方案,每个步骤也非必不可少,但这个过程是笔者在使用Zeek框架进行流量分析时形成的一个“套路”,也是以Zeek特性为出发点进行目标分解的一个过程。读者可以参考这个过程,在实践中形成自己的“套路”,并不断学习、进步。